Genusspflanzen

Thomas Miedaner

Genusspflanzen

Thomas Miedaner
Landessaatzuchtanstalt
Universität Hohenheim
Stuttgart, Deutschland

ISBN 978-3-662-56601-5 ISBN 978-3-662-56602-2 (eBook)
https://doi.org/10.1007/978-3-662-56602-2

Die Deutsche Nationalbibliothek verzeichnet diese Publikation in der Deutschen Nationalbibliografie; detaillierte bibliografische Daten sind im Internet über http://dnb.d-nb.de abrufbar.

Verantwortlich im Verlag: Stefanie Wolf

Gedruckt auf säurefreiem und chlorfrei gebleichtem Papier

Springer ist ein Imprint der eingetragenen Gesellschaft Springer-Verlag GmbH, DE und ist ein Teil von Springer Nature
Die Anschrift der Gesellschaft ist: Heidelberger Platz 3, 14197 Berlin, Germany

Vorwort

Genusspflanzen sind ein verführerisches Thema. Dieses Buch bezieht sich häufig aus Quellen aus dem Internet. Das hat den Vorteil, dass die Leser jede Information kostenlos und rasch selbst prüfen und an der angegebenen Stelle weiterlesen können, v. a. wenn sie sich für den Kauf des E-Books entschieden haben. Natürlich muss jede Angabe aus dem Internet zunächst kritisch betrachtet werden: Herkunft der Seite, Autor und Intention sind zu überprüfen. Andererseits gibt es inzwischen gerade über Drogen, Suchtstoffe, Genusspflanzen sehr viele qualitativ hochwertige Informationen, die in gedruckten Büchern so nicht verfügbar sind. Auch die Hersteller der entsprechenden legalen Produkte liefern heute häufig objektive Informationen, etwa zur Kulturgeschichte oder Herstellung. Hinzu kommen zahlreiche Artikel des Qualitätsjournalismus, die selbstrecherchierte Hintergrundinformationen bieten.

Trotzdem hat ein Buch zwei große Vorteile: Es ist, einmal gedruckt, lange verfügbar und verschwindet nicht einfach wie manche Homepages. Außerdem ermöglicht es übergreifende Zusammenhänge herzustellen, etwa zwischen botanischem, medizinischem und kulturgeschichtlichem Wissen, das sonst nur sehr verstreut aufzufinden ist, oder über die Gemeinsamkeiten der gesellschaftlichen Aufnahme von verschiedenen exotischen Substanzen, zu denen im 17. Jahrhundert Kaffee, Tee, Kakao und Nikotin gehörten.

Heute stehen vorrangig die illegalen Genussmittel in der Diskussion. Diese sind aber v. a. wegen der hohen Reinheit, mit der sie heute hergestellt werden, gefährlich. Die in den ursprünglichen Pflanzen vorliegende Menge wurde über Jahrtausende für religiöse, hedonistische aber auch medizinische Zwecke verwendet. Damit beschäftigen sich auch nur drei von den dreizehn Kapiteln dieses Buchs. Alle anderen Inhaltsstoffe der Genusspflanzen sind gesellschaftlich akzeptiert, auch wenn sie ebenfalls zu Abhängigkeiten und Schäden führen können. Darauf wird in den einzelnen Kapiteln deutlich hingewiesen.

Filderstadt, April 2018 Der Autor

Dieses Buch stellt Informationen bereit, die in dieser Zusammenstellung nur schwer zugänglich sind. Die Nutzung dieser Informationen liegt außerhalb des Einflussbereichs des Autors. Das Buch soll nicht zum strafbaren Genuss von Betäubungsmitteln aufrufen oder verleiten. Strafbar macht sich nach §§ 29a, 30 und 30a des Betäubungsmittelgesetzes (BtMG) jede/r, der/die eine „nicht geringe Menge" von folgenden, in diesem Buch behandelten Substanzen vorhält: Haschisch, Marihuana, Opium, Morphin, Heroin, Kokain.

Die in diesem Buch enthaltenen Links auf Webseiten Dritter dienen nur der Information. Der Autor übernimmt für deren Inhalte keine Haftung, macht sich diese nicht zu eigen, sondern verweist lediglich auf deren Stand zum Zeitpunkt der Erstveröffentlichung.

Inhaltsverzeichnis

1

Einführung – Genusspflanzen und biogene Drogen

Genießen war noch nie ein leichtes Spiel
Konstantin Wecker

Aufputschen und Entspannung, Rausch und Ekstase, Vergessen und Transzendenz – viele Gründe gibt es, um Genussmittel zu konsumieren. Und es gibt wohl kaum eine menschliche Kultur, die ohne sie ausgekommen ist. Schon die Menschen der Steinzeit kannten die Wirkung von Hanf, Alkohol und Schlafmohn sehr genau und nutzten sie für ihre Rituale. Getrocknete Blütenstände des Hanfs wurden in Unterkwalmitz/Sachsen-Anhalt in einer Ausgrabungsschicht, deren Alter auf 80.000 Jahre geschätzt wurde, gefunden (Lipták et al. 2005). Schlafmohn erschien bereits in 5000 Jahre alten Keilschrifttexten der Assyrer, und Paracelsus war um 1500 nicht zuletzt wegen des opiumhaltigen Laudanums, das er verschwenderisch verschrieb, so berühmt. Auf der anderen Seite des Globus genossen die Kulturen der Anden nachweislich seit etwa 6000 v. Chr. die Blätter des Kokastrauchs und die Olmeken um 1500 v. Chr. die Früchte des Kakaobaums. Nordamerikanische Völker nutzten lange vor Ankunft des Kolumbus die Wirkung des Nikotins aus Tabak in ritualisierter Form (Abb. 1.1).

Und immer kamen diese Genuss- und Rauschmittel aus Pflanzen (biogen), den sog. Genusspflanzen. Hunderte von Pflanzen auf allen Kontinenten können eine Wirkung auf den menschlichen Geist entfalten, die sakraler (heiliger), psychedelischer (bewusstseinserweiternder), halluzinogener (wahrnehmungsverändernder), therapeutischer (medizinischer) oder hedonistischer (lusterweckender) Natur sind. Die Grenze zwischen Genussmitteln und Dro-

T. Miedaner, *Genusspflanzen*, https://doi.org/10.1007/978-3-662-56602-2_1

Abb. 1.1 Traditionelle Verwendung von Drogen. **a** Goldener Behälter zur Aufbewahrung von Kalk („poporo"), der als Zusatz zum Kauen von Kokablättern nötig ist: 1.–7. Jh. n. Chr. Kolumbien (Metropolitan Museum of Art, New York, WIKIMEDIA COMMONS: rosemanios); **b** blühende Tabakpflanze und rauchender Indianer: Lobel, *Plantarus seu stirpium Historia* (1570; WIKIMEDIA COMMONS: Peter Isotalo, aus: Gilman und Xun 2004); **c** Èmile Bernard, Die Haschischraucherin, 1900 (WIKIMEDIA COMMONS: Musee d'Orsay, Paris)

gen (s. Box) ist fließend und kulturell bedingt. Wir bezeichnen heute die legalen Mittel Alkohol, Tabak, Zucker, Kaffee, Tee und Kakao als Genussmittel, während die illegalen Stoffe Haschisch, Kokain und Opium als Drogen stigmatisiert werden, obwohl ihr Konsum natürlich auch Genuss sein kann und umgekehrt Alkohol, Kaffee und Nikotin zweifelsfrei auch Drogen darstellen.

Der wandelbare Begriff der Droge

Seit dem Mittelalter verstand man unter Drogen Heilmittel oder stimulierende Substanzen aus Pflanzen, Tieren oder Gesteinen (Arzneidrogen), teilweise auch Gewürze. Sie wurden in Drogerien gehandelt, den Begriff Drogerie gibt es noch immer. Wahrscheinlich leitet sich das Wort vom niederländischen „droge" (trocken) ab. Die heutige Bedeutung von Droge als Rauschmittel erscheint erst in den 1950er-Jahren unter amerikanischem Einfluss („drug addiction"), entsprechend wird es als Rauschgift übersetzt. Damit wird das Verbot gerechtfertigt; die gesellschaftlich erlaubten Mittel gelten aber, unabhängig von ihrem Schädigungsgrad, als Genussmittel.

Jütte (o. J.)

Die Definition einer Droge durch die Weltgesundheitsorganisation (WHO) geht sogar noch weiter und bezeichnet als Droge alle Substanzen,

> [...] die aufgrund ihrer chemischen Natur Strukturen oder Funktionen im lebenden Organismus verändern, wobei sich diese Veränderungen vor allem in den Sinnesempfindungen, in der Stimmungslage, im Bewusstsein und anderen psychischen Bereichen oder im Verhalten bemerkbar machen (Scheerer und Vogt 1989).

Andere Definitionen verknüpfen mit dem Begriff der Droge zwingend auch ein Abhängigkeitspotenzial. Für den unbestrittenen Hang des Menschen, Stoffe zu nutzen, die sein Bewusstsein beeinflussen (Abb. 1.1) nennt Heimler (2006) drei Motive:

1. Rituelle Wahrnehmungsveränderung und Bewusstseinserweiterung,
2. Lust am Genuss,
3. Zielgerichtete Nutzung zur Leistungssteigerung und Wachheit oder Entspannung und Beruhigung.

Auf jeden Fall hat „jede Gesellschaft die Drogen, die sie verdient" (Soziologenweisheit), was auf die kulturelle Dimension hinweist.

Alle Genussmittel waren irgendwann einmal verboten, selbst Kaffee, Nikotin, Schokolade, Alkohol sowieso. Nicht immer aus gesundheitlichen Gründen, sondern häufig wegen wirtschaftlicher Überlegungen. Weil der letzte chinesische Ming-Kaiser Huaizhun 1644 den Tabak verbot, kam es zur explosionsartigen Verbreitung des Opiums. Umgekehrt galten früher viele, heute als harte Drogen angesehene Stoffe wie etwa Morphium, Kokain und selbst Heroin bis Anfang des 20. Jahrhunderts als Heilmittel und waren rezeptfrei erhältlich. Verdünntes Opium wurde – ganz legal – als Laudanum noch im 19. Jahrhundert so häufig und unbedenklich geschluckt wie heute Aspirin. Und 1886 braute ein amerikanischer Apotheker ein Erfrischungsgetränk aus Kokain und Kola, das später weltberühmte Coca-Cola®, das heute keine der beiden Drogen mehr enthält.

Was allen Genussmitteln gemeinsam ist: Sie

- sind in ihrer ursprünglichen, pflanzlichen Form viel weniger gefährdend denn als Reinsubstanz;
- waren bei indigenen Völkern strengen sozialen und religiösen Kontrollen unterworfen;
- wurden bei ihrer Einführung in Europa häufig als Arzneimittel angesehen;
- begannen ihre Karriere meist beim Adel, sickerten zu den reichen Bürgern durch, dann zu vermögenden Bauern und irgendwann schließlich zu allen (vertikaler Imitationsprozess);
- erfüllten bei ihrer breiten Einführung immer eine wichtige gesellschaftliche Funktion als Wachmacher (Tee, Kaffee, Kokain), Beruhigungsmittel (Alkohol, Tabak, Haschisch, Opium), Nahrungsmittel (Zucker) (Tab. 1.1);
- führen immer mindestens zur Gewöhnung, oft zur psychischen, manchmal auch zur körperlichen Abhängigkeit;
- waren alle schon einmal in irgendeinem Kulturkreis verboten; Verbote führten aber nie zu einem Aufhören des Gebrauchs, oft verlagerte er sich in die Illegalität (Prohibition) oder auf ein anderes Genussmittel;
- gelten heute alle mehr oder minder als gesundheitsschädlich.

Es ist also alles Kultur und viele Genussmittel haben eine Karriere von der verbotenen Substanz über die Nutzung durch eine kleine Elite bis zur allgemeinen gesellschaftlichen Akzeptanz hinter sich. Auch die Unterscheidung zwischen harten (Opium, Heroin, Kokain) und weichen Drogen (Hasch, Marihuana) macht nur dann Sinn, wenn man sich darauf einstellt, dass die weichen Drogen mittelfristig erlaubt sein werden. Verboten sind sie in Deutschland nach dem Betäubungsmittelgesetz derzeit alle; aber der persönliche Besitz von ein paar Gramm Hasch wird heute nicht mehr strafrechtlich verfolgt.

Und auch legale Drogen können schädigen. Während illegale Drogen derzeit rund 1000 Todesopfer im Jahr fordern, sterben an direkten und indirekten Folgen des Rauchens 100.000–120.000 Menschen in Deutschland und an denen des Alkohols noch einmal rund 74.000 Menschen – im Jahr (Anonym 2015b)! Und darüber gibt es nicht einmal eine Debatte, nur der Suchtbericht der Bundesregierung erinnert daran. Aber wer liest den schon? Letztlich ist es eine rein gesellschaftliche Konvention, was legal und illegal ist – alle Genussmittel können schädigen, wenn sie über den Genuss hinaus genossen werden und sie können alle zur Abhängigkeit führen.

Tab. 1.1 Wirkung der pflanzlichen Genussmittel. (Nach Prentner 2010, ergänzt)

Substanz(-gruppe)	Wirkung
Alkohol	Euphorisierend, beruhigend, angstlösend
Stimulanzien (z. B. Koffein)	Aufputschend, stimulierend
Opiate	Euphorisierend, beruhigend, schmerzstillend
Kokain	Euphorisierend, leistungssteigernd
Halluzinogene (z. B. LSD)	Bewusstseinsverändernd
Cannabis	Entspannend

Abhängigkeit (früher Sucht) wird definiert als „ein zwanghaftes Angewiesen sein auf die Erfüllung eines Bedürfnisses" (Prentner 2010). Dazu gehört ein dringendes Verlangen nach dem jeweiligen Mittel, die Tendenz, die Dosis zu steigern und eine psychische, oft auch körperliche Abhängigkeit. Dabei genügt es schon, wenn sich beim Vermeiden der entsprechenden Genussmittel Missbehagen oder Beschwerden einstellen. Wer also ärgerlich wird, wenn er sein Feierabendbierchen nicht erhält, gilt medizinisch bereits als abhängig. Bei starker Abhängigkeit kommen zu den direkten gesundheitlichen Schäden durch die Substanz noch soziale Schäden, etwa die fortschreitende Vernachlässigung von Familie und Freunden sowie anderer Interessen, hinzu.

Das Hauptproblem in der modernen Industriegesellschaft ist, dass uns heute praktisch sämtliche Substanzen der ganzen Welt zur Verfügung stehen. Sie werden gesellschaftlich nur noch durch Polizei und Staatsanwalt kontrolliert, wenn sie illegal sind, und kaum noch innerhalb der Familie oder der Religion. Bei den indigenen Völkern dagegen wurden die entsprechenden Genussmittel nur unter strenger Kontrolle von Schamanen und Heilern verabreicht, die sich oft jahrelang auf ihr Wirken vorbereiten mussten.

Die wirksamen Inhaltsstoffe der Pflanzen sind heute aufgeklärt und häufig in reiner Form zu erhalten, sie wirken dann um ein Vielfaches stärker als die ursprüngliche Substanz. So kann das Rauchen von Marihuana noch als relativ harmlos gelten, während die Einnahme von konzentriertem Haschischöl sehr gefährlich ist. Während Morphin als natürliches Opiat schon sehr wirksam ist, können synthetische Opiate eine 100- bis 10.000fach so hohe Wirkung entfalten. Außerdem haben die Genusspflanzen nie nur einen wirksamen Inhaltsstoff, sondern bestehen immer aus komplexen Stoffgemischen, wobei die Hauptsubstanz im Gemisch nicht nur schwächer wirkt als die isolierte Reinsubstanz, sondern oft durch Begleitstoffe entscheidend verändert wird. So ist das Kauen von Kokablättern, wie es die Andenbewohner praktizieren, harmlos, während das reine Kokain schon nach wenigen Malen des Genusses zu einer starken psychischen Abhängigkeit führt (Kokainhunger).

Tab. 1.2 Konsum von pflanzenbasierten Genussmitteln in Deutschland 2012 (in Millionen Einwohner). (Anonym 2015b)

Stoff	Einstufung	Anzahl Erwachsene (Millionen)	Anzahl Jugendliche (Millionen)
Alkohol	Gesamt	46,993	
	– riskant[a]	9,333	
	– abhängig	2,235	
Tabak	Raucher	19,849	1,776
	– ≥20 Zigaretten/Tag	5,718	
Cannabis		2,958	0,681
Kokain		0,526	0,030
Heroin		0,131	
Crack		0,066	

[a]≥24 g reiner Alkohol je Tag, das entspricht etwa 600 ml Bier

Der Fachverband Sucht e. V. versucht, das Ausmaß des Genusses von legalen und illegalen Stoffen zu erfassen (Tab. 1.2). Danach trinken von den 65,7 Mio. Erwachsenen in Deutschland 71,5 % Alkohol und es rauchen 30,2 %. Bei den illegalen Genussmitteln steht Cannabis vorn, gefolgt von Kokain. Die noch gefährlicheren Mittel Heroin und Crack werden nur von einer kleinen Zahl an Erwachsenen eingenommen.

Die Gefahren von legalen Genussmitteln werden von der Bevölkerung häufig nach dem Motto Was erlaubt ist, kann nicht ganz so schlimm sein! unterschätzt. Das ist aber falsch. Ein von der französischen Regierung in Auftrag gegebener Bericht einer Expertenkommission um den Pharmazieprofessor Bernard Roquer ordnete die Gefahren von Drogen nach dem Stand der Literatur in drei Risikogruppen (Balmer 1998). Danach zählen Opiate, Kokain, aber auch Alkohol zu den gefährlichsten Mitteln. In die mittlere Kategorie fällt von den pflanzlichen Drogen der Tabak. Als mit am geringsten Risiko behaftet gelten die Cannabisprodukte Haschisch und Marihuana. Diese Sichtweise unterstützen auch andere Experten (s. Abb. 6.3). Der Bericht betont, dass alle betrachteten Substanzen den Dopaminstoffwechsel im Gehirn beeinflussen. Dopamin ist ein Botenstoff, der auch für Lustgefühle beim Essen, Trinken oder beim Sex verantwortlich ist. Dies erklärt, warum sie alle suchtgefährdend sind, denn von diesem Kick will man immer noch mehr.

Zurück zu den PFLANZEN, die uns Genüsse, aber auch Abhängigkeiten liefern. Nicht alle sind so gefährlich, dass sie Tote fordern. Kaffee, Tee und Kakao, exotische Gewürze und tropische Duftpflanzen bereiten uns unbestrittenen und meist harmlosen Genuss. In diesem Buch stehen, im Gegensatz zu anderen Büchern über Genussmittel, immer die Pflanzen im Vordergrund, die diese gesuchten Stoffe produzieren, ihre Botanik, ihre Herkunft und ihr Anbau. Die Wirkung und Kulturgeschichte ihrer Inhaltsstoffe kommen nicht zu kurz, sowie, wenn erforderlich, die Folgen des Missbrauchs.

Warum produzieren Pflanzen solche Stoffe? Sie tun es nicht, um uns glücklich, wach oder high zu machen. Drogen sind in der Mehrzahl Abwehrstoffe gegen Schädlinge. So bringt Kokain auch das Nervensystem der Insekten durcheinander und Tabak wurde früher als Insektenvernichtungsmittel eingesetzt.

Ein Wort zur Auswahl: Im Buch behandelt werden erstens nur Genusspflanzen, die auch in unserem heutigen Kulturkreis bekannt sind und, legal oder illegal, verwendet werden. Deswegen fehlen Hexensalben des Mittelalters, Guaraná und Maté, die Aufputschmittel Südamerikas, oder Betel und Khat, die (bei uns legalen) Rauschmittel des Orients. Auch fremdartige, bei uns kaum verwendete Genussmittel wie Psylocibin, das aus Pilzen stammt, Ayahuasca, ein Drogenmix aus mehreren Dschungelpflanzen, und Mescalin aus dem Peyote-Kaktus fehlen. Zweitens müssen die Genüsse mehr oder weniger direkt aus pflanzlichen Rohstoffen gewonnen werden. Deshalb fehlt beispielsweise das Lysergsäurediethylamid (LSD), das zwar vom Mutterkornpilz stammt, aber nur durch chemische Aufbereitung zur Droge wird (halb-synthetisch) und Heroin aus Schlafmohn wird aus demselben Grund nur kurz gestreift.

Pflanzen liefern uns also nicht nur Nahrungsmittel, das zeigt dieses Buch eindringlich, sondern auch Mittel zum Genuss, sei er harmlos oder gefährlich, erlaubt oder verboten. Er ist ein wesentlicher Bestandteil der menschlichen Kultur von Anfang an und Pflanzen waren seine Wegbereiter.

Literatur

Anonym (2015b) Verbrauch, Missbrauch, Abhängigkeit – Zahlen und Fakten. Fachverband Sucht e.V. http://www.sucht.de/daten-und-fakten.html. Zugegriffen: 13. April 2018

Balmer R (1998) Expertenbericht als Sprengstoff für Frankreichs Drogenpolitik. Basler Zeitung, 18.06.1998. http://www.drogeninfo.de/files/expertenbericht.htm. Zugegriffen: 13. April 2018

Gilman SL, Xun Z (Hrsg) (2004) Smoke – A Global History of Smoking. University of Chicago Press, Chicago

Jütte R (o. J.) Biogene Drogen im Wandel der Zeit – Medizinhistorische Betrachtungen. https://www.yumpu.com/de/document/view/21610538/biogene-drogen-im-wandel-der-zeit-medizinhistorische-. Zugegriffen: 13. April 2018

Lipták J et al (2005) „Da rauchten die Köpfe" – Neues zum Thema Neanderthaler. Landesamt für Denkmalpflege und Archäologie Sachsen-Anhalt. Landesmuseum für Vorgeschichte. http://www.lda-lsa.de/landesmuseum_fuer_vorgeschichte/fund_des_monats/2005/april/. Zugegriffen: 13. April 2018

Prentner A (2010) Bewusstseinsverändernde Pflanzen von A–Z, 2. Aufl. Springer, Wien, New York

Scheerer S, Vogt I (Hrsg) (1989) Drogen und Drogenpolitik. Campus, Frankfurt/Main, S 5

Schivelbusch W (2005) Das Paradies, der Geschmack und die Vernunft. Eine Geschichte der Genussmittel, 6. Aufl. S. Fischer, Frankfurt/Main

Weiterführende Literatur

Anonym (1998) Alkohol – Opium fürs Volk. DIE ZEIT online. http://www.zeit.de/1998/28/199828.drogen_.xml. Zugegriffen: 13. April 2018

Anonym (2015a) Drogen- und Suchtbericht der Drogenbeauftragten der Bundesregierung. https://www.bundesgesundheitsministerium.de/fileadmin/Dateien/5_Publikationen/Drogen_und_Sucht/Broschueren/2015_Drogenbericht_web_010715.pdf. Zugegriffen: 13. April 2018

Heimler A (2006) Kaffee und Tabak aus kultur- und sozialgeschichtlicher Sicht – gesellschaftliche Integration dieser Drogen im 17./18. Jahrhundert. Diplomarbeit überarbeitet und erweitert 2006. http://www.drogenkult.net/?file=text012. Zugegriffen: 13. April 2018

Hengartner T, Merki CM (Hrsg) (1999) Genussmittel – Ein kulturgeschichtliches Handbuch. Campus, Frankfurt/M.

Körber-Grohne U (1987) Nutzpflanzen in Deutschland. Kulturgeschichte und Biologie. K. Theiss, Stuttgart

Krieg V (2014) Biogene Drogen mit Missbrauchspotential – Kulturgeschichtliches und Wirkungen. Masterarbeit Universität, Stuttgart

2

Getreide und Hopfen – Bier, Schnaps, Whisky

Ein Trinkgefäß, sobald es leer – macht keine rechte Freude mehr.
Wilhelm Busch

Wer das Wort Getreide hört, denkt zuerst an Brot, Brötchen und Müsli. Das können zwar auch Genüsse sein, doch niemand wird Getreide deshalb als Genusspflanze bezeichnen. Aber aus demselben Getreide wird auch Bier, Schnaps, Wodka und Whisky hergestellt. Und da sind wir dann schon im Bereich geistiger Genüsse.

2.1 Herkunft und Botanik der Getreide

Alle unsere Getreidearten, mit Ausnahme von Mais und Triticale, stammen aus Südwestasien (Tab. 2.1). In diesem sog. Fruchtbaren Halbmond, der die heutigen Staaten Israel, Palästina, Jordanien, Syrien, südliche Türkei, Iran und Irak umfasst, begannen die Menschen vor rund 12.000 Jahren Landwirtschaft zu betreiben. Sie siedelten in kleinen Dörfern, lebten zunächst von der Jagd und dem Sammeln von Wildpflanzen, darunter auch Wildgetreide. Sie besaßen schon Sicheln, Mörser, Steinpistillen, Handmühlen und flache Schalen zum Entspelzen und Mahlen des Getreides. Daraus entwickelten sich dann die frühesten Formen der Landwirtschaft und die ersten Kulturpflanzen. Die alten Weizenarten Einkorn und Emmer sowie Gerste gehören zu den frühesten planmäßig angebauten Getreidearten.

Interessanterweise stammen die frühesten Funde von Getreidearten, Lein, Erbsen und Linsen alle von benachbarten Fundstellen. Offensichtlich wurden

T. Miedaner, *Genusspflanzen*, https://doi.org/10.1007/978-3-662-56602-2_2

Tab. 2.1 Herkunft und Alter des Anbaus bestimmter Getreide in Deutschland. (Miedaner 2014)

Kulturpflanze	Botanischer Name	Herkunft	Erster Nachweis in Deutschland
Gerste	*Hordeum vulgare*	Südwestasien	5600–5500 v. Chr.
Weizenarten:			
Einkorn	*Triticum monococcum*	Südwestasien	5600–5500 v. Chr.
Emmer	*T. turgidum* ssp. *dicoccum*	Südwestasien	5600–5500 v. Chr.
Hartweizen	*T. turgidum* ssp. *durum*	Mittelmeerraum	4400–3400 v. Chr.
Weichweizen	*T. aestivum* ssp. *aestivum*	Südwestasien	4400–3400 v. Chr.
Dinkel	*T. aestivum* ssp. *spelta*	Südwestasien, Mitteleuropa	1100–800 v. Chr.
Hafer	*Avena sativa*	Südwestasien	1300–800 v. Chr.
Roggen	*Secale cereale*	Südwestasien	Etwa 500 v. Chr
Mais	*Zea mays*	Mittelamerika	16. Jh.
Triticale	*x Triticosecale*	Mittel-, Osteuropa	1986

sie tatsächlich im selben Zeitraum kultiviert und gemeinsam weitergegeben. Die entsprechenden Wildpflanzen wurden bereits Jahrtausende vorher gesammelt, waren also den dortigen Bewohnern schon lange bekannt. So fanden sich bei Ausgrabungen in Israel an der Fundstelle Ohalo II am See Genezareth (etwa 21.000 v. Chr. cal.) Spuren der Wildformen von Emmer, Gerste, Linsen und Erbsen. Wildgetreide wächst in Südwestasien heute noch in kleinen Beständen an Waldrändern, Waldlichtungen und Wegrändern. Es wurde Jahrtausende lang gesammelt, bis einige Völker dazu übergingen, Wildgetreide planmäßig auf Feldern anzubauen und die besten Formen zu selektieren, was über mehr als 1000 Jahre hinweg zur Entstehung unserer Getreideformen führte (Abb. 2.1).

Aus diesen Kernzonen verbreitete sich die Technik der Landwirtschaft über Zypern und Anatolien nach Südeuropa, dann durch die Bandkeramiker auch nach Mitteleuropa. Sie brachten Gerste, Einkorn und Emmer mit, die anderen Getreidearten kamen danach. Nacktweizen findet sich erst rund 1000 Jahre später erstmals in den Seeufersiedlungen am Bodensee und in der Schweiz. Hafer und Dinkel als Spezialweizen kamen erst Jahrtausende später nach Mitteleuropa, Roggen sogar erst mit den Slawen. Und Mais ist ein absoluter Neuankömmling, der zwar von Kolumbus mitgebracht wurde, aber zuerst in der Türkei angebaut wurde, bevor er nach Süd- und ins südliche Mitteleuropa kam. Triticale schließlich ist das einzige von Menschen erzeugte Getreide, eine Kreuzung aus Weizen und Roggen, daher ist auch sein lateinischer Name entsprechend zusammengesetzt aus *Triticum* (Weizen) und *Secale* (Roggen).

Abb. 2.1 Die wichtigsten Getreidearten Weizen, Roggen, Triticale und Gerste als Ähren und Körnerproben

2.2 Inhaltsstoffe und Verwendung der Getreide

Das Korn besteht im Prinzip aus drei Bestandteilen: Keimling, Mehlkörper (Endosperm) und Schale (Abb. 2.2). Die Schale enthält wiederum mehrere Schichten: Die äußeren Samenhüllen (Oberhaut, Frucht- und Samenschale) und die innere Aleuronschicht. Während die äußeren Schichten besonders ballaststoff- und mineralreich sind, enthält die Aleuronschicht die meisten B-Vitamine und Spurenelemente sowie Eiweiß.

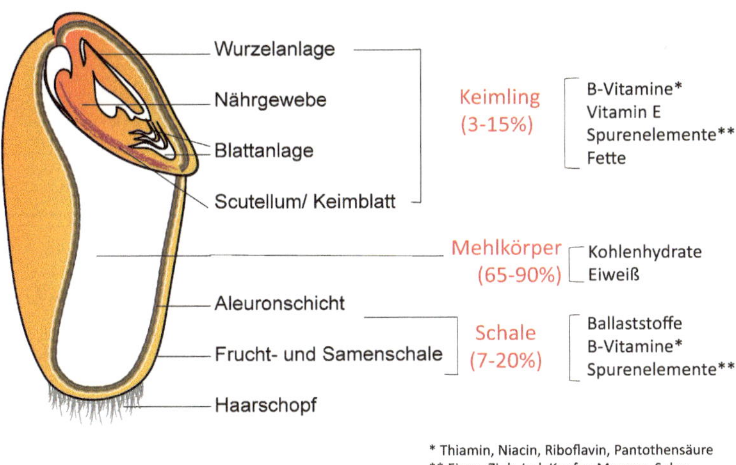

Abb. 2.2 Aufbau (prozentuale Anteile) und wesentliche Inhaltsstoffe eines Weizenkorns. (WIKIMEDIA COMMONS: Alfred, ergänzt)

Der Keimling ist ebenfalls ernährungsphysiologisch wertvoll, er hat die höchsten Fettgehalte sowie B-Vitamine, Vitamin E und Spurenelemente. Der Mehlkörper schließlich macht den größten Teil des Korns aus und stellt das Energiereservoir dar. Er enthält v. a. Stärke, also hochverkettete Kohlenhydrate, die für den Keimling die wesentlichen Reservestoffe darstellen, und Eiweiß. Bei der Keimung wird die Stärke durch korneigene Enzyme (Amylasen) in einzelne Zuckerbestandteile gespalten, erst diese können vom Keimling genutzt werden. Die Inhaltsstoffe der einzelnen Getreidearten sind sehr ähnlich. Die Körner bestehen v. a. aus Stärke (etwa 70 %), dazu kommen Eiweiß (6–16 %), Fett (2–7 %) und Mineralstoffe (2–5 %). Es finden sich Vitamine und Spurenelemente. Die Schalenanteile sind die wesentlichen Ballaststoffe. Die Zusammensetzung der Körner hängt aber auch von der Getreideart, der Witterung und Düngung ab. So enthält Hafer besonders viel Fette und Mineralstoffe, Weizen hat hohe und Mais besonders geringe Eiweißgehalte. Bei Einkorn, Emmer, Gerste und Hafer kommen noch die Spelzen hinzu, das sind feste Bestandteile, die das Korn einhüllen und schützen und auch beim Mähdrusch das Korn nicht freigegeben wird (Spelzgetreide); sie sind jedoch für den Menschen ungenießbar und müssen vor der Verwendung entfernt werden. Im Gegensatz dazu sind Brotweizen, Roggen und Triticale Nacktgetreide; die Spelzen fallen beim Drusch von allein ab, geerntet wird das verzehrfertige Korn. Früher wurde Getreide v. a. als dickflüssiger Brei gegessen, vermischt mit Wasser oder Milch. Frei geschobene Brote, wie wir sie heute backen, sind zwar seit etwa 6000 Jahren bekannt, waren aber immer nur einer reichen Minderheit oder besonderen Festtagen vorbehalten. Heute hat sich die Palette der angebauten Getreide stark vereinfacht (Tab. 2.2).

Tab. 2.2 Anbaufläche (DESTATIS 2017) und Verwendung von Getreide in Deutschland (eigene Schätzung)

Getreide	Anbaufläche (ha)	Hauptsächliche Verwendung
Gerste, Winter	1.229.000	Futter (100 %)
Gerste, Sommer	340.000	Braugerste: Bier, Whisky (100 %)
Weichweizen	3.135.000	Brot (40 %), Futter (50 %), Schnaps (Korn)
Hartweizen	Etwa 10.000	Nudeln (100 %)
Roggen	538.000	Brot (17 %), Futter (60 %), Bioenergie (20 %), Schnaps
Mais[a]	430.000	Futter (75 %), Lebensmittel (7 %)
Hafer	116.000	Frühstücksprodukte, Flocken, Futter
Triticale	391.000	Futter (80 %), Bioenergie (20 %), Schnaps

[a]Nur Körnermais

Im Wesentlichen werden in Deutschland Weichweizen, Gerste und Mais angebaut, mit weitem Abstand folgt Roggen, danach Triticale; Hafer wurde zur Nischenkultur. Der größte Teil des Getreides wird als Futter verwendet, um die Unmengen von Fleisch zu erzeugen, die heute verzehrt werden. Ein anderer, nicht unwesentlicher Teil dient der Energiegewinnung (Biogas und Bioethanol).

2.3 Alkohol – „etwas Feines"

Alle Zivilisationen, mit Ausnahme der Inkas, die Kartoffeln kultivierten, beruhten auf dem Anbau von Getreide: Gerste bei den Sumerern, Emmer bei den Ägyptern, Roggen bei den Slawen, Hart- und Weichweizen bei den Römern, Gerste und Weizen in Nordchina, Reis im tropischen Asien, Mais in Mittel- und Südamerika, Hirsen in Afrika und Weizen und Hirsen in Indien. Und aus all diesen Getreidearten kann man auch Alkohol herstellen, denn sie enthalten Stärke, die, zu Zucker umgewandelt, die Basis der alkoholischen Gärung ist.

Alkohol ist der Schmierstoff der gesamten westlichen Zivilisation und schon in einer der frühesten Kultstätten der Menschheit, in Göbekli Tepe im südöstlichen Anatolien, wurde vor rund 11.500 Jahren (vielleicht) ein bierähnliches Getränk hergestellt. Zumindest fand man in mehreren bis zu 160 l fassenden Steingefäßen Kalziumoxalat, das beim Einweichen, Zerstampfen und bei der Fermentation von Getreide entsteht (Dietrich et al. 2012); und das, obwohl die Landwirtschaft damals noch gar nicht erfunden war. Alkohol ist, neben Wasser und Tee, das weltweit am meisten konsumierte Getränk und Bier ist das älteste davon. Dazu passt, dass in zwei Steingefäßen aus dem anatolischen Körtik Tepe aus dem 10. Jahrtausend v. Chr. Weinsäure gefunden wurde, die bei der Vergärung von Wein entsteht und aus der McGovern (2009) eine frühe Weinbereitung postulierte.

Nachgewiesen sind solche alkoholischen Herstellungsprozesse anhand ihrer Produkte aber erst viel später. So haben die Chinesen vor 9000 Jahren aus Reis, Honig und Früchten Alkohol hergestellt und vor 7400 Jahren produzierte man im Kaukasus und Nordiran Wein aus Trauben. Alkohol begleitete den Menschen während seiner ganzen neueren Geschichte.

Das Prinzip seiner Herstellung ist einfach. Alkohol ist ein Stoffwechselprodukt von Mikroorganismen, das durch Gärung entsteht, wenn Hefen Zucker abbauen und dabei Ethanol, den einzig trinkbaren Alkohol, und Kohlendioxid produzieren. Bevorzugte Hefe war von Anfang an die Bierhefe, *Saccharomyces cerevisiae*, deren lateinischer Name sich von Zucker (*saccharum*), Pilz (*myces*) und Bier (*cerevisia*) ableitet. Diese Hefen kommen überall wild vor und vergären jede zuckerhaltige Flüssigkeit. Die Alkoholgehalte früher Getränke waren deutlich geringer als heute, da die Wildhefen schon relativ bald die Umwandlung von Zucker in Alkohol einstellen und wir heute hochgezüchtete Stämme verwenden, die deutlich höhere Alkoholgehalte erreichen.

Der Begriff Alkohol

stammt aus dem Arabischen „al-kuhl" und wurde von Paracelsus als etwas Feines übersetzt. Heute meint man damit Ethanol (Summenformel: C_2H_5OH), den man zu Recht die älteste Droge der Welt nennen kann (nach Brunold o.J.).

Die Lust auf Alkohol ist jedoch nur für den Menschen und ein paar Affenarten charakteristisch, was wahrscheinlich auf eine einzige Genveränderung zurückzuführen ist. Durch eine Mutation des *adh4*-Gens entstand ein Enzym, das Ethanol bis zu 40mal schneller abbaut als normal, was für uns den Alkohol überhaupt erst verträglich macht.

Vielleicht wurden Pflanzen nur domestiziert, um jederzeit große Mengen Alkohol herstellen zu können? Diese Diskussion brachte der Münchner Evolutionsbiologe Josef Reichholf (2008) auf und die Funde von Göbekli Tepe könnten ihm Recht geben. Die Vergärung kam danach nicht durch die wilden Hefen aus der Bäckerei in Gang, wo das Bier wie bisher vermutet quasi nebenher erfunden wurde, sondern durch Kauen des Getreidebreis mit menschlichem Speichel, ähnlich wie es manche indigenen Völker in Amazonien mit anderen Pflanzen heute noch machen. Durch die Speichelenzyme wird die Stärke aufgeschlossen, der entstehende Zucker ist leichter der Vergärung zugänglich.

Die Kunst der Herstellung reinen Alkohols durch Destillation ist eine viel spätere Geschichte. Erste Berichte über einfache Destillationsgeräte stammen aus dem Jahr 400 n. Chr. von einem griechischen Alchimisten aus Ägypten. Die Araber übernahmen die Destillation für die Herstellung von Alkohol für medizinische Zwecke. Sie nutzten seine Desinfektionswirkung. Abu Bakr Mohammad Ibn Zakariya al-Razi (etwa 865–925) wird oft in diesem Zusammenhang genannt. Mit dem Beginn der Kreuzzüge kam im 11. Jahrhundert die Technik nach Italien. Aus derselben Zeit stammen auch erste Hinweise auf eine Destillation von Wein, etwa aus Salerno. Eine solche destillatorische Trennung wurde im Frühmittelalter wohl auch schon in China durchgeführt. Im weiteren Verlauf nahmen sich die Alchemisten der Brennerei an, sie hüteten das Wissen aus Wein brennendes Wasser („aqua ardens") zu machen als

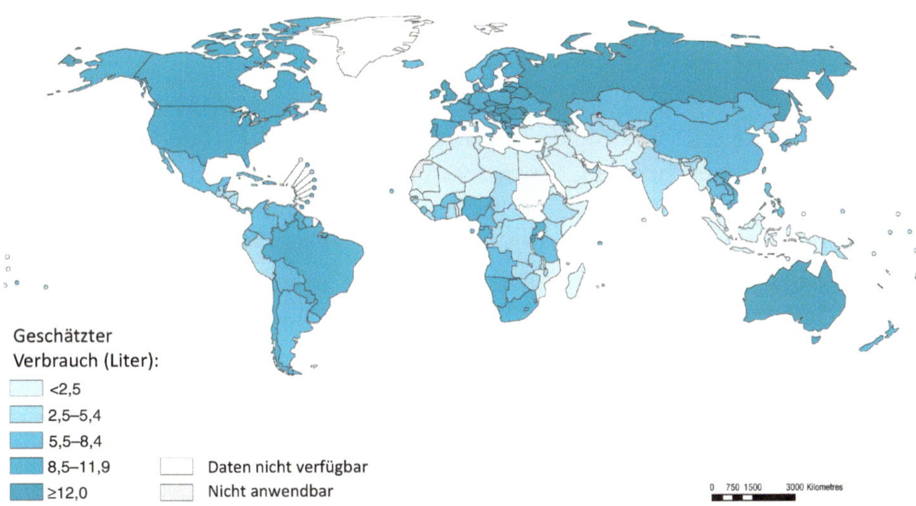

Abb. 2.3 Alkoholverbrauch je Kopf (Alter > 15 Jahre) und Jahr in Liter reinen Alkohols, Schätzung 2015. (WHO 2016)

Geheimnis. Sie glaubten, damit die Lebenskraft („spiritus") selbst isoliert zu haben. Daher kommt heute noch unser Wort Spirituosen. Sie lernten, durch wiederholtes Destillieren Alkohol in höheren Konzentrationen herzustellen; das „aqua vitae" (Wasser des Lebens) war gefunden. Daher kommt heute noch die Bezeichnung „Eau de vie" im Französischen und „Akvavit" im Skandinavischen.

Heute sind nach einem Bericht der Weltgesundheitsorganisation (WHO) die Länder mit dem höchsten Alkoholverbrauch (≥12 l reiner Alkohol pro Kopf) vor allem in Osteuropa zu finden (Abb. 2.3).

Dabei entsprechen 10 l Alkohol bei Bier mit etwa 6 % Alkohol etwa 165 l, bei Wein mit etwa 12 % Alkohol etwa 85 l, bei Wodka mit etwa 40 % etwa 25 l. In Deutschland liegen wir mit 10,6 l noch im oberen Mittelfeld. Am Ende der Skala stehen streng muslimische Länder wie Saudi-Arabien, Bangladesch, Kuwait, Libyen, Mauretanien und Pakistan.

2.4 Flüssiges Brot – Die Geschichte des Biers

Bier als das am einfachsten herzustellende alkoholische Getränk begleitete den Menschen über Jahrtausende. Wenn man Getreidebrei ein paar Stunden in der Wärme stehen lässt, fängt er nach kurzer Zeit an zu gären. Auch das Mälzen von Getreide, d. h. das Ankeimen in feuchter Umgebung, könnte per Zufall entdeckt worden sein, denn die steinzeitlichen Getreidelager waren wohl selten völlig wasserdicht. Bei der Keimung des Getreides werden Enzyme aktiv, die die Stärke in Zucker spalten und dieser ist dann die Basis für die Hefen, die die alkoholische Gärung durchführen.

Die ältesten gesicherten Überreste von Bier stammen aus der Zeit von 3500 bis 2900 v. Chr. aus Godin Tepe im heutigen Westiran. Aus einer ähnlichen Zeit stammen Funde aus Hierakonpolis in Oberägypten (etwa 3400 v. Chr.). Um 2000 v. Chr. wurden in Keilschrift erste Aufzeichnungen über Bierrezepte in Tontafeln geritzt. Die Babylonier kannten schon eine ganze Reihe von Biersorten aus Emmer, Gerste und Getreidegemischen. Das Ganze gab es dann noch in verschiedenen Qualitäten, als Dünnbier, feines weißes Bier, rotes Bier, Schwarzbier und Prima-Bier, einer Art Premiumbier. Sie exportierten diese Spezialitäten bis nach Ägypten.

Die damaligen Biere können in keiner Weise mit modernen Bieren verglichen werden. Sie waren trüb, warm und voller Hefe- und Getreidereste. Vielleicht stammt daher auch das geflügelte Wort vom „flüssigen Brot", denn nahrhaft waren sie allemal. Um sie zu trinken, benutzten die Menschen ein Trinkröhrchen wie wir heute einen Strohhalm. König Hammurabis (1728–1686 v. Chr.) legte in seinen Gesetzen auch eine erste Schankordnung nieder. Bier war ein Teil der Bezahlung und je nach Ranghöhe gab es 2–5 l Bier täglich. Dies zeigt die große soziale Bedeutung des Biers für die damalige Gesellschaft. In ägyptischen Grabinschriften findet sich eine detaillierte Darstellung der Bierherstellung:

> Um Bier zu brauen, nimmt man Gerste oder eine andere Getreideart, feuchtet sie an oder gräbt sie auch ein, damit sie zu keimen beginnt. Dann wird Getreide gemahlen und unter Zusatz von Sauerteig zu Brot geformt. Die Brote bäckt man ein wenig – so, dass nur die äußerste Kruste brotartig wird. Das Innere muss roh bleiben. Dann werden die Brote in Stücke geschnitten, in einen großen Topf getan und mit Wasser begossen. So lässt man sie einen Tag stehen. Am nächsten Tag wird die Flüssigkeit durch ein Sieb in einen anderen Topf gegeben, wobei die aufgeweichten Brotstücke auf dem Sieb mit den Händen geknetet werden. Das weißlich schäumende Getränk, das so entsteht, hat einen bitteren Geschmack. Es muss gleich nach der Bereitung getrunken werden, weil es sich nicht aufbewahren lässt und, wenn man es in verschlossene Gefäße füllt, diese zersprengt. Um es noch bitterer zu machen, gibt man Rettich oder Wolfsbohne hinzu (Lohberg und Lohberg o.J.).

Die Braukunst des Vorderen Orients erreichte Europa spätestens zur Keltenzeit. Der älteste Nachweis des Brauens in Deutschland stammt nämlich aus der Zeit um 800 v. Chr. Bei Kulmbach wurden Bieramphoren der frühen Hallstattzeit gefunden. Aus den ersten Jahrhunderten nach Christus stammt ein Bierverlegerstein und in Gräbern im bayrischen Straubing fand sich der älteste Bierkrug der Welt aus dem 6. Jahrhundert.

Tacitus berichtet in seiner *Germania*, dass die Germanen gerne Bier tranken. Sie könnten wohl Hunger und Kälte ertragen, „nicht aber den Durst". Persönlich hielt er das Bier für scheußlich: „Ein Saft aus Gerste oder Weizen, ein Gebräu, das eine gewisse Ähnlichkeit mit schlechtem Weine hat" (Lohberg und Lohberg o.J.). Damals mischten die Germanen Myrte, Eschenlaub und Eichenrinde in den Sud, um das Bier haltbarer zu machen. Diese Stoffe schmeckten nicht gerade edel, hatten aber antibiotische Eigenschaften. Sogar Pilze und Blaubeeren dienten diesem Zweck. Da man aber auch in den Resten römischer Landhäuser („villae rustica") Gefäße mit Bierresten fand, kann es so schlecht nicht gewesen sein.

Nach dem Untergang des Römisches Reichs und der Christianisierung Deutschlands übernahmen die Mönche das Brauen, zumindest in den Gegenden, in denen kein Weinanbau möglich war. So wurde in dem Benediktinerkloster Weihenstephan angeblich schon im 9. Jahrhundert Bier gebraut; 1040 erhielten die Mönche eine gewerbliche Zulassung vom Bischof Engilbert von Freising. Nach einigen Chronisten standen den Mönchen 5 l Bier am Tag zu, in einer Verordnung des Dekans Ekkehart I. aus St. Gallen waren es ebenfalls „fünf Zumessungen Bier". Und aus dem Wort Zumessung entwickelte sich in Bayern dann das Maß, das noch heute einen Liter umfasst.

Bier war damals in viel stärkerem Maß Nahrungsmittel, als wir uns das heute vorstellen können; einmal, weil Alkohol desinfiziert und vor Krankheiten schützt (s. Box), zum anderen, weil das Bier damals eine Vielzahl von Nährstoffen enthielt, die wir heute durch Filtrieren und Pasteurisieren entfernen. Beim Fermentieren von Zucker produziert die Hefe nämlich auch B-Vitamine wie Folsäure, Nikotinsäure, Thiamin und Riboflavin. Bei der damaligen eintönigen Ernährung des einfachen Volks war Bier damit tatsächlich flüssiges Brot, das die Menschen mit Flüssigkeit, Kalorien und essenziellen Vitaminen versorgte.

Alkohol als Gesundheitsgetränk

Die Erfindung der Landwirtschaft brachte nicht nur Gutes. Sie ermöglichte eine so dichte Besiedlung wie noch nie zuvor in der Geschichte der Menschheit. Dadurch wurde die Versorgung mit sauberem Wasser zum Problem. Schon der griechische Arzt Hippokrates warnte davor, Wasser zu trinken, das nicht aus Quellen oder tiefen Brunnen komme. Die bakteriellen Erkrankungen Ruhr, Cholera und Typhus werden leicht über schmutziges Wasser übertragen. Eine verheerende Cholera-Epidemie plagte noch 1892 Hamburg. Da war ein alkoholisiertes Getränk geradezu Gesundheitsnahrung. Die Weine waren den reicheren Schichten vorbehalten, aber Bier war Volksgetränk. Es wurde oft mit Wasser verdünnt (Dünnbier). Mehr als 2 % Alkohol dürfte es kaum gehabt haben und damit konnte man dann ungefährdet und relativ nüchtern seinen Durst löschen. Diese jahrtausendelange Gewöhnung der europäischen Völker an Bier und Wein mag der Grund sein, warum sie ein wesentlich effizienteres Enzym zum Alkoholabbau (Alkoholdehydrogenase) haben als die asiatischen Völker, die das Problem des schmutzigen Trinkwassers vorrangig durch das Abkochen des Wassers zur Teebereitung lösten.

Auch Mönche reicherten ihr Bier mit abenteuerlichen Zutaten an: Wermut, Hirse, Fenchel und Wacholder, Nelken, Salbei, Schafgarbe und Kirschblüten, Eichen-, Kiefer- und Birkenrinde, Schlangenkraut, Ochsengalle und Kienruß. Bis schließlich der Hopfen entdeckt wurde. Er machte Bier durch seine Bitterstoffe so haltbar, dass man es immerhin einige Zeit im Keller lagern konnte. Und das war die Grundlage des berühmten bayerischen Reinheitsgebots von 1516, nach dem Bier nur Gerste, Hopfen und Wasser enthalten dürfe. Die Entwicklung der Städte setzte dem Braumonopol der Mönche ein Ende. Schon vorher war das Hausbrauen, das eine der vielfältigen Aufgaben der Hausfrau war, allgemein üblich, aber jetzt professionalisierte sich das Gewerbe (Abb. 2.4).

Im 19. Jahrhundert erreichte schließlich die Industrialisierung auch die Brauwirtschaft (Deutscher Brauer-Bund o. J.). Es entstanden Dampfbierbrauereien, die Dampfmaschinen einsetzten. Und die erste Dampflok, die 1835 von Nürnberg nach Fürth fuhr, transportierte Bier als Frachtgut. Die Einführung der Heißluft-Darre (1807) und die erste Kältemaschine von Carl von Linde (1873 und 1876) waren weitere Fortschritte. Jetzt konnte Malz mit definierter Qualität hergestellt, endlich unabhängig von den Außentemperaturen gebraut und das Bier lange gelagert werden. Und schließlich wurde durch den Filtrierapparat des Lorenz Adalbert Enzingers (1878) erstmals klares Bier produziert. Als dann ab 1880 flüssige Kohlensäure als Druckmittel zum Bierausschank zugesetzt wurde, schmeckte das Bier seither auch dann, wenn es aus großen Fässern gezapft wurde, nicht mehr schal, sondern es kam frisch und schäumend aus dem Hahn. Die Rolle der Mikroorganismen bei der Gärung entdeckte Louis Pasteur um 1860. Seine Forschungen begründeten die moderne Brauwissenschaft. Als der Däne Christian Hansen herausfand, wie sich Hefe im Labor auf künstlichen Nährmedien kultivieren lässt, entstanden erstmals Reinzuchthefen standardisierter Qualität.

Abb. 2.4 Der Bierbreuwer (Bierbrauer): Mittelalterliche Braukunst aus Jost Ammans *Ständebuch* von 1568. (WIKIMEDIA COMMONS)

Außerhalb Deutschlands wird Bier aus allen möglichen anderen Getreiden und Getreidemischungen hergestellt, in den USA oft mit Anteilen von Mais, in Afrika aus Hirse, in China auch aus Reis.

2.5 Hopfen und Malz – Gott erhalt's

Die Wichtigkeit der Gerste für das Bier darf nicht darüber hinwegtäuschen, dass eine zweite Genusspflanze nötig ist, um gutes Bier herzustellen: Hopfen. Er produziert erst den leicht bitteren Geschmack, der das Bier zum Bier macht. Doch er diente früher auch der besseren Haltbarkeit, weil er keimtötend wirkt. Und positive gesundheitliche Wirkungen hat er auch noch: Hopfen beruhigt und besänftigt. Gefunden wurden diese segensreichen Wirkungen des Hopfens für das Bier vielleicht schon im 10. Jahrhundert, spätestens aber im

12. Jahrhundert von Mönchen. Sie beruhen auf einem Gemisch aus Hopfenölen, Bitter- und Gerbstoffen.

2.5.1 Botanik und Herkunft

Hopfen (*Humulus lupulus* L.) gehört botanisch zu den Hanfgewächsen (*Cannabinaceae*) und ist damit weitläufig mit Hanf verwandt (s. Kap. 5). Er ist überall in Europa, Nordamerika und Ostasien als Wildpflanze heimisch und lebt natürlicherweise als Schlingpflanze (Abb. 2.5). Er klettert dort in rechtsdrehenden Ranken an Bäumen in eine Höhe von bis zu 12 m. Es ist allerdings wissenschaftlich nicht klar, ob er eine ursprüngliche europäische Art ist oder aus dem Osten kam.

Die Geschichte seiner Inkulturnahme (Domestikation) ist unbekannt. Neuere molekulare Arbeiten (Murakami et al. 2006) zeigen, dass europäischer Hopfen von Portugal bis zum Altaigebirge eine einheitliche Gruppe mit relativ geringen genetischen Unterschieden darstellt; nur Hopfen aus dem Kaukasus zeigt deutlich größere Unterschiede. Dies deutet auf eine rasche und relativ junge Ausbreitung der Pflanze. Es ist wahrscheinlich, dass sich Hopfen nach der letzten Eiszeit von der Kaukasusregion aus natürlicherweise über ganz Eurasien verbreitet hat, ähnlich wie dies bei vielen europäischen Bäumen und der Weinrebe der Fall war. Sie überlebten die letzte Eiszeit nicht, besiedelten dann aber von einem südlichen Refugium ausgehend vor 7000–900 Jahren, je nach Art, den europäischen Kontinent erneut.

Hopfen ist zweigeschlechtlich, Männchen und Weibchen sitzen auf zwei getrennten Pflanzen. Beide kann man nur im blühenden Zustand sicher unterscheiden (Abb. 2.5). Dann erscheint beim Mann eine große Anzahl von Rispen, die sich aus vielen kleinen, rein männlichen Blüten zusammensetzen. Wenn sie sich öffnen, platzen die Staubbeutel auf und der Pollen wird vom Wind über große Entfernungen verweht. Als äußere sichtbare Folge der Befruchtung vergrößert sich die weibliche Dolde. Dadurch wird zwar ihr Gewicht höher, dafür leidet aber ihr Brauwert. Sie fährt die Produktion der wertvollen Inhaltsstoffe, v. a. der Lupulone, stark herunter. Deshalb werden nur weibliche Hopfenpflanzen angebaut (Abb. 2.5).

In den heute geschlossenen Hopfenanbaugebieten Mitteleuropas, Tettnang am Bodensee, der Hallertau, der Region um Spalt in Mittelfranken, im Elbe-Saale-Gebiet und im Gebiet um Saaz in Tschechien, ziehen seit Jahrhunderten die Bauern mit ihrer ganzen Verwandtschaft im Frühjahr los, um überall in der Gemarkung wilde Hopfenpflanzen auszurotten, weil sie zur Hälfte männliche Pflanzen darstellen. Die Rodung des männlichen Hopfens bis zum 15. Juni ist

Abb. 2.5 **a** Dolden wilden weiblichen Hopfens, gefunden im schwäbischen Neckartal, **b** Blütenstände männlichen Hopfens und **c** kommerzieller Hopfenanbau in der Hallertau, bei dem die Schlingpflanze Hopfen an meterhohen Gerüsten gezogen wird. (WIKIMEDIA COMMONS: Holledauer)

in deutschen Hopfenbaugemeinden sogar gesetzliche Pflicht. So gibt es heute von manchen traditionellen Sorten keine Männchen mehr.

Kultivierter Hopfen wird an Drahtgestellen gezogen und erreicht immerhin noch eine Höhe von etwa 7 m (Abb. 2.5). Zur Ernte Ende August bis Anfang

September werden die Ranken über der Erde abgeschnitten. Von den ausschließlich weiblichen Pflanzen werden die Hopfendolden (umgangssprachlich Zapfen), die weiblichen Blüten, abgetrennt. Sie sind von Drüsen bedeckt, die ein aromatisches Harz ausscheiden. Da Hopfen mehrjährig ist, treibt er im Frühjahr aus dem Wurzelstock wieder aus und entwickelt neue Ranken. Die Hopfenpflanze benötigt bis zu ihrer vollen Reife drei Jahre und produziert dann 20 Jahre und länger die begehrten Dolden. Pro Pflanze erntet man rund 500 g trockenen Hopfen, das reicht für weit über 100 l Bier. Vermehrt wird der Hopfen ungeschlechtlich durch Ableger. Wenn man sie ein wenig päppelt, lassen sich aus einer Pflanze Hunderte von Nachkommen produzieren.

2.5.2 Inhaltsstoffe und Wirkung

Die Inhaltsstoffe des Hopfens sind sehr vielfältig, seinen Brauwert bestimmen die Bitterstoffe und ätherischen Öle (Beer o.J.). Sie finden sich in den Lupulindrüsen der weiblichen Hopfendolden. Gerbstoffe, die von geringerer Bedeutung sind, kommen v. a. in den Doldenblättern, Spindeln und Stielen vor. Der relative Anteil der einzelnen Substanzen wird von der Hopfensorte bestimmt. Die Bitterstoffe betragen 15–22 % der Doldentrockensubstanz. Dabei handelt es sich um eine Gruppe von Säuren, von denen v. a. die α-Hopfenbittersäuren, auch Humulone genannt, und die β-Hopfensäuren (Lupulone), die selbst nicht bitter schmecken, wichtig sind. Diese Hopfensäuren bilden etwa 50 % des Harzes der Lupulindrüsen. Sie werden beim Kochen der Bierwürze wasserlöslich und erzeugen den bitteren Geschmack. Sie sind aber auch für Schaumbildung und Schaumhaltevermögen wichtig und erhöhen die Haltbarkeit des Biers.

Ätherische Öle sind zu 0,2–1,7 %, im Durchschnitt mit 0,8 %, in der getrockneten Hopfendolde enthalten. Sie sind für das Hopfenaroma verantwortlich, das Voraussetzung für wohlschmeckende Biere ist. In den Hopfenölen hat man bis heute über 300 chemische Verbindungen gefunden, wie etwa das Myrcen, das Caryophyllen oder das Humulen. Je nach dem Mengenverhältnis dieser Stoffe kennt man myrcen- und humulenreiche Hopfensorten.

Die Gerbstoffe des Hopfens (Tannine) machen etwa 4–6 % der Hopfentrockensubstanz aus und wirken ebenfalls konservierend. Sie sind auch für das Klären des Biers wichtig, da sie sich während der Würzekochung mit unerwünschten Eiweißstoffen verbinden und diese zum Ausflocken bringen.

Weiterhin enthält das Hopfenharz Chalkone (Xanthohumol) und 0,5–1,5 % Flavonoide. Das gelb gefärbte Xanthohumol, für das in menschlichen

Zellkulturen eine Schutzwirkung gegen Krebs gefunden wurde, wird beim Brauprozess jedoch weitestgehend in Isoxanthohumol umgewandelt.

Als Heilpflanze war Hopfen schon lange bekannt, Jahrhunderte bevor er ins Bier geworfen wurde. So berichtet der Römer Plinius von ihm als Arzneimittel mit antibakteriellen Eigenschaften. Seine Inhaltsstoffe regen Magen und Darm an und Hopfentee ist ein bekanntes Beruhigungs- und Schlafmittel. Auch wenn man die Hopfendolden ins Kopfkissen packt und darauf schläft, sollen die ätherischen Öle beruhigend wirken.

2.5.3 Kulturgeschichte des Hopfens

Der Beginn der Verwendung des Hopfens im Bier liegt im Dunkeln. Urkundlich wurden Hopfengärten erstmals im Jahr 736 bei Kloster Geisenfeld (Hallertau) erwähnt. Ob der Hopfen damals allerdings schon zum Brauen eingesetzt wurde, ergibt sich daraus nicht. In der Chronik einer Benediktinerabtei aus der Picardie in Nordfrankreich wird im Jahr 822 eine Verbindung zwischen Bier und Hopfen hergestellt. Abt Adalhard legt darin fest, dass der Pförtner des Klosters vom eingehenden Malz und Hopfen je ein Zehntel erhalten soll. Und wenn das nicht ausreiche, solle er sich woanders die fehlende Menge besorgen, um ausreichend Bier zu brauen. Ob der Hopfen schon aus Gärten stammte oder einfach in der Natur wilder Hopfen gesammelt wurde, berichtet die Quelle nicht. Fest steht jedenfalls, dass Hopfen ab dem 9. Jahrhundert, neben anderen Zutaten, dem Bier zugesetzt wird und 1150 berichtet eine Chronik des Stifts Freising über den Besitz von Hopfengärten am Inn, an der Salzach und in anderen Gebieten. Die hohe antibakterielle Wirksamkeit des Hopfens dürfte sich aus dem tradierten Wissen der Volksmedizin auf das Brauwesen übertragen haben. So schreibt die frühe Medizinerin Hildegard von Bingen in ihrer *Physica*, die um 1160 entstanden ist: „Mit seiner Bitterkeit hält er gewisse Fäulnisse von den Getränken fern, denen er beigegeben wird, so dass sie um so haltbarer sind“ (Pinzl 2016). Urkundlich belegt ist, dass die Hansestädte Norddeutschlands ab dem 13. Jahrhundert gehopftes Bier als gesuchte Ware exportierten.

Mit der fortschreitenden Entwicklung des klösterlichen und städtischen Brauwesens entwickelte sich im Hochmittelalter dann überall die Hopfenkultur. Sie nahm innerhalb der mittelalterlichen Dreifelderwirtschaft eine Sonderrolle ein, da Hopfen eine Dauerkultur ist. Deshalb erhielten Hopfenfelder besondere Standorte, Plätze, die in vielen Fällen jahrhundertelang verwendet wurden. In den Gärten wurden lange Stangen gesetzt, an denen sich die Pflanzen emporwinden konnten. So entwickelten sich in den unterschiedlichen

Gebieten sog. Landsorten, die sich durchaus in ihrem Aroma, das sie ans Bier abgaben, unterscheiden. Der Tettnanger vom Bodensee und der tschechische Saazer schmecken eher würzig, Steirer Hopfen riecht ein wenig nach Pinien und der ursprüngliche Hallertauer wird als blumig-würzig beschrieben.

Mildes Klima und leichtere Böden sind Voraussetzung für erfolgreichen Hopfenanbau. Heute wächst er in Deutschland, ähnlich wie die Weinrebe, an Südhängen, wo die kühle Luft im Frühjahr nach unten abgleitet, denn Hopfen ist spätfrostempfindlich. Allerdings konnte sich Hopfen erst durch das Reinheitsgebot gegen eine Vielzahl anderer Bierzutaten behaupten. Dadurch änderte sich auch die Art der Bierherstellung. Weil der Hopfen das Bier haltbarer machte, konnte die Obrigkeit ein Verbot der Bierherstellung im Sommer erlassen. Hintergrund war die Brandgefahr in den damaligen Fachwerkstädten, die durch das häusliche Brauwesen geradezu angeheizt wurde. Jetzt durfte zum letzten Mal im März gebraut werden, das berühmte starke Märzenbier war geboren, und der Hopfen samt den Eiskellern half, dass das Bier auch im Sommer noch genießbar war. Gleichzeitig konnte jetzt das nur im Winter gebraute untergärige Bier haltbarer gemacht werden.

Ober- oder untergärig?

Bei der obergärigen Hefe schwimmt die Hefe im Sud oben, bei der untergärigen sinkt sie auf den Boden. Obergärige Hefe benötigt bei der Gärung höhere Temperaturen (15–20 °C) als untergärige (4–9 °C) und ist daher anfälliger für Verunreinigungen. Die Vergärung verläuft dafür jedoch wesentlich schneller und ist auch ohne Kühlung möglich. Obergärige Biere sind Kölsch, Alt, Weizenbier, Berliner Weiße; typisch untergärige Biere sind Pils, Export, Märzen, Lager (Abb. 2.6).

Typisch war früher ein kleinflächiger Anbau von Hopfen für den lokalen Bedarf. Erst mit dem zunehmenden Bierabsatz nach dem Dreißigjährigen Krieg wurde der Hopfenanbau gezielt gefördert. Es gab jetzt wieder mehr Menschen und durch die Klimaverschlechterung (Kleine Eiszeit) wurde der Wein vielerorts ungenießbar. Ab etwa 1850 breitete sich der Anbau von Hopfen in großem Stil aus, 1885 hatte die Anbaufläche ihre größte Ausdehnung erreicht. Bis Anfang der 1960er-Jahre wurde Hopfen als Rohstoff in den Brauereien nur als getrocknete Dolden eingesetzt. Heute werden wegen der höheren Haltbarkeit und der leichteren Dosierbarkeit zu etwa zwei Drittel Hopfenpellets oder Hopfenextrakte verwendet.

Bei den Sorten unterscheidet man prinzipiell Bitter- und Aromahopfen. Zu ersteren zählen berühmte Sorten aus der Hallertau (z. B. „Hallertauer Taurus"), aber auch amerikanische Sorten („Northern Brewer", „Nugget"). Aro-

Abb. 2.6 In Deutschland gibt es immer noch eine große Vielzahl an Bierspezialitäten, die aus unterschiedlichen Rohstoffen (Gerste, Emmer, Weizen), hellem und dunklem Malz, mit unterschiedlichen Verfahren (ober-, untergärig) und durch unterschiedliche Braustätten (Groß-, Kloster-, Spezialitätenbrauerei) hergestellt werden. Im Glas ein untergäriges Pils, dessen Herstellungsverfahren ursprünglich in Tschechien entwickelt wurde

mahopfen haben, wie der Name schon sagt, ein größeres Spektrum an Aromen als die Bitterhopfen, die sich im Brauprozess entfalten und ein sehr würziges, geschmackvolles Bier entstehen lassen. Allerdings haben Aromahopfen einen geringeren Gehalt an Bitterstoffen, die aber zum Brauprozess auch wichtig sind. Dadurch braucht man entsprechend höhere Mengen, was das Bier deutlich verteuert. Deshalb mischen viele große Brauereien die Aromahopfen nur sehr zurückhaltend ein. Sie verwenden dazu herkömmliche Aromahopfensorten, wie die alten Landsorten „Hallertauer Mittelfrüher", „Spalter", „Tettnanger", „Hersbrucker Spät" und den tschechischen „Saazer", die allerdings sehr empfindlich gegenüber Pilzkrankheiten und Schädlingen sind.

Einen anderen Weg gehen die sog. Craft-Brauereien (s. Box), die sehr stark auf Aromahopfen setzen, um ihrem Bier einen ganz eigenen Geschmack zu verleihen. Deshalb werden seit 2013 in Tettnang und der Hallertau spezielle Aromahopfensorten („special flavor hops") mit einem natürlichen fruchtigen

Geschmack angebaut (Anonym o. J.). Dabei vermittelt die Sorte „Mandarina Bavaria", wie der Name schon sagt, Mandarinen- und Orangennoten, „Hüll Melon" bringt süßliche Aromen ins Bier, die nach Honigmelone, Aprikose, Erdbeere schmecken und der Name von „Hallertau Blanc" soll an Sauvignon Blanc erinnern. Diese bisher ungewöhnlichen Aromen kommen auf ganz natürliche Weise und in Übereinstimmung mit dem Reinheitsgebot ins Bier, ohne den typischen Biergenuss zu verfälschen. Und darauf legen die kleinen Manufakturbrauereien großen Wert.

„Crafts Breweries" oder die Ankunft der Mikrobrauereien

Die Mode kommt, wie so vieles, aus den USA. Teilten sich im Jahr 1979 nur 89 Brauereien den gigantischen US-Biermarkt unter sich auf, so wurden dort bis 2015 genau 4269 Brauereien gezählt, die meisten sind sog. Mikrobrauereien, die der Marktmacht von Konzernen ihre Kreativität und ihren Sachverstand entgegensetzen. Darin sind auch 1650 Pubs eingeschlossen, die nur für den Eigenbedarf brauen. Inzwischen verbrauchen die Klein- und Kleinstbrauereien rund ein Drittel der gesamten Braugerstenernte in den USA und wurden gemeinsam selbst zur Marktmacht. Für sie werden eigene Aromahopfensorten mit exotischen Geschmacksrichtungen gezüchtet.

Allerdings schmeckt Hopfen herb und das will nicht jeder. Die Großbrauereien nehmen heute davon so wenig wie möglich. Es gibt Biere, die weniger als zehn Bittereinheiten (BE) haben, das entspricht 10 mg/kg α-Bitterhopfensäure; auch Pilsbiere haben oft nicht mehr als 25 BE. Aus technischen Gründen braucht man heute gar keinen Hopfen mehr, da die Biere unter extrem hygienischen Bedingungen gebraut und sauerstofffrei abgefüllt werden. Hopfen wird nur noch als Geschmacksträger zugesetzt. Und amerikanische Großbrauereien verwenden in ihrer Massenproduktion Hopfen nur noch in homöopathischen Dosen, was zu geschmacksarmen, leicht alkoholischen Erfrischungsgetränken führt. Dies hat auch den Vorteil, dass die Produktion noch billiger wird. Denn obwohl man nur wenige Gramm Hopfen je Liter Würze benötigt werden, ist Hopfen teuer. Und die neuen, fruchtigen Hopfensorten werden als Premiumprodukt noch teurer verkauft. Um sich abzuheben, erzeugen einige Mikrobrauereien Biere mit bis zu 100 BE. Dazu braucht man bis zur fünffachen Menge des Hopfens, sodass die Crafts-Biere dann richtig teuer werden. Und doch ist es in den USA ein Megatrend.

2.6 So wird Bier heute hergestellt … und getrunken

Ausgangsstoff zum Brauen ist nach wie vor die Gerste. Sie wird vom Mälzer angefeuchtet und bei Wärme zum Keimen gebracht (Abb. 2.7). Dabei wandelt sich wasserunlösliche Stärke in Malzzucker um. Um den Vorgang wieder zu stoppen, wird die angekeimte Gerste, das Grünmalz, getrocknet und gemahlen. Durch die Temperatur der Trocknung kann die Farbe des Malzes bestimmt werden. Je höher die Temperatur des Röstprozesses, desto dunkler das Malz. Dies entscheidet später über die Bierfarbe von ganz hell (Münchner Helles) bis zum tiefen Schwarz (Schwarzbier). Das Malz wird mit Wasser versetzt (Maische) und in großen Bottichen aufgekocht, was zur Würze führt. Sie wird durch Filtrieren von den unlöslichen Rückständen des Malzes befreit, mit Hopfen versetzt und in der Würzpfanne erneut gekocht. Hopfenöle und Bitterstoffe aus dem Hopfen werden herausgelöst und bestimmen den Geschmack des Biers, sie sind seine Seele, wie der Brauer sagt. Nach dem Kochen

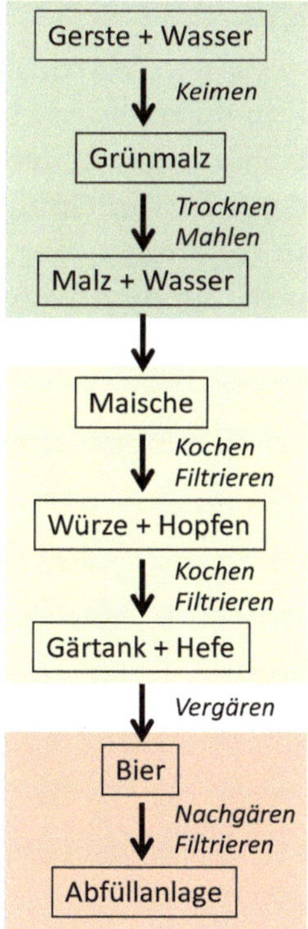

Abb. 2.7 Vereinfachtes Schema des Bierbrauens. (Miedaner 2014)

werden die Hopfenrückstände abfiltriert, die gehopfte Würze gekühlt und in den Gärtank gepumpt. Dort wird sie mit Reinzuchthefe versetzt. Innerhalb von sechs bis acht Tagen wird der Malzzucker zu Alkohol und Kohlendioxid vergoren. Bei 2 °C durchläuft das Bier eine Nachgärung von vier bis sechs Wochen in Stahltanks. Dies führt dazu, dass das Bier klar wird und sich das Kohlendioxid in Kohlensäure umwandelt, die für den frischen Geschmack sorgt. Nach einer weiteren Filtration kann das fertige Bier jetzt in Flaschen oder Fässer abgefüllt werden.

Mälzen und Brauen sind heute hochtechnisierte Prozesse, die von computerisierten Anlagen fast vollautomatisch gesteuert werden (Abb. 2.8). Die Gerste mit ihrem bespelzten Korn ist besser zum Brauen geeignet als nacktkörnige Getreidearten wie Weizen oder Roggen. Denn die Spelze schützt Keimling und Korn gegen mechanische Schäden während der Malzbereitung und wirkt wie ein Filter beim Läutern der Maische. Heute werden spezielle Sorten der Gerste gezüchtet, die optimal für den Mälz- und Brauprozess geeignet sind. Dies ist auch nötig, weil durch die großtechnischen Verfahren der Bierherstellung extreme Qualitätsansprüche an die Rohstoffe gestellt werden und, anders als früher bei kleinen Brauereien, Mängel bei Gerste und Hopfen nicht mehr ausgeglichen werden können.

Mit der industriellen Revolution in Mitteleuropa stieg der Bierkonsum zunächst erheblich an. Durch die industrialisierte Herstellung (Dampfbierbrauerei) sanken die Preise und das Bier wurde in der Arbeiterschaft zum „sozialdemokratischen Saft“. Man trank Bier vornehmlich in Kneipen und verlagerte damit den Alkoholkonsum in die Freizeit. Bier war, mit Ausnahme von Bayern, kein Nahrungsmittel mehr, sondern wurde mehr und mehr zu einem Genussmittel.

Abb. 2.8 Bei der Herstellung obergärigen Biers schwimmt die Hefe auf dem Sud (**a**), das Nachgären erfolgt in großen Stahltanks (**b**). (WIKIMEDIA COMMONS: Picardin)

Der Bierkonsum ist heute das große Sorgenkind der Brauer. Nach dem Zweiten Weltkrieg stieg er gemeinsam mit dem Wirtschaftswunder steil an und wuchs bis 1975 gegenüber 1950 um fast das Vierfache. Damals entfiel rund ein Viertel des gesamten Getränkekonsums auf Bier. Seitdem sinkt der Verbrauch. Am meisten Bier wird nach wie vor in Tschechien getrunken (144 l pro Kopf im Jahr 2014), gefolgt von Deutschland und Österreich (104 l). Unter den ersten zehn Ländern weltweit finden sich dann noch Irland, Estland, Litauen, Polen, Australien, Venezuela und Finnland.

2.7 Die traurige Geschichte vom Branntwein

Trotz der Herkunft des Namens Branntwein vom mittelhochdeutschen „gebranter win" versteht man darunter heute jede durch Destillation (Brennen) hergestellte Spirituose mit einem Alkoholgehalt von mindestens 37,5 %. Der speziell aus Wein gebrannte hochprozentige Alkohol heißt heute dagegen Weinbrand (s. Kap. 3). Schon aus Kostengründen wurde in Deutschland Branntwein aus Getreide hergestellt, meist aus dem billigen Roggen, später auch aus Weizen. Korn (früher auch Kornbrand) wird wohl seit dem 15. Jahrhundert in Deutschland produziert. Seinen Namen hat er von seinem Ausgangsprodukt, dem in der jeweiligen Region vorherrschenden Getreide, das als Korn bezeichnet wurde. Ein Dekret des Magistrats der Stadt Nordhausen in Thüringen verbot 1545, Weizen oder (Gersten-)Malz für die Herstellung von Branntwein zu verwenden. Wahrscheinlich wollten sich damit die Bäcker und Brauer gegen die Kornbrenner durchsetzen, deren Nachfrage den Rohstoff verteuerte. Umgangssprachlich hieß der Korn auch Klarer oder Schnaps von dem niederdeutschen „snaps", was ursprünglich ein Mundvoll, ein schneller Schluck, bedeutete.

Die Herstellung von Korn hat sich bis heute kaum verändert. Das Getreide wird grob geschrotet und in Wasser eingeweicht, das ist die Sauermaische. Dieser wird Gerstenmalz zugesetzt, um eine Verzuckerung der Stärke zu erreichen, denn die Hefen können die Stärke selbst nicht aufschließen. Diese Süßmaische wird abgekühlt und mit Hefe versetzt, durch den Gärprozess bildet sich Alkohol. Das Ganze wird dann in einer Brennblase gebrannt, um höhere Alkoholgehalte zu erzielen.

Da Alkohol bei einer niedrigeren Temperatur als Wasser (ab 78 °C) siedet, treten der Alkoholdampf und weitere leichtflüchtige Komponenten während des Brennens zuerst als Gase aus. Sie kondensieren in den nachfolgenden kühleren Rohren wieder zu flüssigem Alkohol. Zu Beginn hat der Rohbrand 27–30 Vol.-%, im zweiten Durchlauf wird dann nur der Mittellauf verwendet und zum Feinbrand mit 60–72 Vol.-% Alkohol destilliert. Je häufiger gebrannt wird, umso höher werden die Volumenprozente und umso reiner wird der Alkohol. Das abschließende Destillat enthält etwa 85 % Alkohol. Zur Abrundung und Harmonisierung ihres Buketts werden teure Kornbrände einige Zeit in Eichenholzfässern gelagert. Sie werden anschließend mit Wasser, häufig Quellwasser, auf Trinkstärke herabgesetzt und in Flaschen abgefüllt.

Der Beginn der Moderne zeigt sich durch den stark gestiegenen Branntweinkonsum der Unterschichten, am Ende des 19. und zu Beginn des 20. Jahrhunderts. Die Oberschicht trank Schnaps hoher Qualität und häufig in Mixgetränken, während das Proletariat notgedrungen billigen „Fusel" konsumierte, häufig aus eigener Herstellung. Wenn nicht sorgfältig genug gebrannt wird, bilden sich neben dem Ethanol auch so genannte „Fuselöle", das sind höherwertige Alkohole, die zu Kopfweh und dem berüchtigten „Kater" am nächsten Morgen führen.

Der Branntwein löste in den unteren Schichten weitgehend das zuvor weitverbreitete Bier ab (Brunold o. J.). Katastrophal wirkte sich dabei aus, dass die alten Trinkgewohnheiten des relativ dünnen Biers mit 2–3 % Alkoholgehalt in Menge und Regelmäßigkeit auf den Korn übertragen wurden. Dieses Saufen führte zu einer sozialen und gesundheitlichen Verwahrlosung, die Friedrich Engels anprangerte: „Der Charakter des Rausches hat sich völlig verändert". Und in einem Bericht aus dem Königreich Hannover hieß es 1839: „Der Branntwein ist zu einem allgemeinen und täglichen Getränke geworden" (Spode 1999). Schon im 18. Jahrhundert hatte der Konsum von Schnaps allmählich zugenommen. Bis 1830 hatte er sich im Deutschen Bund auf rund 15 l Reinalkohol je Kopf und Jahr gesteigert, das sind umgerechnet auf die erwachsene Bevölkerung über 40 l Branntwein! Durch die weite Verbreitung der Kartoffel wurde die Schnapsproduktion noch billiger, die Preise sanken, das Angebot stieg. Allein in Preußen arbeiteten 1831 fast 14.000 Brennereien, meist Einmannbetriebe.

England hatte diese Entwicklung, wie auch die gesamte Industrialisierung, bereits 100 Jahre früher mit der Gin-Epidemie erlebt, wie sie von Schivelbusch (2005) beschrieben wird. Als Gin galt damals jede Art von billigem Branntwein. Ausgelöst durch eine kräftige Erhöhung der Biersteuer 1694 verzehnfachte sich der Pro-Kopf-Verbrauch an Gin bis 1750. Auch hier konsumierten v. a. die sozialen Unterschichten in den Elendsquartieren der Städte den Schnaps. Ein erwachsener Londoner soll durchschnittlich 63 l im Jahr getrunken haben. Damit war der Schnaps „ein Tröster der Armen und das gute Gewissen der Reichen". Denn er bot, ähnlich wie später in Kontinentaleuropa, eine Erklärung für das Massenelend, für eine Kindersterblichkeit von 75 %, ohne die schrecklichen sozialen Verhältnisse ändern zu müssen. Tatsächlich gelang es dem englischen Staat durch Steuererhöhungen und Einführung von Schanklizenzen den Verbrauch ab Mitte des 18. Jahrhunderts wieder deutlich zu senken. Dafür wiederholte sich das Phänomen in anderen Ländern. Nur Länder mit der ungebrochenen Tradition, Wein oder Bier als Nahrungs- statt als Genussmittel zu betrachten, wie Bayern in Deutschland oder Italien, blieben verschont.

Jede Bewegung provoziert ihre Gegenbewegung. In den USA und Großbritannien, in Deutschland nur vereinzelt, organisierten sich die Abstinenzler, die erstmals Alkoholmissbrauch als Krankheit erkannten. Ihr Wirken führte in den USA zum völligen Verbot von Alkohol, der Prohibition (1919–1933), die aber eine Vielzahl von US-Bürgern in die Illegalität und Kriminalität trieb, durch Hinterhofbrennereien Massenvergiftungen hervorrief und die Mafia mithilfe von Alkoholschmuggel etablierte. Auch das Beispiel der skandinavischen Länder, das auf die Abstinenzlerbewegungen des 19. Jahrhunderts zurückgeht, zeigt, dass ein totales Alkoholverbot nicht durchsetzbar ist.

Abb. 2.9 Hochprozentiger Alkohol und die jeweils verwendeten Getreidearten (von *links* nach *rechts*): Doppelkorn aus Deutschland (Weizen), Wodka aus Russland (Triticale), amerikanischer Rye-Whisky (Roggen) und schottischer Single-Malt-Whisky (Gerste)

Heute wird Hochprozentiges aus allen Getreiden hergestellt (Abb. 2.9). In Deutschland besteht der Korn oder Doppelkorn meist aus Weizen, seltener aus Roggen, häufig versetzt mit Gerstenmalz. Es dürften laut EU-Recht auch Hafer und Buchweizen verwendet werden, aber das kommt kaum vor. In Osteuropa wird Wodka ebenfalls meist aus Weizen gebrannt, z. T. aus Roggen, Kartoffeln oder in selteneren Fällen aus Triticale. Das Wort Wodka ist übrigens, genau wie Whisky, eine Variante des indoeuropäischen Worts für Wasser. Guter Wodka zeichnet sich durch seinen neutralen Geschmack und das Fehlen jeglicher Fuselöle und künstlicher Aromen aus. Er kann deshalb beliebig mit Cocktails vermischt werden. Die Herstellung unterscheidet sich nicht vom Korn. Sowohl Polen als auch Russland reklamieren die Erfindung für sich. Da jedoch schon im 14. Jahrhundert Wodka gebrannt wurde, lässt sich der Ursprung heute nicht mehr klären. Ursprünglich war Wodka auch ein Mittel, die hohen Roggenüberschüsse Osteuropas zu verarbeiten. In beiden Ländern machte Wodka zunehmend dem Bier Konkurrenz und wurde dort „fast als ein Getränck gebraucht", wie ein deutscher Reisender 1732 vermerkte.

2.8 Whisky oder Whiskey?

Auch der Ursprung des Whiskys (Schottland) oder Whiskey (Irland) ist unklar. Angeblich brannten schon die Kelten eine wasserklare Flüssigkeit, das „aqua vitae" oder „uisge beatha" (Lüning und Lüning o. J.). Christliche Mönche, die im 5. Jahrhundert auf die Insel kamen, um die Kelten zum Christentum zu bekehren, entwickelten die Whiskyherstellung weiter, wie in Kontinentaleuropa das Bier oder den Wein. Erstmals belegt wird dies erst 1494 durch schottische Steueraufzeichnungen. Danach kaufte der Benediktinermönch John Cor aus dem Kloster Lindores in der damaligen Hauptstadt Dumernline 62 kg Malz. Damit kann man rund 400 Flaschen Whisky herstellen. Allmählich entstanden auch private Destillen und irgendwann produzierte jeder schottische Klan seinen eigenen Whisky.

Der wichtigste Rohstoff für die Herstellung von Whisky ist Getreide, meist gemälzte Gerste. Vielerorts wird das Grünmalz zur Trocknung über Torffeuern geräuchert, was dem Getränk seinen rauchigen Geschmack gibt. Single Malt ist dabei ein Qualitätskriterium. Der entsprechende Whisky darf ausschließlich aus einer Brennerei stammen, muss unverschnitten und aus gemälzter Gerste hergestellt sein. In Amerika hatten die Schotten und Iren Probleme, diesen Qualitätsstandard aufrechtzuerhalten. Sie verwendeten auch andere Getreidearten und so entstand Rye (aus Roggen), Grain (aus Weizen, ungemälzter Gerste, Hafer und/oder Roggen), sowie Bourbon (überwiegend aus Mais) und Corn (praktisch nur aus Mais). Da es an der Ostküste auch keinen Torf gab, wurden die Fässer ausgekohlt, um das gewohnte Raucharoma zu erzeugen. Ende des 18. Jahrhunderts entstanden dann in den USA reine Whiskybrennereien, die nur Gerste nutzten.

Prinzipiell wird Whisky zunächst wie Bier hergestellt. Dies soll am Beispiel eines schottischen Whiskys gezeigt werden (nach Fink o.J.): Es beginnt mit dem Mälzen der Gerste. Dadurch wird die Stärke zu Malzzucker umgesetzt, nach einigen Tagen wird das Malz getrocknet und grob vermahlen. Es wird mit heißem Wasser übergossen und mit Hefe versetzt, danach beginnt der Gärprozess. Dadurch entsteht quasi ein Bier, aber ohne Hopfen oder sonstige Zusätze. Es wird zweimal auf Destillationsblasen aus Kupfer, den „pot stills", gebrannt. Die erste Brennblase, die „wash still", brennt den Alkohol auf etwa 20–25 % Alkohol, in der zweiten Brennblase, der „spirit still", entsteht ein Alkoholgehalt von 65 bis 70 %. Eine dritte Brennblase erzeugt Alkohol mit über 75 % Alkoholgehalt, der als besonders rein gilt und mit Wasser wieder auf Trinkstärke herunterverdünnt wird. Der so entstandene Whisky schmeckt zunächst nur nach Alkohol, ähnlich wie Wodka. Ein Single-Malt wird erst dann zum Whisky, wenn er noch schwerere Öle und Fette sowie leichte Ester und andere Geschmacksstoffe aus der ersten Brennblase enthält. Auch die Hitze, mit der gebrannt wird, trägt zum Charakter des Whiskys bei.

Die Reifung findet dann in Fässern aus Eichenholz statt, die dem Alkohol weitere Geschmacksstoffe hinzufügen, bevor der Whisky nach frühestens drei Jahren auf Flaschen gezogen wird. Je hochwertiger der Whisky, umso länger reift er. Schottischer Whisky muss mindestens drei Jahre und einen Tag im Fass bleiben, so will es das Gesetz. Günstige Blends reifen kaum mehr als diesen Mindestzeitraum. Hochwertige Whiskys lagern in der Regel 10 Jahre, Spitzenprodukte 12–21 Jahre. Whisky wird mit jedem Reifejahr weicher im Geschmack. Inzwischen wird aus Whisky, gleich wie er geschrieben wird, eine wahre Wissenschaft gemacht. Es befinden sich ständig mehr als geschätzte 3000 Whiskysorten auf dem Weltmarkt.

2.9 Droge Alkohol und Missbrauch

Alkohol hat unzweifelhaft die gesamte Geschichte der westlichen Zivilisation geprägt. Egal, ob als Bier für die einfachen Leute, als Wein für den Adel oder als Branntwein für die Arbeiter, Alkohol war immer allgegenwärtig. Es gibt Kulturforscher, die sagen, ohne Alkohol funktioniere die ganze westliche Zivilisation nicht, bis heute. Vordergründig wegen der Verunreinigung des Wassers bis ins 19. Jahrhundert, das gefährliche Krankheitserreger enthielt, aber auch, weil die Menschen den Rausch oder die Betäubung durch Alkohol suchten oder brauchten. Deshalb gehört Alkohol zu den Genussmitteln, die gesellschaftlich akzeptiert sind. Und der Staat verdient kräftig daran: Im Jahr 2016 hat er nach Angaben des Bundesfinanzministers 18,4 Mrd. € Steuern mit Genussmitteln eingenommen, davon entfielen 2,1 Mrd. € auf die Branntweinsteuer und 0,7 Mrd. € auf die Biersteuer. Während aber nur 26 % der Erwachsenen rauchen, trinken 84 % zumindest gelegentlich Alkohol (Anonym 2017).

Immer noch nicht ganz geklärt ist die Frage, was eigentlich beim Alkoholrausch im Körper passiert. Während THC aus Cannabis oder Morphin aus Schlafmohn an spezielle Rezeptoren auf der Oberfläche von Hirn- und Nervenzellen andocken, wirkt Alkohol offenbar unspezifisch (Beiner 2014). Er lagert sich an eine Vielzahl verschiedener Rezeptoren an und beeinflusst jeden Rezeptortyp auf andere Weise. Alkohol bringt damit eine ganze Reihe jener über 100 Botenstoffsysteme in Unordnung, mit deren Hilfe die Gehirnzellen untereinander kommunizieren. Deshalb genügen bei Opiaten bereits kleinste Dosen für den Flash, für einen Alkoholrausch braucht es ziemlich viel. Ein Botenstoff, der besonders sensibel auf Alkohol reagiert, ist die γ-Aminobuttersäure, kurz GABA. Diese Substanz fungiert im Gehirn als Bremssignal und lässt die Aktivität von Nervenzellen erlahmen. Beruhigung stellt sich ein. Alkohol, der sich an bestimmte GABA-Rezeptoren auf der Zelloberfläche anlagert, verstärkt diese Beruhigungswirkung. Daher kann Schnaps wie ein Tranquilizer wirken. Womöglich ist das GABA-System der Grund dafür, weshalb Alkohol die Angst nimmt.

Aber Alkohol wirkt noch wesentlich komplexer (Borgeest 1993). Er blockiert zusätzlich einen der Glutamatrezeptortypen und schwächt dadurch den erregenden Effekt des Glutamats ab. Bei chronischen Trinkern werden die Glutamatrezeptoren ständig von Alkoholmolekülen lahmgelegt und deshalb erhöht der Körper die Zahl der Rezeptoren. Wird der Alkohol dann abgesetzt, sind zu viele Glutamatrezeptoren aktiv und es kommt zu einer Überreizung des Nervensystems. Ein solcher Mechanismus könnte einige Entzugserscheinungen erklären. Ähnlich wie in die Funktion von GABA und Glutamat greift Alkohol auch in die Wechselwirkung der Botenstoffe ein, die für Schlaf und Stimmungslagen sowie für das Wecksystem des Gehirns verantwortlich sind. Zudem regt er die Produktion körpereigener Opiate an, morphinähnlicher Substanzen, die ein Gefühl von Glück auslösen. Bei Alkoholabhängigen scheint dieses Hoch im Hirn besonders ausgeprägt zu sein. Und schließlich wird das körpereigene Belohnungssystem angesprochen, das in verschiedenen Hirnregionen für Wohlgefühl sorgt, ein weiterer Grund, warum man so schlecht wieder vom Alkohol loskommt.

Laut dem Epidemiologischen Suchtsurvey von 2015 (Anonym 2017) gibt es in Deutschland 7,8 Mio. Menschen im Alter von 18–64 Jahren, die Alkohol in gesundheitlich riskanter Menge trinken. Dazu kommen 210.000 Jugendliche im Alter von 12–17 Jahren. Etwa 1,8 Mio. Menschen davon gelten als alkoholabhängig. Davon unterziehen sich nur etwa 10 % einer Therapie. Als Folge sterben jedes Jahr in Deutschland mindestens 74.000 Menschen an den direkten und indirekten Folgen ihres Alkoholmissbrauchs (DHS 2017); 3500 Menschen sind es, zum Vergleich, jährlich im Straßenverkehr. Die Kosten, die der Volkswirtschaft durch Alkohol entstehen, belaufen sich auf 26,7 Mrd. €, davon sind allein 7,4 Mrd. € direkte Kosten für das Gesundheitssystem. Die Folgen übermäßigen Alkoholkonsums sind gut dokumentiert. Alkohol schädigt eine Vielzahl von Organen und zählt zu den häufigsten Ursachen für Leberzirrhose (Abb. 2.10). Aber auch Herz, Magen, Dünndarm, Nerven und v. a. das Gehirn sind betroffen.

Das Tückische am Alkohol ist, dass der Übergang vom Genuss- zum Suchtmittel fließend verläuft. Wer kann einem schon das Feierabendbier oder ein Glas Rotwein zum Abend verbieten? Allmählich wird das zur Gewohnheit,

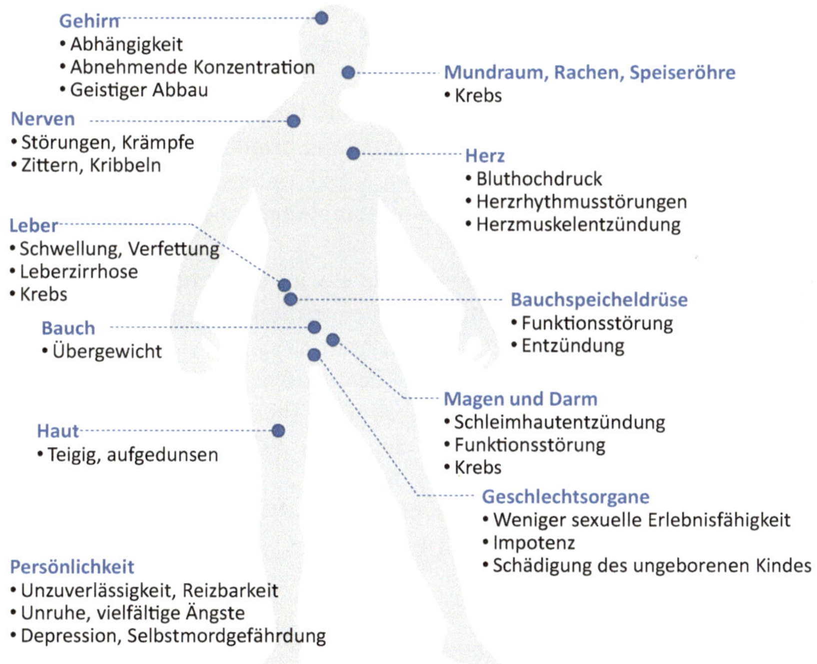

Abb. 2.10 Wirkung von Alkohol auf den Organismus. (Stangl 2017, pixabay)

der Konsum steigt und man kommt davon nicht mehr los. Beim Entzug geht es dann zunächst darum, die körperliche Abhängigkeit mithilfe von Medikamenten zu beenden. Eine langfristige Heilung ist aber nur möglich, wenn der große psychische Drang zum Alkoholkonsum überwunden wird, der noch lange über den körperlichen Entzug hinaus spürbar ist (Suchtdruck). Unzweifelhaft schädlich ist Alkohol in der Schwangerschaft. Für alkoholgeschädigte Ungeborene gibt es inzwischen einen eigenen Begriff: fetale Alkoholspektrumstörungen. Sie führen bei starkem Alkoholkonsum der Schwangeren zu irreparablen körperlichen und geistigen Schäden des Kindes.

Literatur

Anonym (2017) Drogen- und Suchtbericht der Drogenbeauftragten der Bundesregierung. http://www.drogenbeauftragte.de/fileadmin/dateien-dba/Drogenbeauftragte/4_Presse/1_Pressemitteilungen/2017/2017_III_Quartal/Drogen-_und_Suchtbericht_2017_V2.pdf. Zugegriffen: 14. April 2018

Anonym (o. J.) Hüller Special-Flavor-Hopfen-Sorten. Landesanstalt für Landwirtschaft (LfL), Freising. http://www.lfl.bayern.de/ipz/hopfen/019190/. Zugegriffen: 14. April 2018

Beer M (o. J.) Bier und Wir. http://www.bierundwir.de/index.htm. Zugegriffen: 14. April 2018

Beiner JM (2014) Spur der Zerstörung. Die Welt. https://www.welt.de/print/wams/wissen/article131755882/Spur-der-Zerstoerung.html

Borgeest B (1993) Das Mysterium Alkohol. ZEIT online 22.10.1993. http://www.zeit.de/1993/43/das-mysterium-alkohol/komplettansicht. Zugegriffen: 14. April 2018

Brunold R (o. J.) Geschichte des Alkohols von der Antike bis zur Weimarer Republik. http://www.geschichte-lernen.net/geschichte-des-alkohols-antike-bis-weimarer-republik/. Zugegriffen: 14. April 2018

DESTATIS (2017) Wachstum und Ernte – Feldfrüchte. August/September, Ausgabe 09. https://www.destatis.de/DE/Publikationen/Thematisch/LandForstwirtschaft/ErnteFeldfruechte/FeldfruechteAugustSeptember2030321172094.pdf?__blob=publicationFile. Zugegriffen: 14. April 2018

Deutscher Brauer-Bund e. V. (o. J.) Geschichte. http://www.brauer-bund.de/bier-ist-rein/geschichte.html. Zugegriffen: 14. April 2018

DHS (2017) Deutsche Hauptstelle Sucht. Pressemitteilung DHS Jahrbuch Sucht 2017. http://www.dhs.de/fileadmin/user_upload/pdf/news/PM_Daten_und_Fakten_oS.pdf. Zugegriffen: 14. April 2018

Dietrich O, Heun M, Notroff J, Schmidt K, Zarnkow M (2012) The role of cult and feasting in the emergence of Neolithic communities. New evidence from Göbekli Tepe, south-eastern Turkey. Antiquity 86(333):674–695

Fink A (o. J.) Whiskytasters – Whiskyherstellung. http://www.whiskytasters.de/herstellung/. Zugegriffen: 14. April 2018

Lohberg R, Lohberg P (o. J.) Durst wird durch Bier erst schön. http://www.bier-lexikon.lauftext.de. Zugegriffen: 14. April 2018

Lüning T, Lüning B (o. J.) Whisky: Information – Wissen – Herstellung. https://www.whisky.de/whisky/wissen/herstellung00/ueberblick0/herstellung1/das-brennen-destillieren.html. Zugegriffen: 14. April 2018

Miedaner T (2014) Kulturpflanzen. Springer, Heidelberg

Murakami A, Darby P, Javornik B, Pais MSS, Seigner E, Lutz A, Svoboda P (2006) Molecular phylogeny of wild hops, *Humulus lupulus* L. Heredity 97:66–74. https://doi.org/10.1038/sj.hdy.6800839

Pinzl C (2016) Hopfenanbau. In: Historisches Lexikon Bayerns. https://www.historisches-lexikon-bayerns.de/Lexikon/Hopfenanbau. Zugegriffen: 14. April 2018

Reichholf J (2008) Warum die Menschen sesshaft wurden. Fischer, Frankfurt/Main

Schivelbusch W (2005) Das Paradies, der Geschmack und die Vernunft. Eine Geschichte der Genussmittel, 6. Aufl. S. Fischer, Frankfurt/Main

Spode H (1999) Alkoholika (Bier, Spirituosen, Wein). In: Hengartner T, Merki CM (Hrsg) Genussmittel – Ein kulturgeschichtliches Handbuch. Campus, Frankfurt/Main, S 25–80

Stangl W (2017) Bedeutung und Wirkung von Alkohol. [werner stangl]s arbeitsblätter. http://arbeitsblaetter.stangl-taller.at/SUCHT/Alkohol.shtml. Zugegriffen: 14. April 2018

WHO (2016) Global Health Observatory Map Gallery. World: Total alcohol per capita (>15 years of age) consumption, in litres of pure alcohol, projected estimates, 2015. http://gamapserver.who.int/mapLibrary/app/searchResults.aspx. Zugegriffen: 14. April 2018

WIKIPEDIA (2017) Suchbegriffe: Alkohol, Bier, Bierbrauen, Ethanol, Branntwein, Geschichte des Bieres, Hopfen, Korn, Spirituosen, Whisky, Wodka. https://de.wikipedia.org/wiki/Wikipedia:Hauptseite. Zugegriffen: 14. April 2018

Weiterführende Literatur

Curry A (2017) Der Stoff, aus dem unsere Träume sind. Natl Geogr Mag Februar-Ausgabe:35–55

McGovern PE (2009) Uncorking the past. The quest for wine, beer, and other alcoholic beverages. University of California Press, Berkeley, Los Angeles, London

WHO (2014) Global status report on alcohol and health 2014. http://www.who.int/substance_abuse/publications/global_alcohol_report/msb_gsr_2014_1.pdf?ua=1. Zugegriffen: 14. April 2018

3

Weinrebe – der Reiz des Lebens

Wo aber der Wein fehlt, stirbt der Reiz des Lebens.
Euripides (480–407 v. Chr.), griechischer Tragödiendichter

Der Wein war in allen bekannten westlichen Hochkulturen seit den Sumerern ein beliebtes Genussmittel. Er wird zusammen mit (Oliven-)Öl und (Weizen-)Brot in den ältesten literarischen Werken erwähnt, den Epen Homers ebenso wie in der Bibel und im noch viel älteren Gilgamesch-Epos. Mal war er ein Getränk der Götter, häufig ein Vorrecht der Priester und Adligen, gelegentlich tranken ihn auch einfache Leute, immer aber wurde er wertgeschätzt. Dafür spricht auch, dass sein Erzeuger, die Weinrebe, zu den ältesten Kulturpflanzen der Welt gehört.

3.1 Herkunft und Botanik

Die Reben (*Vitis*) sind eine weitverzweigte Sippe mit rund 60 Arten. Aber nur eine Art hat es weltweit geschafft, uns Wein zu liefern: *Vitis vinifera* L. mit dem Beinamen „Die Edle“ oder auch die „Europäerrebe“ (ssp. *vinifera*). Wörtlich übersetzt heißt der lateinische Name die Wein hervorbringende Lebenspflanze. Ihre wilde Verwandte (ssp. *sylvestre*) lebt heute in einer riesigen Region von Portugal im Westen bis Tadschikistan und den Himalaya-Randhöhen im Osten. Im Süden findet man sie bis Tunesien, im Norden bis nach Süddeutschland. Hier steht sie allerdings auf der Roten Liste, kommt aber noch im Oberrheingraben vor (Abb. 3.1). Die Wildart ist eine verholzende

T. Miedaner, *Genusspflanzen*, https://doi.org/10.1007/978-3-662-56602-2_3

Abb. 3.1 Wildrebe auf der Ketscher Rheininsel (WIKIMEDIA COMMONS: AnRo0002) und kultivierte Rebe im schwäbischen Remstal

Kletterpflanze, die sich an feuchtigkeitsliebenden Standorten findet und an Bäumen zwischen 5 und 40 m hoch wächst.

Die Weinrebe gehört zu den ältesten, heute noch lebenden europäischen Blütenpflanzen. Die frühesten Samenfunde von rebenähnlichen Schlingpflanzen aus Südengland und Nordeuropa sind 60–80 Mio. Jahre alt. Während den Eiszeiten starb die Wilde Rebe, wie viele andere mehrjährige Arten, in Mitteleuropa jedoch aus, Reste erhielten sich in Südfrankreich, Italien, auf dem Balkan und im Kaukasus. Von dort besiedelte sie in der letzten Wärmeperiode den Kontinent. Ab etwa 5000 v. Chr. kommt die Wildrebe dann wieder in Mitteleuropa vor und breitet sich aus. Durch den Klimasturz ab etwa 800 v. Chr. verschwindet sie dann wieder aus den meisten Regionen und erhält sich bei uns nur im warmen Oberrheinklima an feuchten Stellen (Auwälder). Die Früchte der Weinrebe sind botanisch korrekt die Weinbeeren. Weintrauben heißen die Fruchtstände, die am Kamm (Henkel) hängen.

Die Herkunft der kultivierten Weinrebe wird im Osten, in der Türkei oder im Kaukasusgebiet vermutet (Abb. 3.2), wobei die Rolle der Kaukasusrebe (*V. vinifera* ssp. *caucasica*) nicht klar ist. Hier gibt es auch eine sehr große genetische Vielfalt, rund 500 Formen dieser Pflanze sind dort bekannt. Eine eigene, davon unabhängige Entstehung der Kulturrebe in Westeuropa ist aus heutiger Sicht unwahrscheinlich, auch wenn einige Studien ein zweites Entstehungszentrum auf der iberischen Halbinsel vermuten. In der Türkei findet sich die Wilde Weinrebe in einer riesigen Region, von den Küsten des Schwarzen Meeres und des Mittelmeeres bis ins südöstliche Anatolien, südlich des Vansees und Urmiasees.

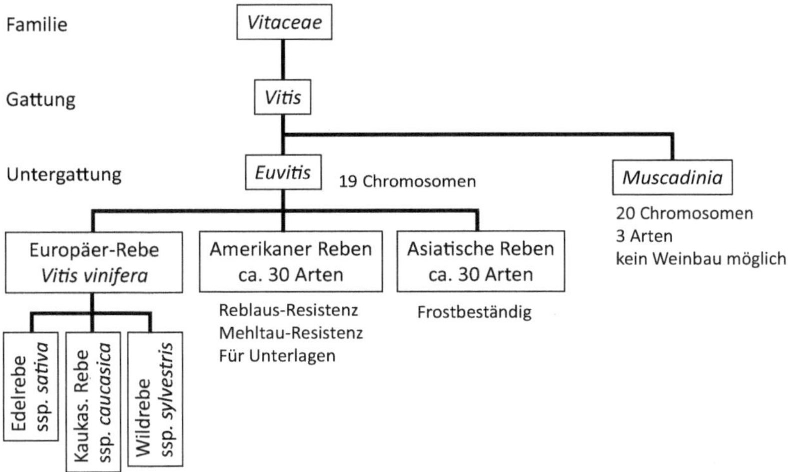

Abb. 3.2 Abstammung und Verwandte der Rebe. (stark verändert, nach WIKIMEDIA COMMONS: Kuebi)

Es gibt für die Reben weltweit noch zwei weitere Herkunftsgebiete (Abb. 3.2): Ostasien und Amerika, vom südlichen Kanada bis nach Bolivien. Hier finden sich jeweils rund 35 eigene Arten mit genauso vielen verschiedenen Eigenschaften; keine davon wurde jedoch kultiviert. Die Abb. 3.2 zeigt einen Ausschnitt aus dieser Vielfalt, die heute für züchterische Zwecke genutzt wird (Krankheitsresistenzen, Frostresistenz).

3.2 Kulturgeschichte des Weinbaus

Weinbau hängt eng mit der Entwicklung früher menschlicher Kulturen zusammen. Nicht umsonst verbindet heute noch das französisch-englische Wort für Weinbau, „viticulture", beide Begriffe, Wein und Kultur. Der Wein wurde von allen frühen Völkern als Getränk der Götter angesehen. Aus Georgien und der angrenzenden Türkei wurden Kerne kultivierter Reben auf etwa 8000–10.000 v. Chr. datiert. Damit liegt die Inkulturnahme (Domestikation) der Weinrebe im selben Zeithorizont wie diejenige des Getreides in Südwestasien. Ob die Leute damals schon Wein kelterten, ist nicht bekannt. Allerdings fängt Traubensaft schon nach wenigen Stunden Stehenlassen mit einer Spontangärung an, weil die reifenden Trauben bereits auf dem Stock von einer Unzahl von Hefen besiedelt werden und der in den Beeren vorhandene freie Zucker geradezu zur alkoholischen Gärung einlädt. Die bislang ältesten Krüge mit Weinresten wurden von der University of Pennsylvania (o. J.) in Hajji Firuz

Tepe/Iran im Zagros-Gebirge gefunden; sie sind 7000–7400 Jahre alt. In Georgien wurde bereits um 6000 v. Chr. Wein bereitet (s. Box).

Am Anfang der Weinbereitung

Schon vor 8000 Jahren wurde in Georgien Wein in große, bauchige Tongefäße gefüllt, sog. „qvevri", die mit Bienenwachs beschichtet und in die Erde eingesenkt wurden, sodass nur ein Stück des Halses herausschaute. Die Weiß- wie die Rotweine werden dort noch heute nach dem Pressen mitsamt Schale, Kernen und Stielen spontan vergoren, was ihnen einen kräftigen Geschmack und bei Rotweinen einen tief violetten, bei Weißweinen einen orangenen Farbton verleiht. Immer ist der Wein völlig durchgegoren, ohne verbleibenden Restzucker (Habekuß 2016).

Der Weinbau breitete sich im gesamten Südwestasien aus; bereits die ältesten schriftlichen Zeugnisse berichten davon. So wurde der Sagenheld der Sumerer, Gilgamesch, in den Genuss von Brot und Wein eingeführt und damit erst zum Menschen. Das Schriftzeichen der Sumerer für das Leben war ein Weinblatt. Das nachfolgende antike Persien war in der ganzen damaligen Welt berühmt für seine Weine. Die ältesten Berichte aus Ägypten stammen aus dem Jahr 3500 v. Chr. (Abb. 3.3). Wein war hier, im Gegensatz zum Alltagsgetränk Bier, das Getränk der Oberschicht und damit von hohem Prestige. Ursprünglich wurde der Wein wohl aus dem heutigen syrisch-palästinensischen Raum eingeführt. Das erste private Weingut Ägyptens wird durch das Grab des Metjen belegt, eines hohen Beamten in der vierten Dynastie (2620–2500 v. Chr.).

In Europa waren die Minoer wohl die Ersten, die um 1700 v. Chr. auf Kreta Edelreben kultivierten, kurz darauf finden sie sich auch auf dem Festland. In Griechenland unterschied man weißen, schwarzen und bernsteinfarbenen Wein. Er konnte trocken, halbtrocken oder süß sein. Der meiste Wein stammte aus lokalem Anbau, aber auch damals gab es schon bevorzugte Weinanbaugebiete, von denen jedes eine eigene Amphorenform hatte. In Griechenland wurde Wein üblicherweise im Verhältnis von fünf Teilen Wasser und zwei Teilen Wein gemischt. Alles andere galt als barbarisch und bereits eine Mischung von 1:1 galt als unmäßig und wurde „akratos" (unvermischt) genannt.

Der griechische Schriftsteller Theophrastos (um 371–288/285 v. Chr.) war Schüler des Aristoteles und machte die ersten botanischen Beobachtungen im Zusammenhang mit der Weinrebe. So leitete er in seinem Werk *Naturgeschichte der Gewächse* bereits Zusammenhänge zwischen Rebsorten, Klima und Böden her und berichtete auch, dass niedrige Ernteerträge eine hohe Weinqualität ergeben. Die Griechen exportierten ihren Wein in den gesamten Mittelmeerraum. So wurde er beispielsweise ausgehend von der für ihren

Abb. 3.3 **a** Die Art der Weinbereitung in Ägypten zeigt dieser Maler in der Grabkammer eines Unbekannten (TT261) aus Theben; es beginnt mit der Lese (erste Zeile), dann folgt die Kellerarbeit über das Stampfen der Trauben mit den Füßen bis zum Abfüllen in Krüge (zweite Zeile) und der Weintransport bis zum adligen Genießer (dritte Zeile; WIKIMEDIA COMMONS: The Yorck Project). An diesen Arbeiten hat sich bis ins Mittelalter hinein nicht viel geändert, wie die Abbildung aus dem Psalter von 1180 zeigt (**b**). Hier geht es um die Arbeit im Weinberg im März (linke Tafel) sowie die Weinernte im September (rechte Tafel; WIKIMEDIA COMMONS: Den Haag, Königliche Bibliothek)

Wein berühmten Insel Chios nach Ägypten und in Gebiete des heutigen Russlands transportiert. Griechische Kolonisten verbreiteten im 7./6. Jahrhundert v. Chr. die Weinrebe und das Wissen um ihre komplizierte Kultur im ganzen Mittelmeerraum bis hin nach Portugal.

Die Römer übernahmen nicht nur den Weinanbau, sondern auch die religiöse Bedeutung des Weins; Bacchus hieß ihr dafür zuständiger Gott. Der Bacchus-Kult führte jedoch zu derart dekadenten Auswüchsen, dass er verboten wurde und erst auf Druck des Volkes von Julius Cäsar wieder erlaubt wurde. Hier war die Religion dann nur noch Vorwand für Genuss, Leidenschaft und Trunkenheit. Mit den römischen Eroberungen breitete sich der Weinbau dann endgültig flächendeckend in Spanien, Gallien und Nordafrika aus, später auch in Germanien an Rhein und Mosel. Für sie war er ein zunächst wichtiges Exportgut, mit dem sie die Importe von Getreide bezahlten. Deshalb bemühte man sich überall im Römischen Reich selbst Wein anzubauen. Es entstand eine erste Fachliteratur, Rebsorten werden genannt und unterschiedliche Erziehungsformen der Reben ausprobiert. Dies war die Grundlage für eine regelrechte Industrialisierung der Weinproduktion auf einem Niveau, das erst im 19. Jahrhundert übertroffen werden sollte.

3.3 Deutscher Wein

Auf dem Gebiet des heutigen Deutschlands war der Wein schon den Kelten vor 2500 Jahren bekannt. In ihren prunkvollen Fürstengräbern fanden sich nicht nur gefüllte Weinamphoren, sondern auch Becher, Kannen, Trinkgefäße bis hin zu den riesigen Kratern, die bis zu 1100 l fassen konnten und in denen der Wein mit Wasser gemischt wurde. Die keltischen Fürsten importierten den Wein aus Südfrankreich und Italien. Ob sie damals schon selbst Wein anbauten, ist archäologisch nicht belegt.

Im heutigen Deutschland legten nach Schumann (o. J.) die Römer Rebanlagen zuerst am Rhein und seinen Nebenflüssen an, besonders Kaiser Probus (276–282 n. Chr.) förderte sie. So sind viele archäologische Funde bekannt, die mit Wein in Beziehung stehen, etwa Gefäße mit Traubenkernen und einschlägigen Inschriften („bibas multos annos, vivamus, da vinum", frei übersetzt: Mögest du (noch) viele Jahre trinken, lasst uns das Leben genießen, schenk Wein ein), die sich als Grabbeigaben fanden, Hacken und Winzermesser (Sesel), Weinfässer und schließlich ein ganzer römischer Weinberg an der Ahr (Blaich 2000a). Dieser war an den Überresten der typisch römischen Rebkultur (Kammererziehung) zu erkennen. Durch die Dichtung *Mosella* des Ausonius (310–393 n. Chr.) ist auch der römische Weinbau an der Mosel gut

Tab. 3.1 Zweitausend Jahre Weinbau in Deutschland. (Nach Blaich 2000a, 2008)

Jahr	Vorgang	Anbaufläche (ha)
Um 100	Römer bringen Weinanbau an Mosel und Ahr	?
Ab 700	Christianisierung, Frankenkönige fördern Anbau	?
Bis 1500	Mildes Klima, unsichere Handelswege	300.000
1500–1850	Klima wird schlechter, Kriege	150.000
1850–2000	Krankheiten, Insekten aus Nordamerika	100.000
1900–1950	Qualitätsweinoffensive, zwei Weltkriege	50.000
Ab 1950	Modernisierung, Technisierung, höhere Qualitäten	100.000

belegt. Er schrieb sehr sachkundig von 371 Weinbergen. Und nicht zuletzt kommen deutsche Worte wie Winzer, Most und Keller direkt aus römischen Begriffen. Das lateinische Wort „vinum" (Wein) stammt allerdings von einem Wort, das in Südwestasien in den verschiedensten alten Sprachen gebräuchlich war. Deshalb heißt der Wein auch in ganz Europa ähnlich, gleich ob es sich um romanische (frz. „vin", ital. „vino"), germanische (schwed. „vin", englisch „wine") oder slawische Sprachen handelt (poln. „wino", russ. „vino"), das gilt selbst für Finnisch („viini").

Die Germanen führten die Rebkultur der Römer fort; eine weite Verbreitung fand sich bei Alemannen, Burgundern und den Franken. Sie übernahmen nicht nur das Wissen um den Weinanbau (Abb. 3.3), sondern auch die Weinberge. Mit der Christianisierung durch die Karolinger und der Errichtung großer Klöster wuchs der Weinbedarf stark, denn für die tägliche christliche Messe musste unverfälschter und naturreiner Wein vorhanden sein. Deshalb haben nicht nur beim Bierbrauen, sondern auch bei der Weinbereitung die Mönche und Nonnen Großes geleistet. In Gegenden, in denen vernünftigerweise nur Bier entstehen konnte, wurde der Wein für die Messe von weither importiert. In Deutschland dehnte sich deshalb der Weinbau nach der Völkerwanderung unter den Karolingern stark aus (Tab. 3.1).

In den alten Weinbaugebieten an Rhein und Mosel, aber auch im Neckarraum, Baden und Elsass gab es schon Hunderte von Weinorten, dazu kam der Rheingau (Rüdesheim, Geisenheim) unter Karl dem Großen. Er ordnete für seine Güter an, dass überall, wo es klimatisch möglich war, Reben angebaut wurden und ließ zur Verbesserung des Absatzes schon Straußwirtschaften einrichten. Der Name kommt daher, dass Kränze zur Kennzeichnung der Verkaufsstellen verwendet wurden. Der Wein hatte endgültig säkulare Züge angenommen und wurde vom religiösen Sinnstifter zum Genussmittel. Selbst von Südbayern bis ins Voralpengebiet wurden damals Reben angebaut, wie sich noch heute aus Orts- und Flurnamen (Weingarten, Weinbergleithen bei Lenggries) schließen lässt. Während der mittelalterlichen Warmzeit im 11. Jahrhundert breitete sich der Weinbau bis Niederbayern aus. Auch ganz Mitteldeutschland war ab dem 9. Jahrhundert Weinland. Weinberge gab es unter den ottonischen Kaisern in Meißen, Merseburg und Magdeburg, auch im heutigen Thüringen. In Sachsen ging der Weinbau bis Wittenberg und der märkische Weinbau soll auf Winzer zurückgehen, die Albrecht der Bär (bis 1173) ansiedelte. Der Weinbau zog sich im Odertal damals bis nach Pommern und Mecklenburg – der Deutschritterorden hatte den Weinbau sogar bis nach Ostpreußen verbreitet.

Gegen Ende des 16. Jahrhunderts hatte der Weinbau seine größte Anbaufläche erreicht. Dann stiegen aber die Qualitätsansprüche und durch den Fernhandel wurde die geringe Haltbarkeit des damaligen Weins zum Problem. Als dann noch die Kleine Eiszeit hereinbrach und es vom 15. bis 17. Jahrhundert knapp 1 °C kühler im Vergleich zu heute wurde, gab das dem Weinanbau in vielen, weniger bevorzugten Gebieten den Rest. Hier setzte sich überall das Bier als Getränk durch und der Weinbau verblieb in den Gunstlagen. Heute fängt er an, sich aufgrund des globalen Klimawandels wieder auszubreiten und inzwischen gibt es kommerziellen Weinanbau auch in Dänemark und Südschweden. In Deutschland werden rund 100.000 ha Reben bestellt, 98 % davon in Rheinland-Pfalz, Baden-Württemberg, Hessen und Franken.

3.4 Fertig verkorkt

Auch für die Weinproduktion braucht man traditionell noch eine andere Pflanze, die Korkeiche (*Quercus suber*). Eigentlich hat jeder Baum Kork, denn das ist die Zellschicht zwischen der Oberhaut (Epidermis) und der Rinde. Aber nur bei der Korkeiche wächst sie so dick und kann über viele Jahre geerntet werden. Die Rinde der Korkeiche ist ein einzigartiger Naturstoff: Wasserabweisend, nur von geringer Dichte, elastisch, isolierend und schlecht brennbar. Ihr Geheimnis sind die luftgefüllten Poren der abgestorbenen Zellen, die sie hart und trotzdem leicht machen. Kork besteht zum größten Teil aus Suberin, eine Substanz, die nach dem lateinischen Artnamen der Korkeiche (*Q. suber*) benannt wurde, und enthält Gerbstoffe als Fraßschutz gegen Insekten, die auch zu der hellbraunen Farbe führen. Bereits seit dem 2. Jahrhundert n. Chr. ist die Ernte von Kork im Mittelmeerraum, v. a. in Mittelitalien und Spanien, belegt, wo er schon damals zum Verschluss der Amphoren verwendet wurde.

Die Korkeiche ist immergrün und stammt aus dem westlichen Mittelmeerraum (Abb. 3.4). Ihr natürliches Vorkommen reicht von Portugal und West-

Abb. 3.4 **a** Natürliches Verbreitungsgebiet der Korkeiche; *Kreuze* isolierte Population, *Dreiecke* vom Menschen eingeführt und verwildert (WIKIMEDIA COMMONS: Giovanni Caudullo; nach Caudullo et al. 2017); **b** Korkeiche auf Korsika, nicht geschnitten (WIKIMEDIA COMMONS: Marcojschmidt); **c** Nahaufnahme der Korkschicht an einer Korkeiche in Portugal (WIKIMEDIA COMMONS: Sallyofmayflower); **d** fertiges Produkt: Korken von Wein- und Sektflaschen mit geschnittenem Kork und Presskork

spanien bis nach Italien. Weiterhin findet sie sich an der Mittelmeerküste von Tunesien, Algerien und Marokko. Ihren Namen hat sie von den mächtigen Korkschichten, die ab einem gewissen Alter abgeschält werden können. Die Ernte erfolgt heute immer noch von Hand. Der Kork wird mit speziellen Schneideäxten vom Baum geschält. Die gebogenen 5–20 cm dicken Korkplatten werden über ein Jahr in Paletten gelagert, dann gewaschen und gekocht, um sie in Form zu bringen. Durch Pressen und Ausdampfen erhält die Korkrinde erst ihre gerade, glatte Form. Sie wird dann nach gewünschter Korkenlänge zugeschnitten und die Korken werden in Stammrichtung ausgestanzt.

Der Bedarf nach Kork nimmt weltweit zu, während die guten Qualitäten immer seltener werden (Tab. 3.2). Trotz erheblicher Ausdehnung der Korkei-

Tab. 3.2 Eichenbestände und Korkproduktion im Jahr 2006. (Müller o. J.)

Land	Fläche (ha)	Anteil an weltweiter Fläche (%)	Produktion (t)	Anteil an Gesamtproduktion (%)
Portugal	736.700	32,4	157.000	52,5
Spanien	500.600	22,2	88.400	29,5
Algerien	414.000	18,2	15.000	5,2
Marokko	345.000	15,2	11.000	3,7
Frankreich	92.000	4,0	3.400	1,1
Tunesien	92.000	4,0	7.500	2,5
Italien	92.000	4,0	17.000	5,5
Gesamt	**2.277.700**	**100,0**	**299.300**	**100,0**

chenbestände kommt die Produktion kaum hinterher. Weinkorken sind die häufigsten Korkprodukte, die den Hauptteil der Einnahmen ausmachen. Außerdem wird Kork für viele andere Produkte verwendet – von Glasuntersetzern über Baustoffe bis hin zu Dämmmaterialien.

Da die Korkeiche nicht winterfest ist, verwendete man früher nördlich der Alpen hanfumwickelte Holzstöpsel. Der Benediktinermönch Pérignon, der in Frankreich als Erfinder des Champagners gilt, entdeckte um 1680, dass sich seine Sektflaschen besser mit dem flexiblen Korkmaterial verschließen ließen – bald übernahmen das alle Produzenten. Dabei kann es allerdings im ungünstigen Fall zu einem Korkgeschmack kommen, verkorkt nennt man den Wein dann. Ursache dafür sind phenolische Verbindungen.

Beim Verschließen einer Flasche wird ein etwas zusammengepresster, bis 6 cm langer Korken mechanisch durch ein Metallrohr in den Flaschenhals geschoben. Der Kork dehnt sich dort aus und verschließt die Flasche dicht. Sektkorken werden zusätzlich mit einem Drahtgeflecht gesichert, der Agraffe, um den hohen Druck auszuhalten. Flaschen, die mit Korken versehen sind, sollten immer liegend gelagert werden. Bei stehender Lagerung trocknet der Kork aus, bildet Risse und lässt Luft in die Flasche eindringen. Durch die Oxidation verändert sich der Geschmack des Weins nachteilig.

Heute wird mehr Wein produziert als es noch qualitativ hochwertige Korken zum Verschluss gibt. Deshalb werden günstige Weine mit Alternativen verschlossen: mit Presskork, der aus Korkabfällen hergestellt wird, die mit Kleber zusammengefügt werden, mit künstlichem Kork aus Plastikmaterial, mit Schraubverschlüssen aus Metall oder Glasverschlüssen.

3.5 Entwicklung der Rebsorten

Wie bei allen Kulturpflanzen entwickelten sich auch bei der Rebe in den unterschiedlichen Anbaugebieten durch die Einflüsse von Klima, Boden, aber auch Anbaubedingungen, Geschmack und Vermarktung zahlreiche Sorten. Zur Zeit von Theophrast, im 4. und 3. Jahrhundert v. Chr., gab es „so viele Äcker, so viele Sorten“ (Blaich 2000b). Die römischen Schriftsteller führen mal 91, mal 58 Sorten an. Columella gibt aber zu, dass es noch viele Sorten mehr gäbe, weil alle Bezirke eigene Sorten hätten. Auch der weinkundige Vergil nennt die Rebsorten „zahllos wie der Sand in der Wüste“. Einige Sorten wurden in den nachfolgenden Jahrhunderten gepflegt und entwickelten sich weiter, andere verschwanden und wurden vergessen. In der Antike wurde der Wein nicht nach Sorten klassifiziert, sondern nach Herkunft. So war der Wein aus dem Nildelta berühmt, auch der von der Insel Chios, aber niemand wusste so recht, aus welchen Sorten der Wein entstanden war.

Dies lag auch daran, dass der damalige Wein mit dem heutigen Erzeugnis gleichen Namens nicht zu vergleichen ist, wie Dr. Fritz Schumann von der Staatlichen Lehr- und Forschungsanstalt Landwirtschaft, Weinbau und Gartenbau, Neustadt, ausführt. Der antike Wein wurde nach der Gärung rasch braun und oxidierte in den Amphoren. Aus vollreifen Trauben unter südlicher Sonne wurden sherryartige Weine. Bei weniger reifen Trauben alterten die Weine rasch und zerfielen, weil sie zu wenig Alkohol enthielten. Die Säure versuchte man durch Kalk (gemahlenen Marmor) zu mindern. Aber es wurden dem Wein auch Honig, Süßholz oder Mostkonzentrat zugesetzt, um ihn überhaupt trinkbar zu machen. Er wurde mit zahlreichen Kräutern aromatisiert und entsprach damit eher dem heutigen Glühwein. Die Griechen versetzten ihren Wein mit Harz – wie es beim Retsina noch heute üblich ist, gaben aber auch uns heute merkwürdig erscheinende Gewürze zum Wein, wie Wermut, Anis und Pfeffer.

Im Mittelalter waren kalt getrunkene Würzweine beliebt, wie der Hypocras, ein mit Honig oder Zucker stark gesüßter roter Gewürzwein, dem man auch medizinische Eigenschaften zuschrieb. Wegen der sehr teuren Gewürze war er aber den Königen und höchsten Adligen vorbehalten. Ein klassisches Rezept des Leibkochs Karl V. sieht Zimt, Gewürznelken und Orangenblüten vor. Weitere typische Zutaten waren Ingwer, Kardamom und Rosenwasser, aber auch Majoran, Muskatnuss und Pfeffer.

Bei diesen wilden Mischungen, wo Wein nur die Grundsubstanz war, ist es kein Wunder, dass die Rebsorten in der Antike und während des Mittelalters kaum eine Rolle spielten. Der gute Wein wurde als Fränkischer bezeichnet, der weniger gute hieß Hunnischer. Der Blaue Spätburgunder, den Karl der Dicke 884 von Burgund an den Bodensee gebracht hatte, ist dagegen die große Ausnahme. Er verbreitete sich östlich des Rheins als Klävner oder Klebroth in Richtung Norden. Der Riesling hat seine Heimat tatsächlich im Rheintal, vermutet wird eine Kreuzung der von den Römern mitgebrachten Traminer-Rebe mit einer einheimischen (autochthonen) Rebe vom Rhein, die vielleicht schon die Germanen nutzten. Eventuell spielte auch die alte Rebsorte Heunisch eine Rolle, die überhaupt häufig im Stammbaum alter Rebsorten zu finden ist.

Die ersten in ganz Europa bekannten Weine waren seit dem Spätmittelalter der Burgunder und seit dem 16. Jahrhundert Portwein und Sherry, der ungarische Tokajer und der sizilianische Marsala. Der Weltruf der Bordeaux-Weine setzte erst im 19. Jahrhundert ein, auch wenn die Weinbautradition in dieser Region bis in die Römerzeit zurückreicht. Die Engländer lernten den Bordeaux schätzen, weil Aquitanien Jahrhunderte zur englischen Krone gehörte. Der bis ins 19. Jahrhundert gebräuchliche Begriff für Bordeaux-Weine war Claret, weil sie eine hellrote, klare Farbe hatten.

Spätestens im 15. Jahrhundert wurde eine weitreichende Entdeckung gemacht, die für den Wein mindestens so wichtig war, wie der Hopfen als Bierzutat: die Verbrennung von Schwefel. In Urkunden von 1487 aus Rothenburg und 1497 aus Freiburg wurde die einmalige Verbrennung von einem Lot Schwefel auf 768 Maß (16,2 g auf 860 l) erlaubt. Dadurch wurden Oxidationsvorgänge verhindert und der Wein behielt seine ursprüngliche Farbe und frische Aromen, wie sie für die jeweiligen Sorten typisch sind. Damit entfiel der Zusatz von Gewürzen und es wurden die Rebsorten erstmals interessant, wie der Weinexperte Dr. Fritz Schumann berichtet. So taucht 1435 auf einer Notiz über Rebenkauf in Rüsselsheim erstmals die Sorte Riesling auf und ebenso 1490 in Worms. Im 16. Jahrhundert wurden in dem *Kreuterbuch* von Hieronymus Bock neben dem Riesling Truscht (Räuschling) und Elbling, Gänsfüßer, Harthengst (Orleans), Frühschwarz und Kleber erwähnt, Namen, die heute nur noch dem Experten geläufig sind.

Die Spätlese wurde 1775 durch Zufall im Rheingau entdeckt, als sich der Bote des Fürstbischofs von Fulda, des damaligen Besitzers von Schloss Johannisberg, mit der Erlaubnis zur Lese um zwei Wochen verspätete. Die Winzer mussten auf ihn warten und bemerkten, dass diese späte Lese einen hervorragenden Wein ergab. Im 18. Jahrhundert entwickelte sich auch langsam ein stärkeres Qualitätsbewusstsein für Wein. Die Regenten erließen eigene Sortenverordnungen, nach denen Riesling, Traminer, Ruländer empfohlen wurden, die alten Massenträger Heunisch, Trollinger, Elbling und Gutedel sollten gerodet werden. Die Landesherren kümmerten sich so intensiv um den Wein, weil ihnen der Zehnte zustand und sie keinen einfachen oder gar schlechten Wein auf ihrer Tafel finden wollten. Damals wurden die Sorten im gemischten Satz angebaut. In einem alten Weinberg in der Nähe von Heidelberg, der noch aus dem 18. Jahrhundert stammte, entdeckte man 30 Sorten. Weinkonsum war damals sehr verbreitet. Man schätzt einen jährlichen Pro-Kopf-Verbrauch von 100 bis 150 l, einige Forscher geben das Doppelte an.

3.6 Moderner Qualitätswein braucht gute Sorten

Der moderne Qualitätsweinbau begann erst mit mehreren Katastrophen in der Mitte des 19. Jahrhunderts. Aus Nordamerika wurden damals zusammen mit den dort wachsenden Wildreben mehrere Schädlinge nach Europa eingeschleppt, die verheerende Schäden anrichteten (Miedaner 2017). Der erste war ein Schadpilz, der Echte Mehltau, der in einem Gewächshaus in London erstmals auftauchte und sich in wenigen Jahren über ganz Europa verbreitete. Er wurde schließlich mit Schwefel bekämpft. Schlimmer war die Einschleppung der Reblaus 1860, eines Insekts, das im Boden lebt und die Wurzeln der Rebe zerstört. Sie verbreitete sich mit rasender Geschwindigkeit über ganz Europa bis hin zur Türkei und hinterließ nur zerstörte Weinberge. Ende des 19. Jahrhunderts kam man auf eine Lösung. Man pfropfte die europäischen Edelreben auf amerikanische Wildreben als Unterlage, die trotz Reblaus überleben können. Als man 1885 zu diesem Zweck neue amerikanische Wildreben einführte, wurde damit allerdings ein anderer Pilz eingeschleppt, der Falsche Mehltau. Als Gegenmittel entwickelte ein französischer Winzer die Bordeaux-Brühe, ein Gemisch aus Kupfervitriol und Kalk. Diese wurde in Deutschland bis in die 1950er-Jahre verwendet.

Die Gegenwehr gegen die drei Gefahren krempelte den gesamten europäischen Weinbau um. Es wurden Forschungsanstalten und Weinbauschulen gegründet und der Weinbau wurde zunehmend mechanisiert. Man pfropfte nur möglichst ertragreiche und ein paar traditionelle Sorten. Das war das Ende vieler alter einheimischer Rebsorten, die eine lange Tradition hatten.

Nach dem Zweiten Weltkrieg gab es erstmals potente Pflanzenschutzmittel und große Flurbereinigungen wurden eingeleitet, um die Mechanisierung voranzutreiben. Beides machte den Weinbau leistungsfähiger und ertragreicher. Skandale und ein dramatischer Preisabfall des Weins in den 1970er-Jahren ließen die Winzer und ihre Verbände weltweit über Weinqualität nachdenken. Daher wurde in den USA, Australien und Spanien und ab den 1980er-Jahren auch in Deutschland, Südafrika oder Chile der Qualitätsweinbau durchgesetzt. In diesem Zusammenhang machte auch die Entwicklung der

Weinberg- und Kellertechnik so große Fortschritte, dass sogar ein biologischer und biodynamischer Weinanbau entwickelt werden konnte.

Auch die Anteile der einzelnen Rebsorten haben sich durch den verstärkten Zug zur Qualitätsweinproduktion geändert (Abb. 3.5). Der Riesling hat seine Spitzenposition in Deutschland ausgebaut, die Massenträger Müller-Thurgau sind sehr stark, Silvaner etwas zurückgegangen und der dunkelrote Dornfelder wurde zum Shooting Star. Der früher sog. Ruländer hat als Grauburgunder seine Fläche mehr als verdoppelt und der feine Weißburgunder hat sie sogar vervielfacht. Ebenso hat der Spätburgunder seine Fläche mehr als verdoppelt, die restlichen Rotweinsorten blieben stabil. Aber woher kommen diese Sorten?

Einige der heute angebauten Sorten sind wirklich uralt. Vom Riesling und Spätburgunder haben wir schon gehört. Auch der Ruländer (Grauburgunder, *Pinot gris*) hat eine lange Geschichte. Interessanterweise ist diese Weißweinsorte eine Mutation aus dem roten Spätburgunder (*Pinot noir*). Die Sorte stammt wahrscheinlich aus Frankreich und wurde schon von Karl IV. 1375 nach Ungarn an den Plattensee gebracht; 1568 erscheint sie im Elsass und dem Kaiserstuhl, 1711 fand sie Johann S. Ruland in einem verwilderten Weingarten in Speyer und verbreitete sie mitsamt seinem Namen. Der Silvaner ist eine natürliche Kreuzung aus Österreich (Traminer × Österreichisch Weiß), er gelangte im 17. Jahrhundert aus dem Donauraum nach Deutschland und hieß deshalb früher Österreicher. In Deutschland wurde er am 10. April 1659 erstmals in einen Weinberg bei Mainz gepflanzt. Der Weiße Burgunder, auch Weißburgunder (*Pinot blanc, Pinot bianco*) oder in Österreich Klevner genannt, ist

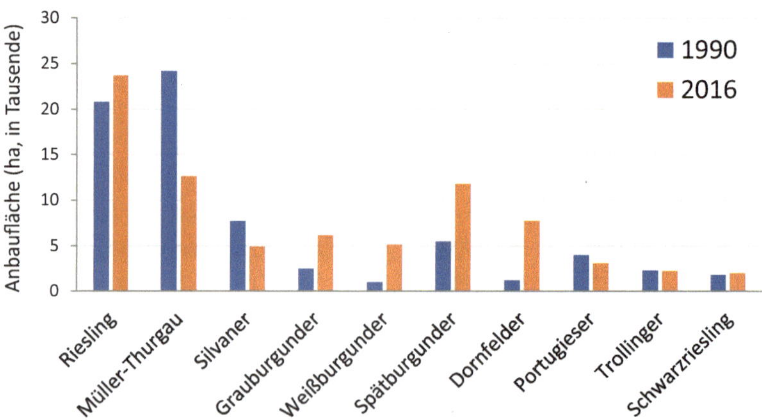

Abb. 3.5 Anbaufläche der fünf meist angebauten Weiß- bzw. Rotweinsorten in Deutschland. (Grauburgunder = Ruländer; Deutsches Weininstitut, nach Anonym 2015, 2016)

seit dem 14. Jahrhundert bekannt. Alle Burgundersorten haben eine gemeinsame Abstammung mit dem Blauen Burgunder als Urform. Grauburgunder und Schwarzriesling entstanden als Knospenmutation des Blauen Spätburgunders. Samtrot ist eine spontane, unbehaarte Mutation des Schwarzrieslings, die 1928 von Hermann Schneider in einem Heilbronner Weinberg gefunden wurde. Den (Blauen) Portugieser, der früher in der Pfalz und Rheinhessen weit verbreitet war, hat ein Graf von Fries als österreichischer Gesandter um 1770 oder 1780 vermutlich aus Portugal mitgebracht. Eine schwäbische Spezialität ist der Trollinger, der hier als uralte Rebsorte gilt und deren Abstammung im Dunklen liegt. Demgegenüber sind Müller-Thurgau (Rivaner, 1882), Kerner (1929) und Dornfelder (1955) neuere Züchtungen, ebenso wie der Regent (1967). Derzeit werden vom Deutschen Weininstitut 85 Rebsorten mit ihren Anbauflächen erfasst, insgesamt werden in Deutschland rund 140 verschiedene Rebsorten kultiviert, von denen aber viele nur auf wenigen Hektar Fläche stehen.

3.7 Die Rebe prägt die Landschaft

Die Weinrebe ist eine Dauerkultur, sie steht jahrzehntelang am selben Fleck. Und es finden sich in Deutschland gar nicht so viele Lagen, in denen sie gut gedeiht. Deshalb gibt es ganze Weinlandschaften, Gebiete, in denen praktisch nur Reben wachsen (Abb. 3.6). In warmen, sonnigen Lagen, wie Rheinhessen oder Teilen von Baden, können es auch ebene Flächen sein (Traubenfelder), in klimatisch etwas härteren Lagen sind es die Südhänge von Flusstälern, wie Ahr, Mosel, Neckar und Saale. Hier fällt die Sonne in einem steileren Winkel auf den Boden, erwärmt die Rebe schneller und die Kaltluft im Frühjahr fließt zum tiefsten Punkt, zum Fluss hin. Außerdem speichern steinige Böden und Felsen über den Weinhängen, auf denen sonst sowieso keine Landwirtschaft möglich ist, die Wärme und geben sie am Abend und in der Nacht langsam an die Umgebung ab. Ähnliches passiert an Seen und größeren Gewässern; auch hier speichert die Wasseroberfläche die Wärme, was den Bodenseewein selbst im Schweizer Teil gedeihen lässt. Je wärmer eine Gegend ist, umso höher kann der Weinanbau gelingen. In Deutschland gelten Meersburg/Bodensee mit 400 m Meereshöhe und Durbach am Rand des Schwarzwalds mit 600 m als Höhenlagen. Im Schweizer Wallis gibt es noch Weinanbau bis 800 m, weiter südlich am Ätna bis 1200 m und in den Anden gar bis 2500 m. Hier braucht die Rebe die Höhe sogar, weil sie nicht an die feuchtheißen Tieflandgebiete der Tropen angepasst ist.

Abb. 3.6 Die Rebe prägt durch die Art ihrer Erziehung die Landschaft, so durch die in Deutschland übliche Spaliererziehung im Remstal bei Stuttgart (**a**), die Demonstration einer Pergolaerziehung an der Universität Hohenheim, wie sie z. B. in Südtirol üblich ist (**b**), oder die uralte Pfahlerziehung, hier in einem Garten im kroatischen Istrien (**c**)

Allerdings führt der Weinbau selbst auch zu Umweltproblemen. Das begann mit den großen Flurbereinigungen der 1970er-Jahre, die die Rebhänge erst maschinentauglich machten, aber auch kilometerlange Weinbergmauern, kleine Saumbiotope und landschaftserhaltende Elemente zerstörten. Durch die Hanglagen der Reben, die ihrer Sonnenhungrigkeit geschuldet sind, kann Mineraldünger schnell abfließen und ins Grundwasser gelangen, deshalb sind heute die Rebzeilen meist begrünt. Der häufige Einsatz von Pflanzenschutzmittel, der aber auch im Ökoweinbau in Form von Kupfer und Schwefel praktiziert wird, hat Auswirkungen auf die Vielfalt von Insekten und anderen Kleinlebewesen. Die Globalisierung des Weinhandels, die zunehmenden internationalen Konkurrenzdruck schafft, macht auch den Winzern das Leben schwer. So konkurriert heute eine Pfälzer Winzerfamilie mit großen Weingütern in Chile oder Kalifornien.

Die Rebe ist von Haus aus eine Schlingpflanze und muss erzogen werden; das ist kein Bonmot, sondern ein Fachbegriff. Dazu wird sie an Drahtgestellen oder Gerüsten entlang gezogen und mehrfach im Jahr beschnitten, sonst würden die Triebe meterlang wachsen und sich gegenseitig Licht und Nährstoffe streitig machen. In Deutschland ist es das Ziel möglichst viele Blätter mit direkter Sonneneinstrahlung zu versorgen. Dazu werden die Reben an Drahtgestellen mit einer Rute nach rechts und einer nach links angeheftet. Das Ganze geschieht auf zwei bis drei Etagen, sodass eine recht flache, hohe Wand an Blättern entsteht (Abb. 3.6a). In sehr steilen Lagen an Mosel und Neckar findet man gelegentlich noch die uralte Pfahlerziehung, die schon die Römer praktizierten. Dabei wächst jede Rebe einzeln um einen Pfahl herum, die Laubwand wird bis 1,5 m hoch (Abb. 3.6c). In Ländern mit hoher Sonneneinstrahlung, und das beginnt schon in Südtirol, werden die Trauben durch die Pergolaerziehung vor Sonnenbrand geschützt (Abb. 3.6b). Hier stehen die Blätter wie ein Dach über den Trauben und beschatten sie. Die Weinrebe ist sehr robust und trockentolerant. Ihr Holz verträgt Winterfröste bis −22 °C ebenso problemlos wie hohe Sonneneinstrahlung. Wenn die Witterung sehr extrem wird, kann man sie auch am Boden kriechend erziehen, wie es etwa in Santorin noch heute geschieht. Damit prägt natürlich die Erziehungsform auch ganz stark die Landschaft. Unsere Spaliererziehung zieht sich über Kilometer die Hänge entlang und macht den Eindruck einer wohlgeordneten Landschaft.

Aber es ist nicht nur so, dass die Rebe die Landschaft prägt, es gilt auch umgekehrt, die Landschaft macht den Wein: Terroir nennen das die Franzosen, ein Begriff, der inzwischen auch bei uns eingeführt ist und mit Boden nicht wirklich übersetzt werden kann (Scheld 2007). Er steht vielmehr für das Zusammenspiel von Boden, Landschaft, Lage und Klima. Weinbau wird heute auf Buntsandstein, Muschelkalk, Keuper oder Schiefer betrieben und diese geologischen Gegebenheiten beeinflussen stark den Geschmack des Weins. Durch das diffizile Zusammenspiel von Untergrund, Hangneigung, Nord-Süd-Orientierung und Umgebung entsteht in jedem Weinberg ein spezielles Mikroklima, das den Weinen Charakter gibt. Hinzu variieren in unserer Region in jedem Jahr Temperatur, Niederschläge und Sonnendauer sehr stark.

Und auch die Maßnahmen des Winzers (Erziehung, Schnitt, Pflanzenbau, Ertragsreduktion) prägen die Rebe und verleihen den Weinen der verschiedenen Terroirs ihren besonderen Charakter. Das alles soll der Genießer schmecken, wenn er einen Wein trinkt. So soll er die mineralischen Aromen des Moselschiefers ebenso wahrnehmen wie Aromen von Birne oder Aprikose oder den kräftigen Weinstil des Kaiserstuhls mit seinen sonnenbeschienenen Vulkanhängen. Wenn heute sogar im Stadtgebiet von Potsdam (Werderaner Wachtelberg) und im ehemaligen Braunkohletagebau in der Nähe von Bitterfeld (Geiseltalsee) Wein kultiviert wird, dann muss sich das natürlich im Geschmack der entstehenden Weine niederschlagen.

3.8 Die Welt der Rebe – Rebsorten der Welt

Die Weinrebe hat von Europa ausgehend alle wichtigen Regionen der gemäßigten Hemisphäre erreicht (Abb. 3.7). Angebaut wird überall nur die Edelrebe (*Vitis vinifera* L.) und das in erstaunlich wenigen Sorten, verglichen mit der Vielfalt, die es in den einzelnen Ländern gibt. Vor allem die französischen Weißweinsorten Sauvignon blanc und Chardonnay, die französischen Rotweinsorten Cabernet Sauvignon, Merlot und Syrah (Shiraz) haben die Welt erobert. Sie werden zusammen auf rund einer Million Hektar angebaut, das ist eine beachtliche Menge, da der weltweite Weinanbau nach der Statistik der Ernährungs- und Landwirtschaftsorganisation der UN (FAOSTAT 2017) im Jahr 2016 auf insgesamt rund 7,1 Mio. ha stattfindet. Natürlich gibt es auch zahlreiche Rebsorten, die für die jeweiligen Länder typisch sind und sich weltweit einen Markt erobert haben. Für Italien etwa der Primitivo und der Nero d'Avola, für Spanien der Tempranillo, für Argentinien der Melbec und für Kalifornien der Zinfandel. Ähnlich hat auch der deutsche Riesling einen weltweiten Siegeszug angetreten.

Wein wird heute in 19 Ländern in nennenswertem Umfang erzeugt. Knapp die Hälfte der weltweiten Rebanbaufläche liegt in der Europäischen Union, ganz vorn liegen hier traditionell Spanien, Frankreich und Italien (Abb. 3.8). International hat sich China in den letzten Jahren auf den zweiten Platz vorgeschoben. An fünfter Stelle liegt die Türkei, etwas überraschend für ein muslimisches Land. Schauen wir uns kurz die Geschichte der wichtigsten Wein produzierenden Länder an.

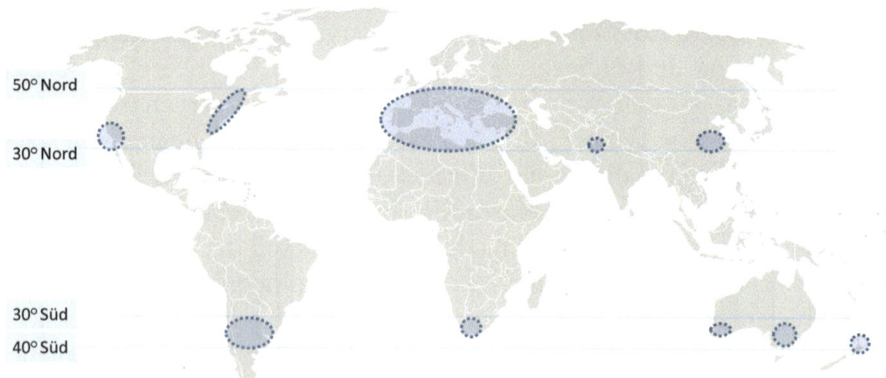

Abb. 3.7 Die wichtigsten Weinanbaugebiete der Welt liegen zwischen dem 30. und 50. Breitengrad Nord und dem 30. und 40. Breitengrad Süd. (Daten nach Blaich 2000a; Weltkarte aus WIKIMEDIA COMMONS: BlankMap-World-2007.png)

Abb. 3.8 Durch die Steigerung der Qualität in praktisch allen Weinbaugebieten und die Globalisierung haben sich ausländische Weine zur ernsthaften Konkurrenz der deutschen Weine entwickelt. Dies gilt nicht nur für die traditionell anspruchsvollen französischen Weine aus Bordeaux (*links*), sondern auch aus Italien (*Mitte*), das mit dem Appassimento-Verfahren (Wein aus getrockneten Trauben) punktet, Weine aus Chile und zwei Weine aus dem kalifornischen Napa Valley

Schon im 16. Jahrhundert brachten Hugenotten die Weinrebe in die heutige USA. Aber richtig begann der Weinbau dort erst Mitte des 19. Jahrhunderts. Durch den Goldrausch kamen nicht nur europäische Abenteurer, sondern auch weinbauliches Fachwissen nach Kalifornien. Als dann 1869 die transkontinentale Bahnlinie fertiggestellt war, gelangten kalifornische Weine in den Osten der USA und nach Europa. Die Prohibition (1919–1933) war ein herber Rückschlag, die meisten Weingärten wurden umgebrochen. Erst nach dem Zweiten Weltkrieg kam die Weinwirtschaft wieder in Gang. Seit Mitte der 1970er-Jahre zählen einige US-amerikanische Weine zu den Spitzenweinen, die in Blindverkostungen teilweise besser abschneiden als die französischen (Abb. 3.8).

Auch in Chile hat der Weinanbau eine lange Tradition. Schon die spanischen Eroberer brachten 1541 die Rebe nach Südamerika, schließlich war der Messwein, der während des Gottesdienstes gebraucht wurde, unverzichtbar. Zwei Jahrhunderte später importieren die Winzer weitere europäische Rebsorten. Sie gediehen prächtig im mediterranen Klima Zentralchiles: Regnerische

Winter, extrem sonnige und trockene Sommer, kühle Nachttemperaturen und eine fast völlige Freiheit von Schädlingen. Ähnlich verlief die Geschichte in Argentinien, wo auch seit 500 Jahren Reben angebaut werden. Bis in die 1980er-Jahre ging es Argentiniens Winzern jedoch nur um Quantität. Als ihre Landsleute allerdings verstärkt auf Bier übergingen, begann eine Qualitätsoffensive.

In Australien wird seit dem 18. Jahrhundert Wein gekeltert, anfangs nur für den eigenen Markt mit einfachen, anspruchslosen Rebsorten. Um 1820 begann Gregory Blaxland mit dem Anbau von Reben. Er gilt heute als einer der erfolgreichsten Winzer Australiens, der 1822 erstmals seine Weine nach England ausführte und gleich eine Prämierung bekam. Anfang des 20. Jahrhunderts begannen die australischen Winzer Weine mit europäischem Charakter und höchster Qualität zu produzieren. Sie konzentrierten sich v. a. auf die französischen Klassiker Chardonnay, Cabernet Sauvignon, Shiraz, aber auch auf deutsche Sorten wie Riesling und Gewürztraminer.

In Südafrika pflanzte schon der Gründervater Jan van Riebeeck in der Nähe von Kapstadt 1655 erste Weinreben und kelterte vier Jahre später den ersten Wein. Er bemerkte das mediterrane Klima und wusste, dass Wein auf langen Seereisen haltbarer als Süßwasser ist und ähnlich wie Sauerkraut Skorbut verhindert. Schließlich sollte damals Südafrika nur eine Proviantstation auf dem Weg nach Indien sein. Französische Hugenotten legten zwischen 1680 und 1690 die ersten Weingüter an. Aber erst die Qualitätsweinpolitik seit 1973 machte Südafrika zur Exportnation.

In den meisten südlichen Ländern ist es eigentlich für die Kultur von Reben zu heiß. In Südafrika beschränkt man sich deshalb auf die südliche Provinz Westkap, wo eine kühle Meeresströmung direkt von der Antarktis, der Benguela-Strom, vorbeifließt. Dadurch entsteht ein gemäßigt-maritimes Klima. Ähnlich nutzen die Winzer in Australien nur die südlichsten, und relativ kühlsten Zipfel des Kontinents. In Argentinien werden Reben in Höhen von 600 bis 2200 m über dem Meer angebaut und häufig mit Gletscherwasser aus den Anden bewässert. Dies gilt auch für Chile, wo der Anbau der Reben zwischen Anden und Pazifik erfolgt, einem Gebiet mit kühlen Luftströmen. In Kalifornien konzentriert sich der Weinanbau im Napa Valley, einem Tal, das sich vom Pazifik in die kalifornischen Küstenberge erstreckt. Durch Gebirgseinschnitte kommen Morgennebel und Meeresbrisen tief ins Landesinnere und kühlen die Weinberge.

Das Aufsteigerland beim Anbau von Reben und der Produktion von Wein ist China. Obwohl hier Reben seit etwa 4600 Jahren angebaut werden, war Wein aus Trauben hier nie ein besonderes Genussmittel; der Reiswein war über Jahrtausende beliebter. Die Einführung von europäischen Reben im 19. Jahrhundert brachte schließlich die chinesische Weinkultur wieder in Gang. Der welterfahrene Diplomat Zhang Bishi gründete 1892 in Yantai ein Weingut, das unter dem Namen Changyu bis heute besteht und das älteste in China ist. Heute wird der Weinanbau durch die Regierung wieder unterstützt, was zu einer enormen Ausweitung der Anbauflächen führte. Dementsprechend sind drei der vier größten Weinerzeuger (Great Wall, Dynasty, Changyu und Grand Dragon) im Staatsbesitz; zusammen erzeugen sie über 40 % der Gesamtproduktion. Der weitaus meiste Wein, i. d. R. Rotwein, wird im Land getrunken, ein Export ist bisher kaum entwickelt.

3.9 Sekt und Champagner, Perlwein und Prosecco

Wem es zu einfach ist, Wein zu trinken oder wer seine Freunde beeindrucken will, serviert, je nach Taschengeld, Sekt oder Champagner, Perlwein oder Prosecco. Der offizielle Überbegriff für diese Produkte ist in Deutschland Schaumwein, obwohl das im Volksmund abwertend klingt. Sie werden alle aus Wein hergestellt, haben jedoch eine unterschiedliche Entstehungsweise: Sekt und Champagner entstehen durch eine zweimalige Vergärung; die Kohlensäure wird während der zweiten Vergärung produziert und darf nicht zugesetzt werden. Perlwein und Prosecco sind üblicherweise normale, einfach vergorene Weine, denen technisch Kohlensäure zugesetzt wird.

Champagner darf nur Grundweine aus der Champagne/Frankreich enthalten und muss dort im klassischen Flaschengärverfahren hergestellt werden; bei Sekt ist die Herkunft gleichgültig, die Weine müssen aber alle aus demselben Anbaugebiet stammen. Prosecco (eigentlich Prosecco Frizzante) muss Wein der Sorte Giera enthalten und von einem speziellen Anbaugebiet aus den Provinzen Venetien und Friaul-Julisch Venetien in Italien stammen; Perlwein kann aus beliebigem Wein hergestellt werden. Diese Namen sind inzwischen gesetzlich geschützt, auf deutschem Sekt darf nicht einmal mehr „méthode champenoise" stehen, auch wenn er nach genau demselben Verfahren hergestellt wird. Der neue Begriff hierfür lautet „méthode traditionnelle" oder klassische oder traditionelle Flaschengärung. Heute heißt in Frankreich Sekt, der nach dem Champagnerverfahren hergestellt wird, aber nicht aus der Champagne stammt, Crémant, etwa Crémant d'Alsace, Crémant de Loire. Andere Länder haben diesen Begriff inzwischen übernommen. In Spanien heißt er Cava und in der ehemaligen Sowjetunion hieß er Schampanskoje. Obwohl auch hier dieser Begriff eigentlich nicht mehr erlaubt ist und der Sekt offiziell schon seit vielen Jahren als Igristoje („igristoje wino" für Schaumwein) gehandelt wird, ist das ursprüngliche Wort immer noch weit verbreitet.

Champagner und Sekt sind absolute Luxusprodukte des 18. und 19. Jahrhunderts. Die Ursprünge reichen jedoch weiter zurück. Bereits im 17. Jahrhundert begannen französische Winzer den Wein schon im Anbaugebiet in Flaschen zu füllen, um seine Frische zu erhalten. Das war damals etwas ganz Neues, weil der Wein üblicherweise in Fässern über größere Strecken gehandelt wurde. Dies tat dem Weingeschmack aber nicht gut und deshalb kamen die Winzer auf die Flaschenlösung. Das brachte jedoch neue Probleme. Wenn der Wein jetzt schon kurz nach der Gärung abgefüllt wurde, gärte er oft unbeabsichtigt in der Flasche weiter. Durch das entstehende Kohlendioxid erhielt der Wein einen frischen, sprudelnden Charakter, den die Briten, die viel französischen Wein importierten, zu schätzen lernten. Allerdings wurde oft auch der Druck durch die unkontrollierte Gärung zu stark und die Korken schossen heraus. Für die Winzer brachte das wirtschaftliche Verluste, bis zur Hälfte der Produktion konnte verloren gehen. Champagner war auch deshalb so teuer. Außerdem waren die gärenden Flaschen gefährlich: Die Kellermeister mussten zu ihrer Sicherheit Eisenmasken tragen.

Erst allmählich lernten die französischen Kellermeister die Sektentstehung zu beherrschen. Entscheidend daran beteiligt war der Benediktinermönch Pierre „Dom" Pérignon (1638–1715), Kellermeister der Benediktinerabtei Hautviller. Er war ein findiger Kopf, der die Ertragsbegrenzung, den Verschnitt verschiedener Traubensorten, den Flaschenverschluss mit einem mit Kordeln gesicherten Korken und die Dosage (s. Box) neu einführte und nur besonders starkwandige Flaschen verwendete. Kreidehöhlen in der Nähe des Klosters nutzte er zur Lagerung. Als Hommage nannte später Moët & Chandon ihren besten Champagner nach ihm. Anfangs war der Champagner trüb, weil die Hefe der zweiten Gärung in der Flasche verblieb. Erst Madame Clicquot entwickelte 1806 zusammen mit ihren Kellermeistern das Rütteln und Degorgieren. Im Jahr 1884 erfand Raymond Abelé eine Degorgiermaschine, die mit dem Eisbad arbeitete.

Die „méthode champenoise" – klassische Flaschengärung

Die Grundweine der vorgeschriebenen Sorten Chardonnay, Pinot noir (Spätburgunder) und/oder Meunier (Schwarzriesling) werden aus frühzeitig geernteten Trauben gekeltert, die wegen ihres geringen Zuckergehalts nur leichte Weine mit Alkoholgehalten um 9–10 Vol.-% ergeben. Sie werden nach der ersten Gärung in Flaschen abgefüllt, Zucker und eine spezielle Hefe, die hohen Druck ertragen kann, hinzugefügt und mit einem Kronenkorken verschlossen. Für die zweite Gärung werden die Flaschen in einem kühlen Keller für mindestens 15 Monate gelagert. Jetzt entsteht das Kohlendioxid, das den Sekt später im Glas perlen lässt. Gleichzeitig erhöht sich der Alkoholgehalt um 1–1,5 %

und die zugesetzte Hefe lässt neue Aromastoffe entstehen bzw. baut unerwünschte Stoffe ab. Die abgestorbenen Hefen werden in einem Rüttelprozess („remuage") über vier Wochen hinweg in den Flaschenhals bewegt, sodass sie dort einen Pfropf bilden. Um ihn zu entfernen, werden die Flaschen kopfüber in eine –20 °C kalte Sole getaucht, sodass der Hefepropfen schockgefriert. Bei Abnehmen des Kronenkorkens schießt er durch den Kohlensäuredruck aus der Flasche (Degorgieren). Der nahezu zuckerfreie Sekt wird mit in Wein gelöstem Zucker versüßt (Dosage), von extra brut (0–6 g Restzucker/l) über trocken (sec, 17–35 g/l) und halbtrocken (demi sec, 32–50 g/l) bis mild (doux, >50 g/l). Sekt schmeckt wegen des höheren Säuregehalts bei gleichem Restzuckergehalt weniger süß als Wein. Schließlich wird die Flasche mit Rohsekt aufgefüllt und mit einem speziellen Sektkorken mit Draht (Agraffe) verschlossen. Der fertige Sekt hat jetzt einen Druck von mindestens 4, manchmal bis zu 6 bar.

Heute noch streiten Engländer und Franzosen, wer den Champagner eigentlich erfunden hat. Denn schon 1662 berichtete der Engländer Christopher Merret vor der Royal Society in London, dass durch Zucker- und Hefezugabe bei durchgegorenem Wein eine zweite Gärung eingeleitet werden kann. Er verstand diese Methode als Möglichkeit, importierte französische Weine geschmacklich zu verbessern.

Durch königlichen Erlass wurde es in Frankreich 1728 offiziell erlaubt, Wein in Flaschen zu transportieren, ein Jahr darauf gründete Nicolas Ruinart sein Champagnerhaus, das älteste, das heute noch existiert (Abb. 3.9). Weitere Handelshäuser stiegen auch schon im 18. Jahrhundert in das Geschäft ein, wie Taittinger (1734), Moët (1743) und Clicquot (1772), andere folgten im 19. Jahrhundert. Dadurch kam es schon früh zu einer internationalen Vermarktung. Seit damals hat der Champagner den Ruf eines Luxusgetränks, den er heute noch hat. Im Jahr 1804 brachte Veuve Clicquot den ersten Rosé-Champagner heraus, um 1870 erfand man die Jahrgangschampagner.

Heute ist Champagner eines der am stärksten regulierten Getränke (Abb. 3.9). So umfasst das vorgeschriebene Anbaugebiet nur 36.000 ha; hier werden jährlich höchstens 350 Mio. Flaschen hergestellt. Es wird auch die maximale Traubenmenge je Hektar festgelegt und nur mit der Hand geerntet. Nach der Vergärung, die rund drei Wochen in Anspruch nimmt, muss der Champagner mindestens 15 Monate in Flaschen reifen, bei Jahrgangschampagnern sogar 36 Monate. Wegen der Handarbeit und den langen Reifezeiten bleibt Champagner teuer.

Sekt dagegen ist eine deutsche Erfindung (Abb. 3.9). Gegen Ende des 18. Jahrhunderts gründeten mehrere deutsche Auswanderer in Frankreich berühmte Champagnerhäuser, wie Heidsieck, Bollinger, Mumm und Krug. Einige dieser Pioniere kehrten nach Deutschland zurück und bauten hier ihre

Abb. 3.9 **a** Französische Champagner im Schaufenster eines deutschen Feinkostgeschäfts mit Preisauszeichnung (2016) sowie **b** deutsche Sekte aus Tankgärung (Kupferberg Gold, Rotkäppchen) bzw. traditioneller Flaschengärung (Kessler Hochgewächs) und Secco (Universität Hohenheim)

eigenen Firmen auf. Der bekannteste war Georg Christian Kessler, der als Zwanzigjähriger bei Veuve Cliquot als Buchhalter anheuerte und sich bis zum Geschäftsführer hocharbeitete. Im Jahr 1826 machte er aus der Woll- und Kammgarnspinnerei seines Vaters in Esslingen eine Sektkellerei, die heute älteste in Deutschland. Er produzierte streng nach dem Verfahren, das er in der Champagne gelernt hatte. Kessler Cabinet ist die älteste Sektmarke Deutschlands, sie erschien um 1850. Seit dem verlorenen Ersten Weltkrieg durften allerdings die deutschen Sekte nicht mehr Champagner genannt werden, auch wenn sie genauso produziert wurden. Dafür gab es im Versailler Vertrag eigens den spöttisch sog. Champagnerparagrafen.

Nach dem großen Erfolg von Kessler entstanden ab 1830 in allen wichtigen deutschen Weinbaugebieten Sektkellereien, die heute noch bekannt sind: MM von Matheus Müller, Deinhard, Kupferberg, Henkell und Söhnlein sowie Kloss & Foerster, aus denen sich die Rotkäppchen-Sektkellerei entwickelte. Um den Ausbau der kaiserlichen Flotte zu finanzieren, erhob Kaiser Wilhelm II. 1902 erstmals die Sektsteuer, die sich bis heute erhalten hat. Sie beträgt derzeit 1,09 € pro Flasche. Was damals nur die Reichen traf, spült heute einige 100 Mio. € in den Staatshaushalt. Denn es werden rund ein Fünftel der weltweiten Sektproduktion in Deutschland konsumiert. Davon entsteht aber nur noch ein kleiner Teil durch die klassische Flaschengärung (s. Box).

Wie billiger Sekt entsteht

Der billigste Sekt kostet heute nur drei bis vier Euro und entsteht durch Tankgärung. Dazu wird der (ebenfalls billige, meist ausländische) Grundwein in großen Tanks zur zweiten Gärung gebracht, die mindestens 30 Tage dauern muss, dann folgt eine Reifezeit im Tank von mindestens sechs Monaten. Dies sind gesetzliche Vorgaben. Danach wird die Süße eingestellt, der Sekt zur Entfernung der Hefe filtriert und unter Gegendruck mit technischem Kohlendioxid in Flaschen abgefüllt. Dieses einfachste Verfahren wurde 1907 an der Universität Montpellier entwickelt und schon vor dem Zweiten Weltkrieg auch in Deutschland eingeführt.

Es gibt noch ein drittes Verfahren, das Transvasierverfahren. Dabei findet die zweite Gärung auch in der Flasche statt, danach wird sie aber entleert und der Inhalt behandelt wie bei der Tankgärung. Wenn dieser Sekt mindestens neun Monate gereift ist und 90 Tage auf der Hefe lag, darf er die Bezeichnung Flaschengärung tragen, aber nicht als klassische oder traditionelle Flaschengärung deklariert werden.

Heute ist Sekt fast schon ein Alltagsgetränk, auch wenn er immer noch einen festlichen Charakter hat. Durch den wirtschaftlichen Aufschwung der 1950er-Jahre wurde das ehemalige Luxusprodukt demokratisiert und die Einführung der Tankgärung verbilligte den Sekt erheblich.

Als Sekt noch sehr teuer war, wurde in den 1950er- und 1960er-Jahren der Perlwein erfunden. Dabei wird dem auf normale Weise entstandenen Wein einfach technische Kohlensäure zugeführt. Dann perlt er auch, ist wesentlich billiger herzustellen und von der Schaumweinsteuer befreit. Das kam dann mit zunehmendem Wohlstand aus der Mode, bis die Italiener in den 1990er-Jahren ihren Prosecco auf den deutschen Markt brachten. Dieser verbreitete sich rasch als Modegetränk und führte zu einem Wiederaufleben des alten Perlweins unter dem schicken italienischen Namen. Da Prosecco aber heute von der EU geschützt ist, heißt das in Deutschland entsprechend hergestellte Produkt einfach nur Secco. Dabei wird bei den teureren Qualitäten keine technische Kohlensäure zugesetzt, sondern die bei der Vergärung des Traubenmosts zu Wein entstehende Kohlensäure verwendet. Seccos haben nur 1–2,5 bar Druck und perlen deshalb nicht so stark wie Sekt.

3.10 Sherry und Portwein als Notlösung

Bei den früheren Arten der Zubereitung war Wein nur kurzfristig haltbar. Auch konnte die Gärung nicht zuverlässig gestoppt werden und so veränderte er sich schneller als dem Verbraucher lieb war. Dies wurde zum Problem als die Engländer begannen, große Mengen von Wein erst aus Frankreich, dann aus Spanien und Portugal einzuführen und v. a. als er mit der Entdeckung der restlichen Welt in die Kolonien verschifft werden sollte. Da kam man auf die Idee, dem Wein durch Brände einen höheren Alkoholgehalt zuzuführen und plötzlich war er über Monate und Jahre lagerfähig, ohne seinen neuen Charakter zu verlieren: Sherry und Portwein waren erfunden. So nahm Magellan 417 Schläuche und 253 Fässchen Sherry auf seine fast drei Jahre dauernde Weltumseglung mit.

Soweit die Legende. Aber in Wirklichkeit ist das Aufspriten von Wein durch Branntwein viel älter und wurde in Südeuropa erfunden, um den Wein haltbarer zu machen. Die hohen Mostgewichte der dortigen Trauben und die hohen Temperaturen nach der Lese und während der Vergärung sorgten für ein rasches und heftiges Einsetzen der Gärung. So entstanden schnell Weine mit hoher Säure, dem sog. Essigstich. Das konnte durch Erhöhung des Alkoholgehalts verhindert werden. So wurde Sherry schon bald nach der Wiedereroberung Spaniens durch die Christen 1264 nach England exportiert. Auch Madeira, Malaga, Marsala, Samos und die anderen sog. Südweine wurden in Literatur und Geschichte immer wieder sehr gelobt.

Sherry darf nur aus dem andalusischen Städtedreieck Jerez de la Frontera, Sanlúcar de Barrameda und El Puerte de Santa María stammen. Die Araber nannten die erstgenannte Stadt Sherish, damit war der heute noch verwendete Name geboren. Heute wird v. a. die weiße Rebsorte Palomino verwendet.

Portwein stammt aus einem festgelegten Gebiet im Douro-Tal im Norden Portugals und hat seinen Namen vom Seehafen Porto, von dem er anfangs verschifft wurde. Auch der Portwein wurde nachweislich schon im 13. Jahrhundert nach Frankreich exportiert und in englischen Aufzeichnungen wird OPorto erstmals 1318 erwähnt. Allerdings ist nicht klar, ob der Wein damals schon aufgespritet war. Nach der Gärung und ihrem Abstoppen durch Zusatz von 80%igem Weindestillat wird Portwein wieder herunterverdünnt und muss mindestens zwei, höchstens sechs Jahre im großen Fass reifen.

3.11 Weinbrand, Cognac, Armagnac

Die Araber hatten die Destillation erfunden und nach Europa gebracht (s. Kap. 2), den Alkohol aber, getreu dem Verbot ihres Propheten Mohammed, offiziell nur für medizinische Zwecke eingesetzt. Auch in Europa galt der Weinbrand im 13. und 14. Jahrhundert eher als Arznei. Man verkaufte ihn deshalb v. a. in (Kloster-)Apotheken und versprach, dass er bei der Krankenheilung magische Kräfte entfalten würde. Als angebliches Mittel gegen die Pest ging man später zur häuslichen Produktion über und benutzte den Weinbrand bald auch zum Genuss.

Der erste Weinbrand, der eine Gebietsbezeichnung bekam, war der Armagnac, der im alten gleichnamigen Department bereits 1461 erwähnt wird, rund 200 Jahre früher als in Cognac. Heute sind das die Departments Gers, Landes und Lot-et-Garonne in der Gascogne. Im südwestlichen Frankreich gab es besonders günstige Bedingungen für die Herstellung des Armagnacs. Die Weinbaukenntnisse stammten von den Römern, die Fässer kamen aus gallischer Handwerkstechnik und die Destillationstechnik hatte sich durch die Araber aus Spanien heraus verbreitet. Grundlage für Armagnac sind Weißweine aus insgesamt zehn französischen Sorten. Die Rebstöcke müssen mindestens fünf Jahre alt sein, ehe ihre Trauben erstmals für die Armagnac-Herstellung verwendet werden dürfen.

Als Cognac dürfen nur Weinbrände aus der Charente und der Charente-Maritime im südwestlichen Frankreich bezeichnet werden. Vorgeschrieben ist eine Mindestlagerung von 30 Monaten in Holzfässern aus Eichenholz aus den Wäldern des Limousin und ein Alkoholgehalt von mindestens 40 %. Die Entstehungsgeschichte des Cognac ist legendär und hat dieselbe Ursache wie die Entstehung von Sherry & Co. Die meist dünnen Weine wurden im 17. Jahrhundert nach England, Irland, Skandinavien, Nordamerika bis zu den Antillen verschifft und dabei häufig sauer und ungenießbar. Der Chevalier de la Croix-Maron soll aus Haltbarkeitsgründen auf die Idee mit dem Brennen des Weins gekommen sein. Cognac wurde dann auch bis Ende des 19. Jahrhunderts zum Trinken wieder auf Weinalkoholstärke zurückverdünnt. Der erste Weinbrand Deutschlands wurde auch von einem Frankreichrückkehrer hergestellt, Hugo Asbach. Er gründete 1892 in Rüdesheim/Rhein eine Export-Compagnie für deutschen Cognac und ließ sich geschäftstüchtig 1907 den von ihm erfundenen Begriff Weinbrand patentieren. In Deutschland hieß früher jeder bessere Weinbrand Cognac. Aber auch das wurde im Champagnerparagrafen des Versailler Vertrags von 1920 verboten.

Grappa ist ein aus Italien oder der italienischen Schweiz stammender Tresterbrand, der aus den Rückständen der Weingewinnung nach dem Pressen, also Stängel, Schalen und Kernen gewonnen wird. Das Ganze wird in einem Bottich mit Wasser, Zucker und Hefe versetzt, gärt durch und wird dann destilliert. Deshalb war Tresterschnaps in Deutschland seit dem Mittelalter ein Arme-Leute-Getränk, was sicher auch mit der nicht optimalen Technik der Herstellung zusammenhing. Während der Destillation wurde damals der Kolben mit der Maische durch offenes Feuer erhitzt, wobei sie anbrennen kann. Das schlechte Image änderte sich auch nicht, als um 1800 die Destillation mit indirekter Befeuerung erfunden wurde, bei der die Maische durch ein Wasserbad langsamer als früher erhitzt wurde. Modisch wurde der alte Tresterschnaps erst unter dem Namen Grappa. Dieser wurde erstmals 1451 in einer Erburkunde aus dem Piemont erwähnt. Erste Vorschriften für seine Herstellung stammen aus dem Jahr 1636. Als Italien im 19. Jahrhundert zu einem einheitlichen Staat wurde, avancierte Grappa zum neuen Nationalgetränk. Seinen Ruf als Getränk armer Bauern verlor er aber erst, als er nach weiterer Verfeinerung der Destillation zum internationalen Szenegetränk avancierte.

Literatur

Anonym (2015) Deutscher Wein. Statistik 2014/15. http://www.deutscheweine.de/fileadmin/user_upload/Website/Service/Downloads/statistik_2014-2015.pdf. Zugegriffen: 24. April 2018

Anonym (2016) Die wichtigsten Rebsorten in Deutschland. http://www.deutscheweine.de/fileadmin/user_upload/Website/Intern/Dozentenportal/RebsortenTOP-2016.pdf. Zugegriffen: 24. April 2018

Blaich R (2000a) Weinbau in Mitteleuropa: Geschichte. https://www.uni-hohenheim.de/lehre370/weinbau/weinbau/wbm_gesc.htm. Zugegriffen: 30. April 2018

Blaich (2000b) Weinbau in Mitteleuropa: Wichtige Rebsorten in Mitteleuropa. https://www.uni-hohenheim.de/lehre370/weinbau/weinbau/wbm_srt.htm. Zugegriffen: 24. April 2018

Blaich R (2008) Vorlesungsskripte der Universität Hohenheim. https://www.uni-hohenheim.de/lehre370/weinbau/. Zugegriffen: 24. April 2018

Brunold R (o. J.) Geschichte des Alkohols von der Antike bis zur Weimarer Republik. http://www.geschichte-lernen.net/geschichte-des-alkohols-antike-bis-weimarer-republik/. Zugegriffen: 24. April 2018

Caudullo G, Welk E, San-Miguel-Ayanz J (2017) Chorological maps for the main European woody species. Data Brief 12:662–666. https://doi.org/10.1016/j.dib.2017.05.007

FAOSTAT (2017) Crops. Grapes. http://www.fao.org/faostat/en/#data/QC (Daten von 2016). Zugegriffen: 24. April 2018

Habekuß F (2016) Weinbau – Ganz alte Schule. DIE ZEIT Nr. 53. http://www.zeit.de/2016/53/weinbau-georgien-erfindung-technik-tradition-avantgarde. Zugegriffen: 24. April 2018

Miedaner T (2017) Pflanzenkrankheiten, die die Welt beweg(t)en. Springer, Berlin, Heidelberg

Müller FB (o. J.) Korkindustrie – Statistiken. I. Korkrohproduktion. http://natuerlichkork.de/korkherstellung/korkindustrie-statistik/. Zugegriffen: 24. April 2018

Scheld C (2007) Terroir ist die neue Weinvokabel. WELT online vom 02.11.2007. http://www.welt.de/lifestyle/article1312427/Terroir-ist-die-neue-Weinvokabel.html. Zugegriffen: 24. April 2018

Schumann F (o. J.) Weingeschichte. https://www.pfalz.de/wein-und-genuss/weingeschichte. Zugegriffen: 24. April 2018

Tischelmayer N (2017) Reben-Systematik. https://glossar.wein-plus.eu/reben-systematik. Zugegriffen 30. April 2018

University of Pennsylvania (o. J.) The origins and ancient history of wine. https://www.penn.museum/sites/wine/wineneolithic.html. Zugegriffen: 24. April 2018

Wikipedia (2017) Suchbegriffe: Wein. Weinrebe. Die Geschichte des Weinbaus. Rebsorten. Schaumwein. Sekt. Champagner. Perlwein. Prosecco. Terroir. Weinbrand. Armagnac. Cognac. Likörwein. Portwein. Sherry. https://de.wikipedia.org/wiki/Wikipedia:Hauptseite. Zugegriffen: 24. April 2018

Weiterführende Literatur

Ostermaier S (o. J.) Weinbau ist Landschaftspflege. https://www.rheinhessen.de/nachhaltigkeit-weinbau. Zugegriffen: 24. April 2018

Roth K (2009) Sekt, Champagner & Co. – So prickelnd kann Chemie sein. Chem Unserer Zeit 43:418–432

Seupel R, Roth A, Steinke K, Sicker D, Siehl H-U, Zeller K-P, Berger S (2015) Nicht verkorkst – Friedelin aus Kork. Chem Unserer Zeit 49:60–72

Wagner M (2012a) Die Geschichte der Weinrebe. Philipps-Universität Marburg. https://www.online.uni-marburg.de/botanik/nutzpflanzen/marcel_wagner/HTML%20Dateien%20Weinrebe/Die_Geschichte_der_Weinrebe.html. Zugegriffen: 24. April 2018

Wagner M (2012b) Weinbau in Deutschland. Philipps-Universität Marburg. https://www.online.uni-marburg.de/botanik/nutzpflanzen/marcel_wagner/HTML%20Dateien%20Weinrebe/Weinbau_in_Deutschland.html. Zugegriffen: 24. April 2018

4

Rübe und Rohr – Zucker macht das Leben süß

Wer nicht das Bittere gekostet hat, weiß nicht, was Zucker ist.
Sprichwort

Auch der heute alltägliche und billige Zucker war einmal ein Luxusprodukt. Früher gab es bei uns als natürliches Süßungsmittel nur Honig. Erst während der Kreuzzüge stießen die Europäer auf reinen, kristallinen Zucker, gewonnen aus Zuckerrohr. Dieser wurde rasch zu einer extrem teuren Handelsware für Adel und den hohen Klerus. Erst Mitte des 18. Jahrhunderts entdeckte der deutsche Chemiker Andreas Sigismund Markgraf, dass die Futterrübe (Runkelrübe) genau denselben Zucker enthält. Seine Nachfolger verfeinerten die Technik der Zuckergewinnung und entwickelten parallel eine neue Kulturpflanze, die Zuckerrübe. Heute ist der Zucker so billig, dass er zum Problem wird – als Dickmacher und Suchtstoff.

4.1 Herkunft, Botanik und Inhaltsstoffe

Zucker ist die Basis jeglichen Lebens. Alle Pflanzen stellen aus Wasser, Nährstoffen und Kohlendioxid unter Einfluss des Sonnenlichts durch ihre Photosyntheseleistung Zucker her. Dieser wird aber als hochenergetisches Molekül rasch verstoffwechselt und als Antrieb für die Lebensprozesse verwendet. Die meisten Pflanzen nutzen Stärke (Getreide, Kartoffeln), Eiweiß (Bohnen, Erbsen) oder Fett (Raps, Sonnenblume) als hochmolekulare Speichersubstanzen in ihren Samen. Sie speichern auf kleinstem Raum die maximale Energiemen-

T. Miedaner, *Genusspflanzen*, https://doi.org/10.1007/978-3-662-56602-2_4

ge. Es gibt nur wenige Pflanzen, die den niedermolekularen Zucker speichern; nur zwei davon sind heute wirtschaftlich bedeutend:

- Zuckerrohr (*Saccharum officinarum*) und
- Zuckerrübe (*Beta vulgaris*).

Das Zuckerrohr ist ein tropisches Süßgras (*Poaceae*), das entfernt mit unseren Getreidearten und Mais verwandt ist, und auch wie ein Gras aussieht (Abb. 4.1). Es speichert den Zucker in seinen Halmen, die bis zu 5 cm dick und zwischen 2 und 6 m lang werden. Der Zuckergehalt im Mark des Halms beträgt 10–20 %, bei guten Wachstumsbedingungen auch mehr. Zuckerrohr vermehrt sich durch Samen, aber auch durch Rhizome im Boden. Es kann bis zu achtmal im Abstand von rund einem Jahr geerntet werden. Zum Wachstum braucht das tropische Zuckerrohr Temperaturen zwischen 25 und 30 °C, unter 15 °C wächst es gar nicht mehr. Der Wasserbedarf ist sehr hoch, es verträgt aber kein stehendes Wasser. Der Ursprung liegt in Ostasien, wahrscheinlich auf dem Malaiischen Archipel, also den Inseln zwischen Korea und Australien. Dort begann auch die Zuckergewinnung etwa im 5. Jahrhundert v. Chr. Schon viel früher wurden jedoch die süßen Stängel gekaut und als Proviant auf Reisen mitgenommen. Da auch aus kleinen Rhizomstückchen neue Triebe und Wurzeln treiben, verbreitete sich die Pflanze im gesamten indisch-pazifischen Raum. Heute wächst Zuckerrohr überall in den Tropen und Subtropen. Das Wort Zucker stammt aus dem indischen Sanskritwort „śarkarā" für Grieß, Geröll, Kies oder Sandzucker, das als „sukkar" ins Arabische und als „šäkar" ins Persische entlehnt wurde. Ins Deutsche kam das Wort über das italienische „zucchero".

Die Zuckerrübe ist eine Pflanze der Gattung *Beta*, zu der auch Mangold und Rote Bete gehören (Abb. 4.1). Sie wurde erst im 18. Jahrhundert aus der Futterrübe entwickelt. Bei beiden Pflanzen wird der Zucker in der unterirdischen Rübe gespeichert, bei der Futterrübe sind es etwa 2 %, bei der modernen Zuckerrübe bis zu 20 %. Die Zuckerrübe ist eine zweijährige Pflanze. Sie bildet im ersten Jahr eine große Blattrosette; der obere Teil der Wurzel verdickt sich zu einer bis zu 1,2 kg schweren Rübe, die bis zu 1,5 m tief in den Boden reicht. Die Ernte erfolgt im ersten Jahr im Herbst; der Zucker wird eigentlich als Reservestoff für das nächste Jahr gespeichert. Im zweiten Jahr würden an einem großen Blütenstand Tausende von Samen gebildet, aber das ist natürlich unerwünscht. Futter- und Zuckerrübe stammen von der wilden Meerrübe (*Beta maritima*) ab, die in den Küstengebieten Westeuropas, aber auch rund um das Mittelmeer über den Nahen und Mittleren Osten bis nach Indien wächst. In Deutschland kommt sie vereinzelt an sandigen und stei-

Abb. 4.1 Zuckerrohr, ein tropisches Gras (**a** Franz Eugen Köhler, Köhler's Medizinal-Pflanzen, 1897 aus: Kurt Stübers online library), das den Zucker im Mark des Halms speichert; Zuckerrübe, ein Gänsefußgewächs (**b**), das den Zucker in der unterirdischen Rübe speichert

nigen Stränden noch wild vor, etwa auf Helgoland und an der Ostseeküste (Körber-Grohne 1987). Heute wird die Zuckerrübe v. a. in der nördlichen Hemisphäre angebaut. Derzeit werden etwa 70 % der Weltzuckerproduktion aus Zuckerrohr gewonnen, der Rest stammt aus der Zuckerrübe.

Zucker, chemisch als Kohlenhydrat bezeichnet, gibt es in vielen Formen: grob unterscheidet man Einfach- und Mehrfachzucker. Zuckerrohr und Zuckerrübe produzieren beide denselben Zucker, Saccharose. Dies ist ein Zucker, der aus zwei Bestandteilen (Disaccharid) besteht, nämlich Traubenzucker (Glukose) und Fruchtzucker (Fruktose). Im menschlichen Körper wird das Molekül gespalten: Der Traubenzucker geht direkt in den Stoffwechsel, der Fruchtzucker wird im Darm langsamer resorbiert und nicht vollständig aus der Nahrung aufgenommen.

Neben Zuckerrohr und Zuckerrübe speichern auch Zuckerhirse und bestimmte Maissorten Zucker im Stängel, diese spielen weltweit aber keine Rolle zur Zuckergewinnung. Allerdings wird heute in den USA der größte Teil des Zuckers aus Maisstärke gewonnen („high fructose corn syrup"). Dabei wird die Maisstärke in einem großtechnischen Prozess mit verschiedenen stärkespaltenden Enzymen in Fruktose und, zu einem kleineren Teil, Glukose umgewandelt. Dies ist wesentlich billiger als der Zucker aus Rübe oder Rohr.

4.2 Zucker in Europa

Jahrtausende lang lebten die Menschen in Europa ohne Zucker. Sie hatten zum Süßen nur den Honig; 5551 v. Chr. erwähnten ihn bereits die Ägypter zum ersten Mal. Damals wurde nur wilder Honig gesammelt, erst die römischen Schriftsteller, v. a. Vergil (*Georgica*, 37–29 v. Chr.), beschrieben eine planmäßige Bienenhaltung. In Mitteleuropa verarbeiteten die Kelten, Germanen und Slawen den Honig zu Met. Von Russland bis nach Irland gehörte er im nördlichen Europa zum üblichen Getränk, im frühen Mittelalter wurde er schon fast in industriellen Maßstäben hergestellt. Vom Beginn des 15. Jahrhunderts an wurde Met aber allmählich vom Bier verdrängt und Honig vom ersten Rohrzucker.

Der indische Zucker aus dem tropischen Zuckerrohr verbreitete sich westwärts. Um 600 n. Chr. gelang es den Persern erstmals, reinen weißen Zucker herzustellen. Dazu wurde erhitzter Zuckerrohrsaft in große Holz- oder Tonkegel gefüllt, sodass nach Kristallisation ein Zuckerhut entstand. Im Rom der Spätantike wurde der „saccharum" genannte Zucker als Luxusgut aus Indien und Persien eingeführt. Dagegen erlangten die Ägypter selbst das Wissen von der Raffination des Zuckers. Von ihnen erfuhren es die Araber und von letzteren wiederum die Sizilianer. Die Mauren führten Anbau und Verarbeitung von Zuckerrohr in ihren eroberten Gebieten ein und produzierten auf Zypern, Kreta, in Ägypten und in Spanien Zucker.

Ab 1150 wurde Zucker durch die Kreuzritter nach Mitteleuropa verbreitet. Besonders beim Adel war das extrem teure Luxusgut sehr beliebt. Zucker wurde als Statussymbol in allen möglichen Gerichten, auch Fleisch- und Fischgerichten, neben Pfeffer oder Koriander wie ein Gewürz verwendet. Mehr war auch den Reichen nicht möglich, denn 1 kg Zucker hatte im Spätmittelalter den Wert von 100 kg Weizen. Durch seinen extremen Preis wurde Zucker zum wichtigen Handelsgut. Venezianische Kaufleute verschifften ihn nach England, Holland und Deutschland; italienische Bankiers dominierten den Zuckerhandel. Um 1300 erobert Venedig Zypern, damals ein wichtiger Zuckerproduzent. Trotzdem bekam ihn kaum ein normaler Mitteleuropäer jemals zu Gesicht, dazu war er viel zu kostbar. Ende des 14. Jahrhunderts, als der Zucker bis nach England, Dänemark und Schweden bekannt geworden war, kosteten 10 Pfund Zucker 35 % vom Wert einer Unze Gold; Honig kostete weniger als ein Zehntel davon. Höchstens in der Apotheke wurde Zucker in

Spuren verwendet, um die mittelalterlichen Arzneien aus Kräutern, Innereien und anderen, merkwürdigen Zutaten etwas schmackhafter zu machen. Ab dem 14. Jahrhundert bauten die Spanier Zuckerrohr auf ihren atlantischen Inseln, v. a. den Kanaren, an. Von hier brachte Kolumbus 1494 die ersten Zuckerrohrpflanzen nach Hispaniola, dem heutigen Haiti.

Schon mit der Verlagerung der Produktion aus dem östlichen Mittelmeerraum nach Spanien begannen die Zuckerpreise zu sinken; im 15. Jahrhundert kostete Zucker nur noch ein Fünftel. Im 16. Jahrhundert schließlich war Zucker der wichtigste Exportartikel der karibischen Kolonien, das Angebot wurde größer und Zucker billiger. Jetzt veränderte sich seine Stellung in der herrschaftlichen Küche: Man erfand einen eigenen süßen Gang, das Dessert, mit kandierten Früchten und Marzipan, Zucker im Überfluss. Es wurde in einem zeremoniellen Zusammenhang präsentiert, damit alle Augen darauf gerichtet waren.

Als Kaffee, Tee und Kakao, alles von Haus aus bitter schmeckende Getränke, um 1680 Einzug in den Alltag der bürgerlichen Mittelschicht hielten, ging nichts mehr ohne die Kolonialware Zucker. Kaffeehäuser, Schokoladenstuben und Nachmittagstee gehörten bald zur feinen Lebensart, die von der Anrüchigkeit der Bierkneipen alters her weit entfernt waren. Die gezuckerten Heißgetränke führten nicht zur Benommenheit, wie der Alkohol, sondern machten im Gegenteil die Genießer hellwach, stellten sie auf einen erfolgreichen Arbeitstag ein. Und der Zuckerkonsum stieg unaufhörlich. Ebenfalls ins 17. Jahrhundert fällt die Erfindung neuer, exklusiver Süßigkeiten: Likör, Limonade, Pralinen und Speiseeis – Genüsse, die zuerst am französischen Hof zelebriert wurden und von denen Normalbürger damals höchstens träumen konnten. Die Seefahrernationen England, Frankreich, Niederlande und Spanien verbrauchten sehr viel mehr Zucker als die restlichen Nationen und das hatte seinen Grund: Sie bekamen ihn billig von ihren Überseegebieten in der Karibik.

4.3 Der Fluch der Karibik

Der Hunger nach Zucker, einmal entfacht, kannte bald keine Grenzen mehr. Und er ist für eines der düstersten Kapitel der europäischen Kolonialgeschichte verantwortlich: die atlantische Sklaverei (Hobhouse 1988).

Nachdem Kolumbus 1492 auf den Bahamas (damals San Salvador) an Land gegangen war, wurde die Karibik bald zum Tummelplatz aller europäischen Mächte. Neben den Spaniern ließen sich v. a. Engländer, Franzosen und Holländer hier nieder; auch Schweden, Dänemark und Brandenburg hatten kleineren Besitz in der Karibik. Die indigenen Stämme wurden schon unter den Spaniern stark dezimiert; die Brutalität der Besatzer, aber auch europäische Krankheiten waren im Wesentlichen dafür verantwortlich. Außerdem weigerten sie sich vielfach als billige Arbeitskräfte zu arbeiten, zogen Gefangenschaft oder den Tod vor bzw. verschwanden in den noch nicht von Europäern besiedelten Regionen. Wollte man die karibischen Inseln landwirtschaftlich fruchtbar machen, brauchte man unbedingt Arbeitskräfte, denn die Europäer hatten in dem tropischen Klima wenig Motivation, körperlich zu arbeiten, zumal sich selbst heimatlose Abenteurer als Herren empfanden. Und so schlug 1514 der Spanier Bartolomé de Las Casas (1474–1566), der ein Stück Land auf der spanischen Besitzung Kuba erhielt, vor, afrikanische Arbeitskräfte einzusetzen, zum Schutze der Indianer, wie er sich später verteidigte. Sein Vorschlag lag in der Logik der Zeit. Denn schon vier Jahre zuvor, 1510, segelte das erste Schiff mit 50 Sklaven von Westafrika nach Haiti.

Das Ganze hatte ein Vorspiel. Die Portugiesen und Spanier begannen schon rund 50 Jahre zuvor, Sklaven aus Afrika zu holen, um sie im Zuckerrohranbau Südeuropas einzusetzen. Die erste Schiffsladung von Sklaven kam 1443 nach Lissabon. Das wurde dann zum einträglichen Geschäft; Spanien und Portugal waren bald die einzigen Länder Europas, die noch Zucker produzierten. Denn das Osmanische Reich eroberte zwischen 1520 und 1570 den gesamten östlichen Mittelmeerraum, Zypern, Kreta, Ägypten und zerstörte den florierenden Zuckerrohranbau, den die Araber einst aufgebaut hatten. Nach 1570 vervierfachten sich deshalb die Zuckerpreise in Europa und da die Anbauflächen auf der iberischen Halbinsel begrenzt waren, kam man auf die Idee, in der Karibik Ersatz für den fehlenden Zucker zu schaffen. Und dazu waren Sklaven nötig, denn Zuckerrohranbau und -verarbeitung in reiner Handarbeit ist eine unmenschliche Schinderei. Außerdem machten den Europäern die tropischen Krankheiten zu schaffen, die teilweise aus Afrika eingeschleppt worden waren, und gegen die die Afrikaner eine höhere Widerstandsfähigkeit hatten.

Das Pflanzen und Ernten des Zuckerrohrs war damals reine Handarbeit (Abb. 4.2). Beim konventionellen Anbau von Zuckerrohr werden zunächst Zuckerrohrhalme in Stücke geschnitten und auf dem Feld verteilt. In den Stücken sind Knoten enthalten, die sich unter der Erde zu neuen Trieben entwickeln und zu Zuckerrohr heranwachsen. Diese Zuckerrohrstücke werden in flache Gruben von einem Quadratmeter Größe und einigen Zentimetern Tiefe gepflanzt, um die Bewässerung zu erleichtern. Angeblich konnte man die Pflanze nicht in Reihen setzen, die auch mit Ochsen und Pflug hätten gezogen werden können. Schon das Ausheben dieser Gruben von Hand unter der sengenden Sonne war eine Schinderei. Noch schlimmer war die Ernte des Zuckerrohrs, das Aufladen, Zerkleinern und Auskochen des Zuckers. Das von

Abb. 4.2 **a** Zuckerrohrfeld in Queensland, Australien, mit einer Pflanzenhöhe von über zwei Metern (WIKIMEDIA COMMONS-Phil); **b** geerntetes und gebündeltes Zuckerrohr zum Verkauf auf einem Straßenmarkt in Kalkutta (WIKIMEDIA COMMONS: Biswarup Ganguly); **c** Zuckerrohrernte durch Sklaven in Niederländisch-Indien (heute Indonesien; WIKIMEDIA COMMONS: P.H. Aitton); **d** traditionelle Zuckerrohrpresse mit Handbetrieb aus Brasilien; **e** nach der Sklavenbefreiung hielt der technische Fortschritt Einzug und es wurden kleine Eisenbahnen zum Zuckertransport eingesetzt. (WIKIMEDIA COMMONS: Anagoria)

Hand geerntete und zerkleinerte Rohr wurde in Mühlen gepresst (Abb. 4.2) und der Zucker dann in einer Reihe offener Bottiche ausgekocht. Damals konnte man nicht die heutigen Reinheitsgrade von Zucker herstellen, sondern erhielt unter den primitiven Bedingungen des Zuckerhauses nur eine Sorte roh gereinigten Zuckers und die süßen Reststoffe, die Melasse. Die Hitze muss grauenhaft gewesen sein, denn es gab keine Möglichkeiten der Kühlung. Es wird von gut 60 °C Hitze in der Nähe der Zuckerbottiche berichtet, selbst in der Nacht sollen die Temperaturen noch bei 50 °C gelegen haben. Die hohe Luftfeuchtigkeit erschwerte die Arbeit noch weiter. In den Südstaaten der USA wurden Sklaven auch für den plantagenmäßigen Anbau von Tabak, Baumwolle und Reis eingesetzt, aber Zucker war immer das härteste Geschäft, die Lebensdauer der Zuckersklaven war am kürzesten.

Das aufwendige Einkochen des Zuckers führte nebenbei zu einer vollständigen Abholzung der Karibikinseln. Als auf Barbados um 1680 bereits kein Baum mehr stand, begannen die Pflanzer das Holz zur Befeuerung der Zuckerbottiche von anderen Inseln und aus den USA zu importieren; sogar Kohle aus Newcastle/England soll angeliefert worden sein. Das führt unmittelbar zur Frage nach dem Sinn des Ganzen. Aber diese Frage stellte damals niemand, solange einige damit Geld verdienen konnten. Das waren keineswegs nur die Plantagenbesitzer, sondern auch die Schifffahrtseigner, -kapitäne und -mannschaften, Soldaten und Händler, ehrbare Kaufleute, die Bankiers der Londoner City, die die Kredite bedienten, bis hin zu den arabischen und afrikanischen Sklavenhändlern, die für den ständigen Nachschub aus dem Innersten des Kontinents sorgten.

Zucker war unstrittig der wichtigste Faktor der Sklaverei. Auf Barbados kamen fünf Sklaven auf einen Weißen; 1675 produzierten hier 80.000 Sklaven rund 60 % des weltweit hergestellten Zuckers (Wendt 2016). Auf anderen Inseln betrug das Verhältnis Sklaven zu Weiße 15:1 oder gar 20:1. Außer Zuckerrohr hätten alle anderen Nutzpflanzen auch ohne Sklavenarbeit angebaut werden können. Doch Baumwolle war nicht gefragt, Tabak wuchs in Virginia besser und Kaffee und Kakao versprachen damals weniger Profit. So blieb nur der Zucker, um in der Karibik maximale Rendite zu erwirtschaften.

Der Zuckerhandel war im 18. Jahrhundert einer der global bedeutendsten Wirtschaftsfaktoren. Die Inseln unter englischem Besitz, wie Jamaika, Barbados und Trinidad, beherbergten 1790 eine halbe Million Sklaven, die französischen westindischen Plantagen 0,6 Mio. Auch andere Mächte wie Spanien, die Niederlande und Dänemark hielten sehr viele Sklaven, selbst Brandenburg hatte zeitweise Handelsniederlassungen an der westafrikanischen Küste und auf St. Thomas in der Karibik. Da ein Sklave im Durchschnitt bei der schlechten Behandlung und der harten Arbeit nur zehn Jahre durchhielt, musste ständig neuer Nachschub aus Afrika kommen. Der atlantische Dreieckshandel war geboren. Dabei wurden europäische Waren (Textilien, Werkzeuge, Feuerwaffen, Metall- und Glaswaren, Schnaps und Wein) nach Westafrika verschifft und dort gegen Sklaven eingetauscht, diese auf einer südlichen Route in die Karibik und nach Brasilien gebracht und anschließend Zucker und Rum wieder zurück nach Europa verschifft, vorzugsweise nach England, Frankreich und Holland. Obwohl wir heute wissen, dass das nicht immer so konsequent gehandhabt wurde und viele Sklavenschiffe auch leer aus der Karibik zurückfuhren, war es ein einträglicher Handel. Heute schätzt man, dass rund 11 Mio. Afrikaner zwischen 1519 und 1867 im Rahmen des atlantischen Sklavenhandels nach Amerika verschleppt wurden, davon allein 4,1 Mio. auf die Inseln der Karibik. Rund 1,5 Mio. Menschen starben schon auf dem Transport. Hinzu kamen die Verluste an Menschenleben, während in Afrika die Sklaven gefangen, gehandelt und an die Küste getrieben wurden. Und viele dieser Sklaven waren in der Zuckerrohrproduktion der Karibik, Brasiliens und einigen Südstaaten der USA tätig. Bis 1800 war die Karibik und Südamerika Schauplatz von 80 % der weltweiten Zuckerproduktion.

Die Kolonien Großbritanniens produzierten von den europäischen Mächten den meisten Zucker, und weil er so billig war, wurden die Briten auch zu den größten Verbrauchern. Westindischer Zucker wurde mit der breiten Einführung der von Haus aus bitter schmeckenden Getränke Tee, Kakao und Kaffee unvermeidlich. Der Zuckerverbrauch hatte sich in England von 1600 bis 1700 verzehnfacht, um 1800 wurde 150mal so viel verbraucht wie 200 Jahre zuvor. Und jede einzelne Tonne wurde von Sklaven angebaut und produziert.

Die Briten verboten zuerst den Sklavenhandel (1807) und setzten auf dem Wiener Kongress 1815 einen eigenen Artikel zu diesem Thema durch, weil sie fürchteten, sonst einen Handelsnachteil zu erleiden. Sie verboten dann 1834 die Sklaverei insgesamt. In Frankreich dauerte es bis 1848, in den USA bis 1865 und in Brasilien als letztem westlichen Land wurde die Sklaverei offiziell erst 1888 abgeschafft. Sowohl in den USA als auch in der Karibik spielt heute die Zuckergewinnung zum Export nur noch eine untergeordnete Rolle.

Einen Genuss haben wir auch heute noch der Karibik zu verdanken: Rum. Er entstand hier im 17. Jahrhundert und wird um 1650 als „rumbullion“ (engl. für großer Tumult) erstmals erwähnt. Bereits 1667 wurde er „ron“ (kastilisch) bzw. „rhum“ (französisch) genannt. Britische Seeleute der Marine erhielten bis 1970 täglich um die Mittagszeit eine Rumration von 70 ml. Ab 1740 wurde der Rum im Verhältnis 1:4 mit heißem Wasser vermischt. Der Grog war erfunden, der weltweit zu einem typischen Seefahrergetränk wurde.

Ausgangsprodukt für Rum ist i. d. R. Melasse, ein Abfallstoff der Zuckerherstellung. Beim brasilianischen Cachaça wird dagegen nur frisch gepresster Zuckerrohrsaft verwendet. Mit Wasser versetzte Melasse und/oder Zuckerrohrsaft ergeben die Maische, die durch Hefen vergoren wird und dann einen Alkoholgehalt von etwa 4–5 % hat. Sie wird in der Destille bis zu einem Alkoholgehalt von 65–75 % gebrannt. Wird Rum mit Wasser auf Trinkstärke herabgesetzt, dann entsteht weißer Rum. Teurer weißer Rum wird bis zu 30 Monaten in Stahltanks gelagert, um die helle Farbe nicht zu verlieren. Durch Lagerung in Eichenfässern, verliert der weiße Rum etwas Alkohol, nimmt aber Geschmacksstoffe der Fässer auf und wird bräunlich. Billiger brauner Rum wird dagegen meist mit Zuckerkulör oder Karamell gefärbt. Norddeutschland hat einen besonderen Hang zum Rum, weil in Flensburg der westindische Rum aus dem ehemaligen deutsch-dänischen Handel angelandet wurde; es gab hier einmal 300 Rumbrennereien.

4.4 Die erste Industriepflanze

Die Entdeckung eines deutschen Wissenschaftlers veränderte das Zuckergeschäft grundlegend. Andreas Sigismund Markgraf bewies 1747 als Erster, dass die Runkelrübe, die in Mitteleuropa als Futterpflanze für Kühe und Pferde angebaut wurde, chemisch exakt denselben Zucker enthält wie Zuckerrohr. Das war damals eine Sensation: In Europa wächst derselbe begehrte Stoff, der auf den karibischen Inseln mit einem ungeheuren Einsatz an versklavten Menschen und Kapital produziert wurde. Doch damals nahm kaum jemand Notiz von dieser wissenschaftlichen Entdeckung. Und die Zuckergehalte in der Rübe waren, verglichen mit dem Zuckerrohr damals noch sehr gering. So erschien die Zuckerproduktion in Deutschland wenig lukrativ, solange billiger Zucker aus der Karibik kam.

Das änderte sich mit den Kriegen des Napoleon Bonaparte. Die Schiffe wurden jetzt für Seeschlachten und Erkundungsfahrten gebraucht, die Zuckerpreise stiegen. Gleichzeitig fand in Santo Domingo, heute Teil der Dominikanischen Republik, ein Sklavenaufstand statt, der die Zuckerproduktion lahmlegte, die Vorräte schwanden dahin. Darin sah Franz Carl Achard, der Nachfolger Markgrafs, seine Chance. Er war ein findiger Kopf und vereinte wissenschaftliche Forschung mit praktischem Unternehmertum. Er hatte schon jahrelang nach Rüben mit einem höheren Zuckergehalt gesucht und brauchte jetzt Kapital, um seine Ideen von der Zuckerproduktion in Deutschland umzusetzen. Der preußische König Friedrich Wilhelm III. gewährte ihm schließlich ein Darlehen. Damit entstand 1801 in Niederschlesien die erste

Rübenzuckerfabrik der Welt. Allerdings enthielten die damaligen Rübenformen nur rund 2 % Zucker, was die Gewinnung sehr aufwendig und teuer machte.

Trotzdem brach unter den englischen Zuckerhändlern und den Plantagen- und Fabrikbesitzern Panik aus. Sie sahen ihr Geschäftsmodell wegbrechen und boten Achard die damals ungeheure Summe von 200.000 Talern an, damit er seine Unternehmungen beendete. Aber er ließ sich nicht korrumpieren und die Franzosen waren zudem davon angetan, ihren damaligen Erzfeinden, den Engländern, einen Haupterwerbszweig kaputtzumachen. Zudem konnte Frankreich wegen der englischen Seeblockade keinen billigen Importzucker aus der Karibik mehr beziehen. Die von Napoleon initiierte Wirtschaftsblockade Englands 1806 tat ein Übriges. Es konnte jetzt kein Rohrzucker mehr legal auf den Kontinent kommen: Der Rübenzucker erschien als Lösung. In Frankreich wurde angeordnet, auf 32.000 ha Zuckerrüben anzubauen; Saatgutmangel begrenzte aber die Fläche.

Die europäischen Regierungen subventionierten den Zuckerrübenanbau. Sie wurden dadurch von den karibischen Importen unabhängig und konnten zudem Steuern erzielen. Außerdem sparte der Rübenzucker Devisen, denn Deutschland besaß damals praktisch keine eigenen Zuckerkolonien. Um 1810 produzierten rund 150 Firmen in Frankreich den begehrten Stoff. Mit dem Ende der napoleonischen Zeit brach der Boom jedoch zusammen. Der karibische Sklavenzucker war einfach billiger und die Zuckerfabriken mussten wieder aufgegeben werden.

Aber Achard machte weiter und tat das einzige Richtige, indem er durch gezielte Auslese geeigneter Rüben den Zuckergehalt steigerte. In den Jahren nach 1800 kam er schon auf beachtliche 6 % und damit war die Rübe wieder im Rennen. Rund 20 Jahre später stellte der Rübenzucker erneut eine ernst zu nehmende Konkurrenz für das Zuckerrohr dar. Achard unterstützte damit indirekt die Sklavenbefreiung in der Karibik, denn durch die eigene Zuckerproduktion in Europa ließ sich mit dem karibischen Rohrzucker nicht mehr viel verdienen, der Markt brach zusammen. Die darauffolgende Sklavenbefreiung wurde von Achard als Folgewirkung vorausgesehen als er schrieb: „[…] als Mittel aber betrachtet, das Elend einer halben Million im Joche der härtesten Tyranney seufzender Menschen aufzuheben, wird diese Angelegenheit für die gesamte Menschheit äußerst wichtig und wohltätig" (Meißner 2007).

Der Erfolg der wiedergegründeten Zuckerindustrie beruhte auch darauf, dass sich private Unternehmer Achard anschlossen, die in den neuen Wirtschaftszweig investierten. Es etablierten sich Zuckerrübenhändler und Zuckerrübenzüchter, immer mehr Zuckerfabriken entstanden. Verbesserte

Züchtungs- und Untersuchungsmethoden ließen den Zuckergehalt der Rübe bis 1910 auf 16 % steigen, heute sind es 18–20 %. Der hohe Zuckergehalt war die wichtigste Voraussetzung für die Wirtschaftlichkeit der Zuckergewinnung aus Rüben. Daneben wurde der Flächenertrag verbessert und die Rübe gezielt auf die Bedürfnisse einer neuen Industrie hin entwickelt. Es entstand eine völlig neue Pflanze, die Zuckerrübe.

4.5 Anbau und Gewinnung von Zucker heute

Der Konsum von Zucker blieb in Westeuropa bis ins 18. Jahrhundert, in Mittel- und Osteuropa sogar bis ins 19. Jahrhundert hinein auf reiche Haushalte beschränkt. Zu einem alltäglichen Nahrungsmittel wurde Zucker erst in der zweiten Hälfte des 19. Jahrhunderts. Erst mit der Industrialisierung entstand eine allmählich steigende Kaufkraft breiter Bevölkerungsschichten, die sich Zucker leisten konnten, und gleichzeitig ließen wesentliche technisch-organisatorische Verbesserungen der Rübenwirtschaft den Zucker billiger werden. Hatte man um 1800 weltweit etwa 250.000 t Zucker, meist aus Zuckerrohr, hergestellt, waren es 100 Jahre später 11 Mio. t, davon kam über die Hälfte aus Rüben. Damit entwickelte sich Zucker zum Gegenstand des tägli-

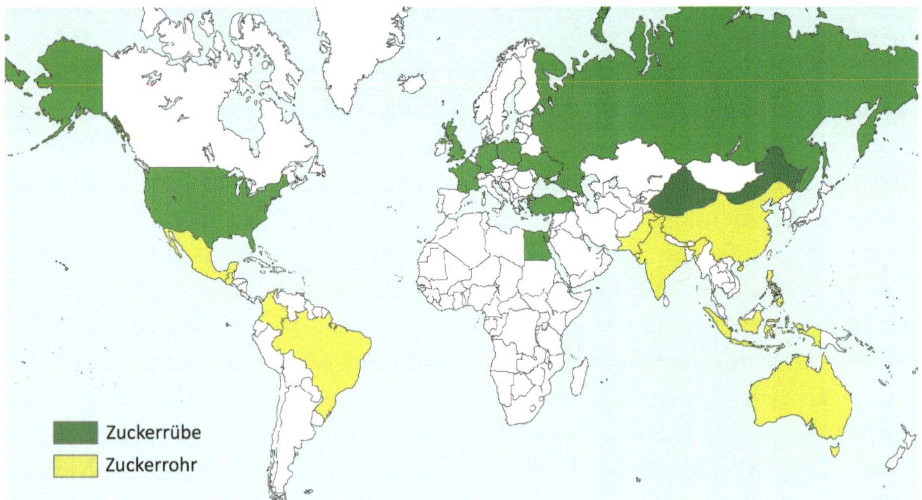

Abb. 4.3 Die je zehn größten Zuckerrüben- bzw. Zuckerrohrproduzenten 2016. (Daten: FAOSTAT 2017, Kartengrundlage http://www.maproom.org/outline/world/mn.php)

chen Gebrauchs. Heute werden rund 165 Mio. t Zucker pro Jahr produziert; rund ein Viertel davon stammt aus der Zuckerrübe (Abb. 4.3).

Die Zuckerrübe wird v. a. in den Ländern der nördlichen Hemisphäre angebaut, Ausnahmen sind Ägypten und die Türkei. Die Produktion von Zuckerrohr ist aufgrund der hohen Temperaturansprüche der Pflanze auf die Tropen und Subtropen beschränkt. China, und in geringem Umfang die USA, sind die einzigen Länder, die beide Zuckerpflanzen anbauen, im Norden Chinas Zuckerrüben, im Süden Zuckerrohr. In den USA beschränkt sich der Zuckerrohranbau auf die Bundesstaaten Louisiana und Florida. Einen Spezialfall stellt Brasilien dar. Es produziert weltweit den meisten Zucker, verbraucht aber rund die Hälfte davon als Bioethanol selbst.

In Europa wird Zucker heute praktisch ausschließlich aus Zuckerrüben gewonnen und das ist ein hochtechnisierter Prozess (Abb. 4.4). Die Rüben werden in der Zuckerfabrik gereinigt, zerkleinert (Rübenschnitzel) und ge-

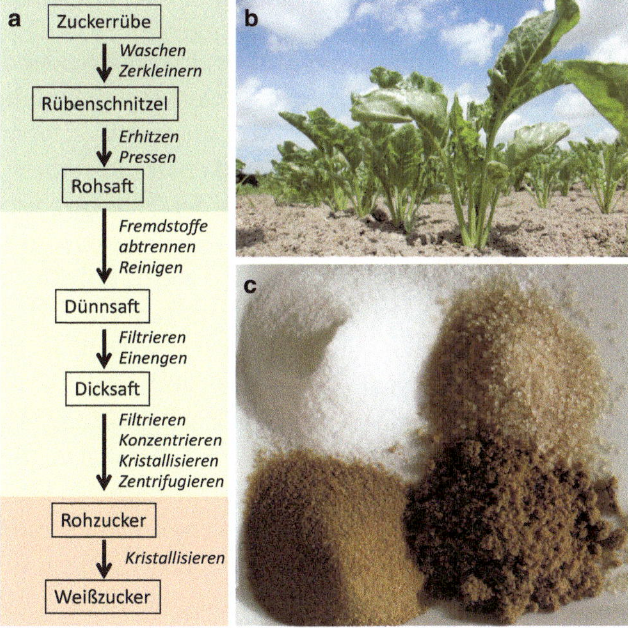

Abb. 4.4 Flussschema der modernen Zuckergewinnung aus Zuckerrüben (**a** Miedaner 2014); derzeit ist die Zuckerrübe (**b** pixabay:Motorjan11) der Hauptlieferant für europäischen Zucker, das kann sich ab 2017 ändern, wenn der Zuckerhandel freigegeben wird und deutsche Rübenbauern mit brasilianischen Zuckerrohrplantagen konkurrieren. Verschiedene Stadien der Zuckerproduktion (**c** im Uhrzeigersinn): weiß-raffiniert, Rohzucker, brauner Zucker, unverarbeitetes Zuckerrohr. (WIKIMEDIA COMMONS: Romain Behar, public domain)

presst. Dann wird der Zucker mit 70 °C heißem Wasser zu 99 % aus der Rübe herausgelöst (extrahiert). Der so entstandene Rohsaft hat einen Zuckeranteil von 13–15 %. Alle anderen chemischen Bausteine werden durch Zugabe von Kalkmilch und Durchleitung von Kohlensäure entfernt, sodass eine klare hellgelbe Flüssigkeit übrigbleibt (Dünnsaft). Durch Verdampfungsapparate wird dem Saft der größte Teil des Wassers entzogen und es entsteht ein dickflüssiger Sirup, der jetzt einen Zuckergehalt von 65–70 % besitzt. Dieser Dicksaft wird immer weiter eingedampft, es bildet sich ein dickflüssiger Brei, in dem der Zucker auskristallisiert. Die Zuckerkristalle werden durch Zentrifugation und Wasserdampf vom restlichen Sirup getrennt. Es entsteht Rohzucker (Abb. 4.4), der durch erneutes Auflösen und Auskristallisieren weiterverarbeitet (raffiniert) wird und als Weißzucker in den Handel kommt.

4.6 Von der Praline zur Sucht – moderner Zuckerkonsum

Obwohl Zucker bei jedem Stoffwechselprozess eine entscheidende Rolle spielt, ist er als Nahrungsmittel völlig überflüssig. Kein Mensch benötigt reinen Zucker zum Leben und über die längste Zeit unserer Geschichte hatte auch niemand reinen Zucker zur Verfügung. Zucker ist ein reines Genussmittel. Unter natürlichen Bedingungen wird er aus der Nahrung verstoffwechselt, selbst süße Feigen enthalten kaum mehr als 16 % Zucker; Äpfel und Birnen liegen mit 10 % an der Spitze der mitteleuropäischen Früchte.

Es klang schon in einem der vorigen Abschnitte an. Unser heutiger Zuckerkonsum ist unglaublich hoch. Obwohl Zucker um 1850 für Normalbürger schon erschwinglich war, wurden damals nur rund 2 kg je Kopf und Jahr in Deutschland verbraucht. Seitdem stieg der Zuckerkonsum exponentiell an (Abb. 4.5). Schon 1900 waren es 12,6 kg je Kopf und Jahr und heute sind es unglaubliche 34,3 kg (2016). Hinzu kommen noch 11,2 kg Glukose und Isoglukose (2015), die gar nicht in dieser Grafik enthalten sind.

International liegen wir damit aber längst noch nicht an der Spitze. Die wird unangefochten von Kuba mit 72,6 kg Zucker je Kopf und Jahr gehalten. In Australien sind es 58,7 kg und in der Schweiz 52,3 kg je Person und Jahr (Statista 2017). Dass diese hohen Zahlen etwas mit der modernen Lebensweise zu tun haben, lässt sich am Beispiel des immer noch vorwiegend ländlichen Chinas belegen. Hier betrug der Pro-Kopf-Verbrauch noch 1995 nur magere 6,5 kg Zucker, im benachbarten industrialisierten Taiwan waren es damals schon 26 kg. Heute sind es in China 12,5 kg (Statista 2017).

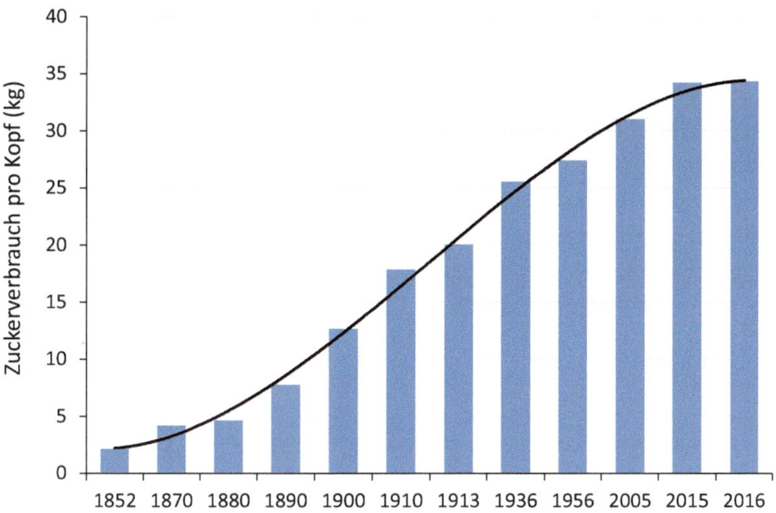

Abb. 4.5 Die Entwicklung des Zuckerverbrauchs pro Kopf und Jahr in Deutschland. (Böttcher et al. 2014; BLE 2017)

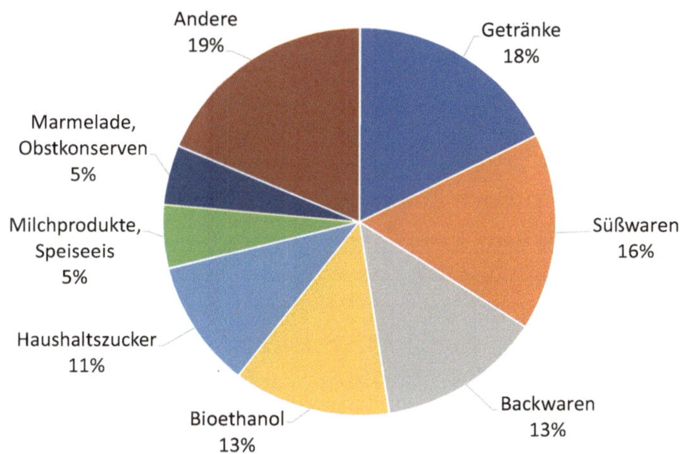

Abb. 4.6 Einsatzbereiche von Zucker in Deutschland 2015/16. (Südzucker 2017)

Natürlich wird Zucker in diesen Mengen nicht rein verzehrt. Einen Löwenanteil machen die zuckerhaltigen Limonaden, Süß- und Backwaren aus (Abb. 4.6).

Aber es gibt heute kaum ein industriell gefertigtes Lebensmittel ohne Zucker. Selbst Gurken und Sellerie, Erbsen und die begehrte Fertigpizza enthalten Zucker in nicht geringen Mengen (versteckter Zucker), ebenso Soßenbinder, Fertigsuppen, Wurst und Milchprodukte. Dies hat mehrere Gründe.

Klassisch ist der Schutz vor dem Verderben durch Mikroorganismen, wenn der Zuckergehalt nur hoch genug ist. Deshalb sind türkische und indische Süßigkeiten so überragend süß. Bei uns wird dieses Prinzip noch bei der Marmeladenherstellung genutzt. Zucker verstärkt den Geschmack anderer Lebensmittel oder rundet ihn ab, weshalb er in Gläsern, Dosen und Fertigpizzen landet. Auch Ketchup und scharfe Soßen enthalten deshalb ziemlich viel Zucker. Was die Industrie nicht gerne propagiert: Zucker wird häufig auch genutzt, um dem Lebensmittel mehr Fülle und Körper zu geben. Der Grund ist, dass Zucker Wasser bindet – das führt zu einem höheren Gewicht und lässt den Hersteller beispielsweise an teuren Früchten sparen.

Die Weltgesundheitsorganisation (WHO) und der Zucker

Nach den Empfehlungen der WHO von 2014 soll ein gesunder Erwachsener pro Tag nicht mehr als 25, höchstens jedoch 50 g Zucker oder etwa sechs bis höchstens zwölf Teelöffel zu sich nehmen. Die in Fertiglebensmitteln versteckten Zucker sind darin enthalten, frisches Obst wird nicht dazugerechnet, weil es neben Zucker auch Vitamine und Ballaststoffe enthält.

Ein Esslöffel Ketchup entspricht bereits einem Teelöffel Zucker, eine Dose Limonade (330 ml) enthält rund 40 g Zucker – das entspricht zehn Teelöffeln und übersteigt bereits weit die niedrigere WHO-Empfehlung. Tatsächlich isst jeder Deutsche heute aber 96 g Zucker am Tag, das sind 23 Teelöffel (Reiblein 2014)!

Es ist nicht einfach, auf den überall billig erhältlichen Zucker zu verzichten. Dies hat auch evolutionäre Gründe. So wird die Vorliebe für den Geschmack süß schon im Mutterleib durch das süßliche Fruchtwasser geprägt. Ein bitterer Geschmack weist auf potenziell giftige Inhaltsstoffe hin, während der süße Geschmack unseren Vorfahren die Sicherheit und Nahrhaftigkeit einer Pflanze vermittelte, zumal Zuckerhaltiges sehr viel Kalorien lieferte, die damals meistens Mangel waren. Heute ist es umgekehrt, wir essen viel zu viel davon.

Dass zu hoher Zuckerkonsum auf die Dauer krank macht, ist unumstritten. Er führt zu Korpulenz bis hin zur Dickleibigkeit, zu Zahnproblemen (Karies) und Mangelernährung im Hinblick auf Vitamine und Mineralstoffe, vielleicht begünstigt er sogar Darmkrebs. Der gesamte Stoffwechsel stellt sich um, wenn er viel und regelmäßig Zucker erhält. Denn die Produktion jener Enzyme, die benötigt werden, um Stärke und Rohfaser zu verdauen, werden zurückgefahren, sodass es für den Magen schwieriger wird, Vollkornbrot oder große Mengen Gemüse zu verdauen, er gewöhnt sich einfach an den leicht abzubauenden Zucker. Dies führt dazu, dass noch mehr industriell gefertigte Lebensmittel gegessen werden. Es entsteht ein Teufelskreis;

der Körper wird davon abhängig, dass ständig raffinierter Zucker zugeführt wird. Weil der weiße Zucker sehr schnell dem Körper zur Verfügung steht, steigt und fällt der Blutzuckerspiegel rasch, die Bauchspeicheldrüse ist stark gefordert, um die jeweils benötigten Insulinmengen zum Blutzuckerabbau bereitzustellen. Um den Zucker schnell wieder zu entfernen, werden Leber- und Muskelzellen angeregt, ihn als Glykogen zu speichern. Wer viel Zucker isst, begünstigt zumindest die Diabetes-2-Krankheit. Sie bewirkt, dass die Körperzellen nicht mehr so empfindlich auf Insulin reagieren (Insulinresistenz), wodurch der Zuckerabbau nicht mehr vollständig geleistet werden kann, der Körper überzuckert. Ob hoher Zuckerkonsum zu einer echten Sucht führt, ist wissenschaftlich umstritten, weil die meisten Belege dafür aus Versuchen mit Ratten stammen (Melzer 2016). Immerhin spricht Zucker auch im menschlichen Gehirn das Belohnungssystem an und führt zur vermehrten Ausschüttung von Dopamin, wie auch bei vielen „echten" Süchten, etwa nach Nikotin und Alkohol. Unter anderem deshalb führt der Verzehr von Süßigkeiten zu guter Laune und Hochgefühlen (s. Kap. 9). Vergleichende Untersuchungen des Gehirns von Schlanken und Übergewichtigen zeigten zudem, dass insbesondere bei übergewichtigen Menschen schon der Anblick von Schokolade oder Fast Food bestimmte Gehirnareale aktiviert. Dabei handelt es sich um die gleichen Bereiche, die bei einem Nikotinabhängigen aktiviert werden, wenn er eine Zigarette oder einen Aschenbecher sieht.

Ein besonderes Problem bereitet in den USA der dort für Süßigkeiten und Softdrinks verwendete Zucker mit hohem Fruktoseanteil, der aus Maisstärke gewonnen wird (Maissirup). Da Fruktose ohne Beteiligung von Insulin verstoffwechselt wird, führt sie nicht zu einem Sättigungsgefühl und wird heute für das vermehrte Auftreten von Übergewicht, Fettleibigkeit und anderen chronischen Krankheiten verantwortlich gemacht. Es kommt hinzu, dass Maissirup unschlagbar billig ist und deshalb erst die Großpackungen an Softdrinks ermöglicht. Das verstärkt die Gewichtsprobleme noch. So wurde Zucker vom schier unbezahlbaren Luxusprodukt zum billigen Genussmittel und führt heute bei Teilen der Bevölkerung sogar zu einer Art Abhängigkeit.

Literatur

BLE (2017) Bericht zur Markt- und Versorgungslage Zucker. https://www.ble.de/SharedDocs/Downloads/DE/Landwirtschaft/KritischeInfrastrukturenLandwirtschaft/MarktVersorgung/BerichtZucker2017.pdf?__blob=publicationFile&v=3. Zugegriffen: 28. April 2018

Böttcher S, Spitz J, Jordan A (2014) Lifestyle & MS. https://lsms.info/index.php?id=89. Zugegriffen: 28. April 2018

FAOSTAT (2017) Crops. Sugar beet, Sugar cane. (Daten aus dem Jahr 2016). http://www.fao.org/faostat/en/#data/QC. Zugegriffen: 28. April 2018

Hobhouse H (1988) Fünf Pflanzen verändern die Welt, 2. Aufl. Klett-Cotta, Stuttgart

Körber-Grohne U (1987) Nutzpflanzen in Deutschland. Kulturgeschichte und Biologie. K. Theiss, Stuttgart

Meißner B (2007) Erfolg kann man säen: 150 Jahre KWS. Wallstein, Göttingen

Melzer M (2016) Süchtig nach Zucker? Apotheken Umschau. http://www.apotheken-umschau.de/Ernaehrung/Suechtig-nach-Zucker-175443.html. Zugegriffen: 28. April 2018

Miedaner T (2014) Kulturpflanzen. Kapitel Zuckerrübe. Springer, Berlin, Heidelberg, S 201–223

Reiblein J (2014) WHO warnt vor verstecktem Zucker. Wie wir zuckersüchtig werden. Wirtschaftswoche. http://www.wiwo.de/technologie/forschung/who-warnt-vor-verstecktem-zucker-wie-wir-zuckersuechtig-werden/10864566.html. Zugegriffen: 28. April 2018

Statista (2017) Pro-Kopf-Konsum von Zucker in ausgewählten Ländern weltweit 2015/16. https://de.statista.com/statistik/daten/studie/241649/umfrage/verbrauch-von-zucker-in-ausgewaehlten-regionen-weltweit/. Zugegriffen: 28. April 2018

Südzucker (2017) Zahlen zum Zucker. Deutschland. Empfängergruppen für Zucker in Deutschland (in %). http://www.suedzucker.de/de/Zucker/Zahlen-zum-Zucker/Deutschland/. Zugegriffen: 28. April 2018

Wendt R (2016) Vom Kolonialismus zur Globalisierung: Europa und die Welt seit 1500, 2. Aufl. UTB Taschenbuch, Stuttgart

Wikipedia (2017) Stichworte: Zucker, Zuckerrübe, Zuckerrohr. Maissirup. https://de.wikipedia.org/wiki/Wikipedia:Hauptseite. Zugegriffen: 28. April 2018

Weiterführende Literatur

Merki CM (1999) Zucker. In: Hengartner T, Merki CM (Hrsg) Genussmittel – Ein kulturgeschichtliches Handbuch. Campus, Frankfurt/M, S 231–256

Rogge N (2010) Zucker aus Zuckerrübe und Zuckerrohr. http://www.ernaehrung-bw.info/pb/,Lde/Startseite/Lebensmittel/Zucker+aus+Zuckerruebe+und+Zuckerrohr. Zugegriffen: 28. April 2018

5

Hanf – Samen, Fasern, Arznei und Rausch

Wenn man von einem unerträglichen Druck loskommen will, so hat man Haschisch nötig.
Friedrich Nietzsche

Es gibt kaum eine Kulturpflanze, die so vielseitig ist wie der Hanf. Und man kann praktisch alle Pflanzenteile verwerten. Seit Jahrtausenden wird schon seine Faser zur Produktion von Stoffen und Seilen benutzt, auch die ölhaltigen Samen sind ernährungsphysiologisch wertvoll. Seine Inhaltsstoffe, v. a. in den weiblichen Blüten, führen dazu, dass er als Rausch-, aber auch Arzneimittel dienen kann.

5.1 Herkunft und Botanik

Der Hanf gehört zu der Familie der *Cannabaceae* (früher auch *Cannabinaceae*), zu der auch der Hopfen zählt, der ja ebenfalls wegen seiner Inhaltsstoffe angebaut wird (s. Kap. 2). Hanf stammt wahrscheinlich aus Zentralasien. Da er inzwischen durch den Menschen weltweit verbreitet wurde und leicht dazu neigt, wieder zu verwildern, ließ sich sein Herkunftsgebiet bisher noch nicht eindeutig feststellen. Auch die botanische Einordnung ist immer noch umstritten, eine Einstufung der Wissenschaftler Clarke und Merlin (2015) sieht so aus:

T. Miedaner, *Genusspflanzen*, https://doi.org/10.1007/978-3-662-56602-2_5

- Faser- und Ölhanf:
  - Europäischer Hanf (*Cannabis sativa* ssp. *sativa*): narrow-leaf hemp, Gruppe 1
  - Ostasiatischer Hanf (*C. indica* ssp. *chinensis*): broad-leaf hemp, Gruppe 2
  - Moderne Faser-Hybriden: Gruppen 1 x 2 = Gruppe 5
- Rauschhanf:
  - Südasiatischer Hanf (*C. indica* ssp. *indica*): narrow-leaf drug, Gruppe 3
  - Afghanischer Hanf (*C. indica* ssp. *afghanica*): broad-leaf drug, Gruppe 4
  - Moderne Rausch-Hybriden: Gruppen 3 x 4 = Gruppe 6

Manche Botaniker halten dagegen, dass Inhaltsstoffe kein Klassifikationsmerkmal darstellen und unterscheiden nur eine Art mit verschiedenen Unterarten.

Faser- und Ölhanf enthält nur geringe Mengen des Cannabinoids THC (<0,3 %) und ist zur Faser- und Samengewinnung geeignet. Der Rauschhanf besitzt sehr viel höhere Mengen (>1 % THC). Kompliziert wird es, wenn man genauer hinschaut. Da lässt sich beim Faser- und Ölhanf eine Gruppe europäischer von ostasiatischen Sorten unterscheiden. Und innerhalb des Rauschhanfs gibt es eine Sortengruppe, die vornehmlich THC produziert und eine zweite, die etwa zu gleichen Anteilen THC und Cannabidiol (CBD) herstellt. Da Hanf Fremdbefruchter ist, finden sich Hybriden zwischen europäischem und ostasiatischem Faserhanf und südasiatischem und afghanischem Hanf. Diese modernen Hybriden werden bei beiden Sortengruppen heute bevorzugt angebaut. Um die Verwirrung noch zu steigern, ist auch nicht klar, ob die Wildhanfarten wirklich Wildarten darstellen oder doch nur verwilderte Kulturhanfformen, denn Hanf streut seinen Pollen über Kilometer. Daher ist in Gebieten, wo Kultur- neben Wildhanf existiert, von einem ständigen Genfluss zwischen beiden Populationen auszugehen (Small 2015). Im mittleren Westen der USA, wo verwilderter Hanf inzwischen verbreitet ist, hat man ausgezählt, dass bis zu 36 % des gesamten Pollenflugs aus Hanfpollen besteht.

Hanf ist eine zweihäusige (diözische) Pflanze, d. h. Männchen und Weibchen befinden sich auf verschiedenen Einzelpflanzen (Abb. 5.1).

Männliche und weibliche Blüten unterscheiden sich auch äußerlich. Die männlichen Blüten stehen in lockeren Rispen, die weiblichen dagegen in Trauben. Die männliche Pflanze des Hanfs heißt Femel. Er reift früher, wird 10–15 % höher, wächst aber schwächer als die weibliche Pflanze. Dies galt den Botanikern früher als Indiz für das weibliche Geschlecht, daher auch das Wort Femel, das von der lateinischen Bezeichnung „femella“ für Weibchen kommt. Die männlichen Pflanzen sterben nach der Blüte rasch ab, sie haben ihren

Abb. 5.1 **a** Die Blätter des Hanfs sind sehr charakteristisch und leicht zu erkennen. Faser- oder Rauschhanf können aber nicht anhand morphologischer Merkmale unterschieden werden (WIKIMEDIA COMMONS-OliBac from FRANCE). **b** Ein weiblicher Blütenstand, aus dem Marihuana gewonnen wird; deutlich sind die fiedrigen Narben zu sehen. **c** Spezielle Haare (Trichome) an weiblichen Blütenständen (oben eine Narbe), in denen die Inhaltsstoffe gebildet werden; sie haben eventuell eine Funktion bei der Insektenabwehr. (**b** und **c** WIKIMEDIA COMMONS: Psychonaught)

Zweck erfüllt, die weiblichen Pflanzen reifen bis zum Frost. In milderen Klimagebieten können sie mehrere Jahre überleben, wenn auch mit nachlassender Vitalität. Es gibt bei Hanf zudem einhäusige (monözische) Sorten, bei denen männliche und weibliche Blüten auf derselben Pflanze sitzen. Dabei können sich die zwei Geschlechter in separaten Blütenständen befinden oder auch im selben Blütenstand (Zwitter). Diese einhäusige Variante führt zu einer gleichmäßigeren Reifezeit und hat für die Fasergewinnung große Vorteile, allerdings ist die Vitalität dieser Sorten geringer. Das Geschlecht wird, genau wie beim Menschen, durch zwei Geschlechtschromosomen vererbt, die auch dieselbe Bezeichnung tragen: XX für weiblich, XY für männlich.

Besonders bekannt ist in vielen Varianten das charakteristische Blatt des Hanfs (Abb. 5.1). Es besteht aus fünf, unterschiedlich langen, schlanken Lappen, die gezähnt sind und weil es so weit bekannt ist, wurde es gerne genutzt, um für die Legalisierung des Hanfs zu werben. In Eurasien wächst Hanf in einer enormen Vielfalt an Klimaten, Meereshöhen und Bodentypen. Schon Vavilov beschrieb 1926 riesige Bestände an (Wild-)Hanf; im Himalaya findet man ihn bis in Höhen von einigen Tausend Metern. Diese große ökologische Streubreite ist sicherlich ein Schlüssel zum Erfolg der Nutzpflanze Hanf, der sich seit mindestens 6000 Jahren über die ganze Alte Welt verbreitet.

Durch die unterschiedlichen Nutzungsrichtungen des Hanfs haben sich über die Jahrtausende auch völlig verschiedene Pflanzentypen herausgebildet, von denen man kaum glaubt, dass sie zur selben Art gehören (Abb. 5.2). Faserhanf wird mit sehr hoher Dichte angebaut und die Pflanzen werden bis zu 5 m hoch, was wegen der Faserlänge natürlich erwünscht ist. Blatt- und Blütenansatz liegen im oberen Teil des Bestands und sind wegen der großen Vielzahl von Halmen je Quadratmeter schwach ausgebildet. Hanf, dessen Samen als Ölsaat genutzt wird, wird ebenfalls recht dicht angebaut, wurde aber auf eine sehr kurze Pflanzenlänge selektiert, damit er vor der Ernte nicht umfällt. Es gibt dann noch einen Mehrnutzungshanf mit mittlerer Pflanzenlänge, der für Fasern minderer Qualität und als Samen genutzt werden kann, sowie eine weitere Form, die in geringer Pflanzendichte für alle drei Nutzungsrichtungen infrage kommt. Reiner Rauschhanf wird dagegen mit geringer Dichte angebaut, die Einzelpflanzen haben also viel Platz, damit sich möglichst große, breite Blütenstände entwickeln und die Ausbeute an Rauschstoffen maximiert wird.

Hauptanbauländer von Rauschhanf sind Afghanistan, Kolumbien, der Libanon und Marokko, neuerdings auch Albanien, das zum größten Produzenten Europas wurde. Obwohl der Anbau auch in Afghanistan illegal ist, wird er in rund der Hälfte der Provinzen betrieben und ist für die Bauern eine wichtige und lukrative Einnahmequelle.

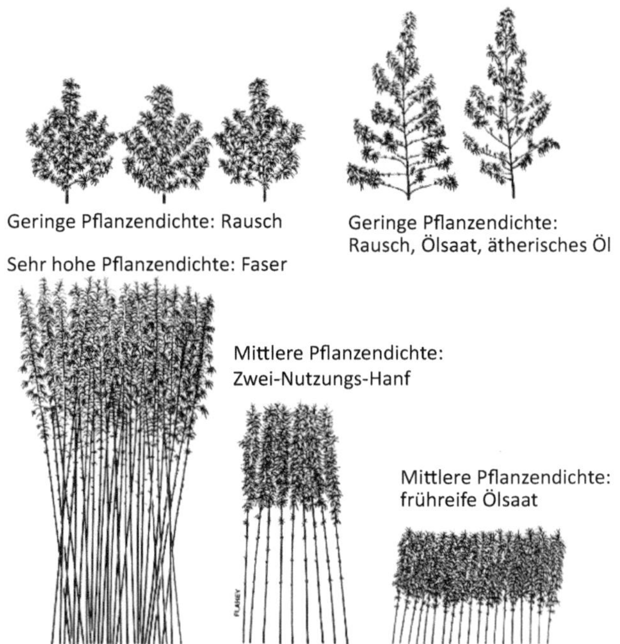

Abb. 5.2 Durch Auslese entstanden während der jahrtausendelangen Geschichte des Hanfs je nach Verwendungszweck völlig unterschiedliche Pflanzentypen: Die für die Gewinnung von Marihuana selektierten Typen (Rauschhanf) haben gedrungene weibliche Blütenstände, sie werden in geringer Pflanzendichte angebaut, um deren Entwicklung zu fördern (*oben links*). Die für die Gewinnung von Hanffaser angebauten Typen stehen in großer Dichte, wachsen unverzweigt und werden sehr lang (*unten*). Zwischentypen entstanden für die Mehrfachnutzung (Rausch/Samen/Öl bzw. Faser/Öl) und für die alleinige Gewinnung der Samen (Ölsaat). (Nach Small 2015)

5.2 Eine lange gemeinsame Geschichte von Hanf und Mensch

Hanf ist eine uralte Kulturpflanze, es gibt seit Jahrtausenden ein kulturelles Wechselspiel zwischen Mensch und Pflanze. Unterschiedliche Verhaltensweisen der Menschen und unterschiedliche Nutzungsrichtungen haben die Pflanze stark verändert. Nicht immer haben alle Völker und Kulturen, soweit wir das wissen, alle Möglichkeiten des Hanfs genutzt.

Die Vielfalt der Hanfpflanze

Praktisch alle Pflanzenteile können sinnvoll verwendet werden:

- Fasern: Aus Langfasern werden raue Stoffe, Leinwand und Seile hergestellt; kurze Fasern dienen als Dämmstoff oder zur Papierherstellung.
- Saat/Samen: Die sehr zahlreichen Samen des Hanfs enthalten ein wertvolles Speiseöl, das auch industriell für die Produktion von Farben und Lacken eingesetzt werden kann.
- Rauschmittel (Cannabis, Marihuana, Haschisch): Unbefruchtete, weibliche Pflanzen produzieren rund zehnmal höhere Gehalte als männliche. Am höchsten sind die Gehalte in den harzhaltigen Blütentrauben und blütennahen, kleinen Blättern. Viele Autoren nutzen das Wort Cannabis als Überbegriff für Rauschhanf, obwohl es nur eine botanische Gattungsbezeichnung ist.

Hanf ist ein typischer Kulturfolger. Er bevorzugt offene, sonnige Flächen auf ausreichend feuchten, nährstoffreichen und gut drainierten Böden.

Wildbeuter aus Zentralasien, die nahrhaften, wilden Hanfsamen mit nach Hause brachten, haben einen Teil davon wegen seiner Kleinheit sicherlich in der Umgebung ihres Lagers verloren. Wenn sie dann weiterzogen, blieb der Hanf zurück, konnte sich zu großen Pflanzen entwickeln und säte sich selbst aus. Dies dürfte den Menschen bei einer späteren Wiederkehr nicht verborgen geblieben sein, sie fanden dann Ansiedlungen von Hanf vor, die schon einem etwas unordentlichen Feld glichen. Das könnte der Ausgangspunkt zur Entwicklung des Kulturhanfs gewesen sein (Small 2015).

Hanf ist, zusammen mit Lein und Nessel, eine der ältesten Textilfasern der Menschheit und wurde wahrscheinlich in China schon vor Jahrtausenden angebaut (Jiang et al. 2016). Wegen der schwierigen Erhaltbarkeit von Textilien im Boden ist allerdings ein Textilfragment aus einem Grab der Chou-Dynastie (1122–249 v. Chr.) bis heute das älteste bekannte Hanfprodukt.

Auch in Indien wird über die Verwendung von Hanf zu medizinischen oder rituellen Zwecken seit Beginn der dortigen Literatur vor etwa 2400 Jahren berichtet. Dabei werden auch Anwendungen gegen Epilepsie und Schmerzen beschrieben. Über Indien und die antiken Hochkulturen Persiens kam der Hanf nach Europa. Hier stammen die ältesten Funde von Hanfsamen und eines Hanffadens aus dem Gebiet des heutigen Litauens (2500–2700 v. Chr.). In Hallein bei Salzburg wurde in den dortigen Salzstöcken ein Seilstück aus Hanfbast gefunden, das der Hallstattzeit (800–450 v. Chr.) zugeordnet wird. In der Antike wurde oft Kleidung aus Hanf getragen, wie Herodot

(450 v. Chr.) erwähnt. Plinius der Ältere schreibt in seiner umfangreichen Naturgeschichte (etwa 77 n. Chr.), dass Hanf Schmerzen lindere.

Hanf war als Medizin in Mitteleuropa schon von Beginn des Mittelalters an bekannt. Der *Wiener Dioskurides*, ein Heilmittelbuch aus dem Jahr 512, zeigt eine naturgetreue Abbildung. Auch die Landgüterverordnung *Capitulare de villis*, die auf Karl den Großen zurückgeht (812), erwähnt den Hanf (*canava*), er ließ ihn aber nicht verpflichtend anbauen. Hanf war schon damals wegen seiner Faserqualitäten unverzichtbar. Viele Waffen des Mittelalters, wie etwa der Langbogen, dessen Sehnen aus Hanf bestanden, wären ohne den robusten Hanffaden nicht möglich gewesen. Spätestens seit dem Mittelalter wurde Hanf zur Linderung von Wehenkrämpfen und nachgeburtlichen Schmerzen eingesetzt. Natürlich kann man aus solchen Funden und Berichten nicht unbedingt schließen, dass die Menschen damals Hanf auch als Genussmittel nutzten, aber wer die medizinischen Wirkungen kannte, dem dürften die psychischen Nebenwirkungen nicht verborgen geblieben sein.

Im 13. Jahrhundert kam über die spanischen Mauren das Wissen um die Papierherstellung aus Hanf nach Mitteleuropa. So entstand in Nürnberg 1290 die erste Papiermühle und die Gutenberg-Bibel erschien 1455 ebenso auf haltbarem Hanfpapier wie die amerikanische Unabhängigkeitserklärung (1776, Herer 1994).

Ohne Hanfseile, Taue und Segeltuch aus Hanf wäre die Segelschifffahrt nicht denkbar gewesen, denn diese Faser ist sehr widerstandsfähig gegen Salzwasser und nimmt selbst nur wenig Wasser auf. Zwischen dem 16. und 18. Jahrhundert war Hanf die wichtigste Faserpflanze der gemäßigten Regionen, gleich ob in Europa oder Nordamerika. Damals wurde in Deutschland auch Hanf als Genussmittel eingesetzt. Mit Hanf gestreckter Tabak hieß Knaster, weil damit auch Hanfsamen in die Pfeife kamen, die bei Hitze knasternd explodierten. Im Volksmund war der wesentlich billigere Hanf auch als starker Tobak bekannt. Vom 18. Jahrhundert an hatten sich in der vornehmen Gesellschaft Orient-Zigaretten eingebürgert. Das waren Tabakerzeugnisse, die 7–8 % Hanf enthielten. Der Hanfanbau ging in Südwestdeutschland stark zurück, weil der Tabakanbau unter den dortigen günstigen klimatischen Bedingungen für die Bauern lukrativer war und die Hanffaser von der Einfuhr des billigeren tropischen Sisals verdrängt wurde.

Im 19. Jahrhundert war Hanf ein Allerheilmittel gegen Migräne, Neuralgie, epilepsieähnliche Krämpfe, Schlafstörungen, Hühneraugen und Warzen (Abb. 5.3). In den USA gehörten Cannabispräparate zwischen 1842 und 1900 zu den meistverwendeten Medikamenten und machten angeblich etwa die Hälfte aller verkauften Arzneimittel aus. Auch in Europa waren bis 1950 über 100 Cannabismedikamente erhältlich (Raab 2016).

Abb. 5.3 Anzeige für Haschisch als Mittel gegen Hühneraugen und Warzen im Tagblatt der Stadt St. Gallen, Nr. 117, 20. Mai 1893. (WIKIMEDIA COMMONS: Max47)

Durch die zunehmende Verwendung synthetischer Medikamente, die einfacher zu dosieren waren, genauer abgegrenzte Wirkungen hatten und der Pharmaindustrie höhere Verdienstmöglichkeiten versprachen, nahm der Einsatz von Cannabis ab, bis er schließlich weltweit verboten wurde. Heute ist die medizinische Anwendung von Cannabis in vielen Ländern wieder erlaubt, in Deutschland allerdings nur unter sehr strengen Auflagen.

5.3 Cannabinoide – die Inhaltsstoffe

Hanf enthält eine einzigartige Klasse von Inhaltsstoffen, die Cannabinoide. Bisher wurden über 100 Substanzen als Inhaltsstoffe des Hanfs beschrieben, von denen aber nur wenige psychoaktiv wirken. Das mengenmäßig am häufigsten vorkommende Cannabinoid ist THC; es wurde erst 1964 von dem israelischen Wissenschaftler Rafael Mechoulam isoliert. Es liegt in der Pflanze in einer veränderten Form vor, die durch Erhitzung in die eigentlich aktive Form umgewandelt wird. Dies geschieht sowohl beim Rauchen als auch beim Backen von Keksen. THC ist wohl die populärste illegale Droge der Welt und gehört zu den am häufigsten konsumierten Genussmitteln. Es ist sehr potent und zeigt beim Rauchen bereits ab einer Dosis von 10 µg/kg Körpergewicht (KG) eine Wirkung; psychotrope Effekte treten aber erst ab 50 µg/kg

KG auf. Beim Genuss geringer Mengen überwiegt eine beruhigende (sedative) Wirkung, der gesuchte Rausch tritt erst bei einer höheren Dosierung auf (ab etwa 200 µg/kg KG). Wird Hanf gegessen, benötigt man eine noch deutlich höhere Dosis. Gerade beim Rauchen wird THC sehr schnell vom Körper absorbiert, bereits nach 5–10 min zeigt sich der Höchstgehalt im Blut und nach etwa 3 h ist der Stoff unterhalb der Wirkungsschwelle. Er kann gerichtsmedizinisch allerdings noch länger nachgewiesen werden, was schon Manchen Schwierigkeiten bereitete.

THC beeinflusst das Zentralnervensystem und wirkt v. a. entspannend (relaxierend), beruhigend (sedierend) und unterdrückt Übelkeit und Brechreiz (antiemetisch). Die Menge THC, die sich in Hanf findet, hängt stark von der Sorte, den Anzuchtbedingungen, aber auch von der Zubereitungsart ab (s. nachfolgenden Abschnitt). In Deutschland werden heute Hanfsorten mit weniger als 0,3 % THC in den Blütenständen als harmlos angesehen und fallen nicht unter das Betäubungsmittelgesetz. Das ist ein konservativer Grenzwert, denn für eine Rauschwirkung ist mindestens ein Gehalt von 1 % THC erforderlich.

Ein zweites wichtiges Cannabinoid ist das nicht bzw. nur sehr schwach psychoaktiv wirkende Cannabidiol (CBD). Es wird von Faser- und Ölhanf produziert. Einige Formen des Indischen Kulturhanfs enthalten etwa zu gleichen Anteilen THC und CBD. Das Zusammenspiel beider Cannabinoide ist noch wenig erforscht, CBD soll den Effekten des THC entgegenwirken bzw. sie mildern und gleichzeitig dessen Wirkdauer verlängern. CBD wirkt ebenfalls entspannend, aber auch entkrampfend, angstlösend, entzündungs- und schmerzhemmend. Durch andauernde Auslese ist in den neuen Sorten der THC-Gehalt angestiegen, CBD ist dagegen in vielen Rauschhanfsorten nicht mehr vorhanden. Die anderen Cannabinoide kommen meist nur in Konzentrationen von 1 % oder geringer im Hanf vor. Aber auch sie können eine therapeutische Wirkung haben.

Die Wirkung der psychoaktiven Cannabinoide beruht darauf, dass es im menschlichen Körper spezifische Cannabinoidrezeptoren gibt. Bisher sind zwei Typen des Rezeptors bekannt: CB_1 und CB_2. Sie kommen in praktisch allen Körperbereichen vor, treten jedoch in manchen Organen verstärkt auf. So finden sich CB_1-Rezeptoren v. a. im zentralen Nervensystem, daneben in viel geringerer Anzahl in den Mastzellen oder T-Helferzellen des Immunsystems. Besonders viele Cannabinoidrezeptoren finden sich auch in den Hirnarealen, die für Gedächtnis, Bewegung und das Schmerzempfinden verantwortlich sind. Dies deckt sich mit den bekannten Wirkungen des Rauschmittels. THC bindet nach dem Schlüssel-Schloss-Prinzip an den CB_1-Rezeptor (Abb. 5.4) und wirkt dort als Agonist, d. h. es stimuliert die

Wirkung des Rezeptors und imitiert eines oder mehrere körpereigene Cannabinoide, von denen das erste erst 1992 entdeckt wurde, das Anandamid (von sanskrit „ananda“ für Freude, reines Glück). Es wird, ähnlich wie die körpereigenen Endorphine (s. Kap. 6), bei Anstrengung, Stress oder Schmerzen ausgeschüttet.

Die Substanz, die von der Pflanze gebildet wird (Phytocannabinoid), ist tatsächlich dem vom Menschen gebildeten Endocannabinoid in der dreidimensionalen Struktur sehr ähnlich (Abb. 5.4), sodass sie beide an dieselben CB_1-Rezeptoren andocken. Dies führt zu Glücksgefühlen, Entspannung und Schmerzlinderung. Allerdings ist beim körpereigenen Anandamid schon nach rund einer halben Stunde kein Effekt mehr messbar, während THC einige Stunden wirkt. Anandamid ist übrigens auch in Schokolade enthalten (s. Kap. 9). Über die funktionelle Bedeutung des Endocannabinoidsystems

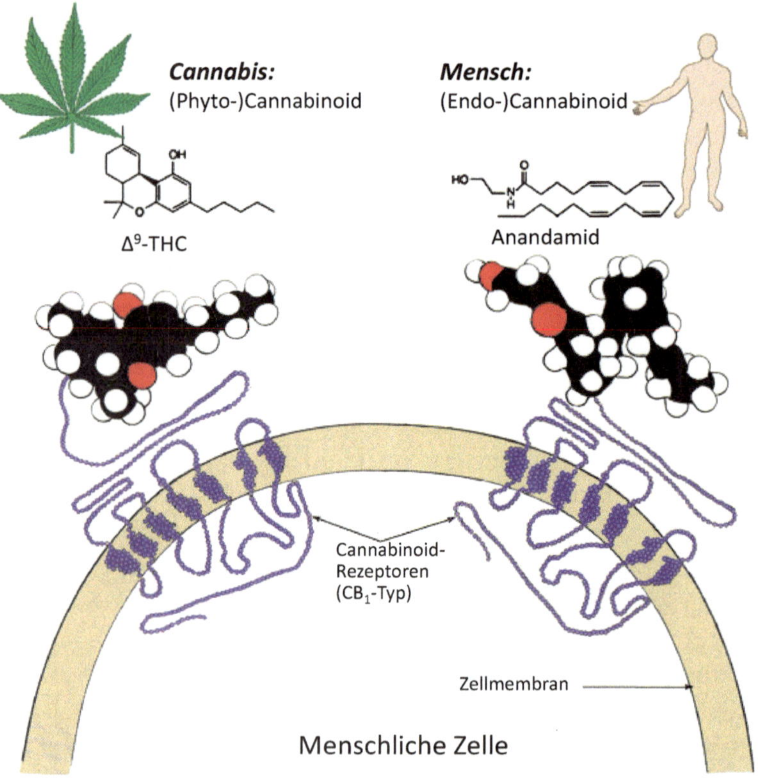

Abb. 5.4 Eine vereinfachte Darstellung der gemeinsamen Wirkung von pflanzlichem Cannabis und menschlichen Endocannabinoiden an den CB_1-Rezeptoren in der Zellmembran. (Nach Small 2015)

ist bisher nur wenig bekannt, es scheint im Tierreich jedoch weit verbreitet zu sein. Inzwischen hat man auch in anderen Pflanzen Cannabinoide entdeckt, aber THC ist nach wie vor die wirksamste Substanz. Warum Pflanzen, die kein solches System besitzen, überhaupt Cannabinoide herstellen, bleibt, wie auch bei den Opiaten, ein Rätsel. Der Wirkort von CBD ist nicht eindeutig geklärt, eventuell besetzt es den CB_2-Rezeptor, der bei der Regulation des Immunsystems eine wichtige Rolle spielt.

5.4 Marihuana und Hasch

Der Genuss von THC, mit oder ohne CBD-Beimengung, erfolgt üblicherweise durch das Rauchen, entweder mithilfe einer selbstgedrehten Hanfzigarette, gemischt mit Tabak (Joint), einer Pfeife oder durch einen Verdampfer („vaporizer"). Das Inhalieren heißt auch kiffen, von arabisch „kaif" (Wohlbefinden). Der Rausch führt zu einer Bewusstseinsverschiebung, die positive, aber auch negative Effekte haben kann. Zu den positiven Wirkungen gehört Entspannung, Intensivierung des Gefühlslebens, ein positives Lebensgefühl, Redseligkeit bis hin zu Euphorie sowie eine veränderte Wahrnehmung von Farben, Musik, Geschmack und Zeitgefühl. Abhängig von der inneren Einstellung des Konsumenten können diese positiven Emotionen aber auch in Angst, Traurigkeit und Misstrauen umschlagen. Wie bei allen illegalen Genussmitteln gibt es natürlich keine Qualitätskontrollen und die akuten Wirkungen können sich von Mal zu Mal stark unterscheiden. Man kann THC auch als Gebäck (Haschkekse) zu sich nehmen. Da die Cannabinoide fettlöslich und hitzebeständig sind, werden sie mit Butter direkt verbacken oder mit Kakao oder Schokolade gebunden.

Aus toxikologischer Sicht ist THC nur wenig giftig. Es ist nicht mutationsauslösend (mutagen), nicht krebserregend (kanzerogen) und nicht fruchtschädigend (teratogen). Schwangere oder Stillende sollten trotzdem auf den Konsum verzichten, da zu wenige Studien über die Wirkung auf Ungeborene bekannt sind. Allerdings werden durch das Verbrennen, ähnlich wie bei Tabak, krebserregende Stoffe frei und der Rauch wirkt sich negativ auf die Atemwege aus.

Die Menge an THC, die einen Menschen umbringen würde, ist so hoch, dass sie durch Aufnahme über die Lunge oder gar den Magen nicht zu erreichen ist. Selbst bei intensivem Rauchen gelangt bei Marihuana nur etwa 20 % des im Stoff vorhandenen THC ins Blut, beim Essen sind es etwa 6 %. Es ist deshalb bis heute kein einziger Todesfall durch natürlich belassenen Rauschhanf bekannt geworden, anders sieht es bei hochkonzentriertem Haschischöl

Abb. 5.5 **a** Verschiedene Sorten von Cannabis für die medizinische Verwendung, im Hintergrund ein Vaporisator, der eine Einnahme von Marihuana ohne schädlichen Rauch ermöglicht; **b** hochwertiges getrocknetes Marihuana aus einem lila Blütenstand der Sorte „PurPower"; **c** Haschisch; **d** Haschischöl. (WIKIPEDIA: psychonaught alias Coaster420)

aus. Übrigens sollte man dieses nicht mit einem ätherischen Öl verwechseln, das auch aus Hanf gewonnen werden kann und THC-frei ist, genauso wie die Samen. Aus Rauschhanf lassen sich mehrere Darreichungsformen gewinnen, die sich erheblich in ihrem Wirkstoffgehalt unterscheiden (s. Box Zubereitungsformen, Abb. 5.5).

Zubereitungsformen von Rauschhanf

Marihuana (umgangssprachlich Gras, „weed"): Getrocknete, unbefruchtete weibliche Blütenstände, mit oder ohne anhängende Blätter, zum Rauchen oder Verdampfen. Wird Rauschhanf in Europa im Freiland angebaut, dann ergeben sich THC-Werte zwischen 4 und 8 %, bei tropischem Hanf zwischen 10 und 14 %, beim Indoor-Growing neuerer Sorten (s. u.) bis zu 20 %.

Haschisch (von arabisch „ḥašīš", Gras): Gepresstes, mehr oder weniger reines Harz der Hanfpflanze zum Rauchen oder, in Fett gelöst, zur Zubereitung von Getränken und Speisen. Der Extraktgehalt liegt bei etwa 20 %. Einzelne Sorten, wie der Schwarze Afghane, haben Gehalte von 30 % und mehr.

Haschischöl: Aus Hanf mit Lösungsmittel extrahiertes Öl, das THC mit einem Gehalt bis zu 90 % ergibt. Es kann für alle Zwecke verwendet werden. Durch die eingesetzten Lösungsmittel können Gesundheitsschäden entstehen, wenn sie nicht restlos entfernt werden.

Der Begriff Marihuana stammt aus dem mexikanischen Spanisch („marijuana"), eventuell leitet er sich aus einer (unbekannten) Indianerbezeichnung ab. „Sinsemilla", spanisch für ohne Samen, besteht ausschließlich aus Blütenständen, die keine Samen enthalten. Das meiste THC befindet sich in den unbefruchteten, weiblichen Blüten (6–20 %) und den sie einschließenden Vorblättern. Beide sind mit einer Vielzahl von Drüsenhaaren bedeckt, die eine gelbbraune, zähflüssige, sehr klebrige Substanz abgeben, das sog. Harz. Es enthält neben ätherischen Ölen und Wachsen etwa 90 % Cannabinoide, einschließlich THC.

Die höchsten THC-Gehalte finden sich in Blütenständen, die unter hoher Sonneneinstrahlung wachsen. Deshalb hatten früher die Hanfpflanzen aus Afghanistan und Indien die höchsten Gehalte; in europäischem Freiland entstehen nur deutlich geringere Gehalte (s. Box). Außerdem ist Hanf als sehr hochwachsende Pflanze mit den charakteristischen Blättern leicht zu erkennen, was einen illegalen Freilandanbau erschwert. Inzwischen gibt es jedoch (Rausch-)Hanfsorten, die, in Gewächshäusern oder Pflanzkabinen angezogen (Indoor-Growing im Fachjargon), Gehalte bis zu 20 % zeigen. Dabei sind jedoch erhebliche Lichtmengen sowie eine entsprechende Ventilatorkapazität zum Abtransport der dabei entstehenden Wärme erforderlich und mancher „home grower" soll schon durch die exorbitant hohe Stromrechnung der Polizei in die Hände gefallen sein. Die restlichen Pflanzenteile haben einen THC-Gehalt von knapp 1 %.

Bei der Anzucht von Rauschhanf ist es unerlässlich, die Bestäubung der weiblichen Blüten zu verhindern. Nach der Befruchtung sinkt nämlich der THC-Gehalt rasch ab und die Pflanze wird zum Genuss unbrauchbar. Dies ist ein Problem, da viele Sorten nicht streng zweihäusig sind, sich also eindeutig in männliche und weibliche Pflanzen trennen lassen. Das Geschlecht der Pflanzen wird, wie beim Menschen, zwar durch spezielle Geschlechtschromosomen vererbt: XX für weiblich, XY für männlich. Erschwert wird der Anbau rein weiblicher Pflanzen aber, weil die Ausprägung der männlichen und weiblichen Blüten zusätzlich von Umweltbedingungen abhängt. So können rein weibliche Pflanzen (XX) trotzdem einzelne männliche Pollensäcke oder, noch schwieriger zu sehen, einzelne zwittrige Blüten entwickeln, die Männchen und Weibchen gleichzeitig enthalten und sich ganz versteckt in den Blattachseln befinden. Schon das Platzen eines einzigen Staubbeutels genügt, um die ganze Ernte einer Pflanze zunichte zu machen, da Hanf sehr viele Pollenkörner produziert, selbst wenn die Staubbeutel bei den zwittrigen Blüten klein und unscheinbar sind.

„Sinsemilla" gewinnt man, indem die männlichen Pflanzen bzw. Blüten vollständig entfernt werden, sobald das Geschlecht erkennbar ist. Dies ist aber erst kurz vor der Blüte der Fall und die Staubbeutel platzen recht schnell. Eine günstigere Lösung ist es, Stecklinge einer rein weiblichen Mutterpflanze heranzuziehen. Diese kann man relativ leicht bewurzeln und es entstehen neue, rein weibliche Pflanzen, wenn die Umweltbedingungen stimmen. Mit einigem Geschick kann man diese Pflanzen über ein Jahr hinaus am Leben erhalten. Und dann gibt es noch einen Trick, der zu sog. feminisierten Samen führt: Eine weibliche Pflanze wird mit Silbernitrat behandelt, was ihren Hormonhaushalt verändert. Die rein weibliche Pflanze (Geschlechtschromosomen XX) kann dann einzelne männliche Blüten hervorbringen. Nimmt man deren Pollen zur Befruchtung einer anderen, rein weiblichen Pflanze (XX), dann entstehen zu 100 % nur weibliche Nachkommen! In der Praxis gibt es trotzdem manchmal Probleme mit der Bildung von Zwitterpflanzen/-blüten, weil eben die Geschlechtsausprägung bei Hanf so variabel und umweltabhängig ist. Feminisierte Samen kann man heute per Internet aus dem Ausland für viele Hanfsorten beziehen, ihr Anbau ist in Deutschland aber verboten.

5.5 Die Kulturgeschichte des Rauschs

Es ist heute nicht mehr klar nachzuweisen, wann die Menschen auch die Rauschwirkung des Hanfs, insbesondere des Harzes erkannten, und nutzten. Prinzipiell könnte das schon zur Jungsteinzeit oder früher möglich gewesen sein. Und tatsächlich berichtet das Landesamt für Denkmalpflege und Archäologie in Sachsen-Anhalt von einem sensationellen Fund aus dem Jahr 2004. In Unterkwalmitz, einem kleinen Weiler bei Grashof (Landkreis Stendal) kam aus einer altsteinzeitlichen Schicht, die um 80.000 vor heute datiert, ein kleiner Harzbrocken zum Vorschein, der als Haschisch identifiziert wurde und aufgrund seiner Isotopenzusammensetzung aus Afghanistan kam (Lipták et al. 2005). Gab es damals schon einen internationalen Drogenhandel?

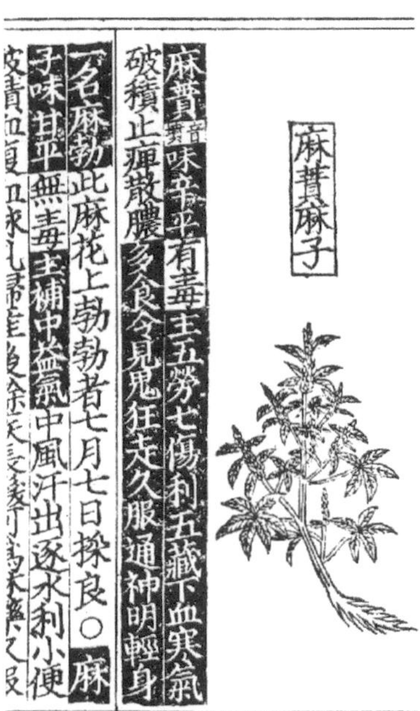

麻蕡麻子

麻蕡味辛平有毒主五勞七傷利五藏下血寒氣破積止痺散膿多食令見鬼狂走久服通神明輕身

一名麻勃此麻花上勃勃者七月七日採良○麻子味甘平無毒主補中益氣中風汗出逐水利小便

Abb. 5.6 Darstellung des Hanfs in dem chinesischen Arzneibuch *Pen T'sao* von Cheng-Lei in einer Ausgabe von 1234 n. Chr. (http://antiquecannabisbook.com/chap2B/China/Pen-Tsao.htm)

Da Hanf aus Zentralasien stammt, ist es nicht verwunderlich, dass Belege aus historischer Zeit v. a. aus China und Indien kommen. Den Chinesen war der Rauschmittelcharakter des Hanfs schon früh aufgefallen. Das zeigt der Fund eines Behälters aus einem 2700 Jahre alten Grab der Gushi-Kultur, der mit einem Kilogramm von psychoaktiven weiblichen Cannabisblüten gefüllt war (Anonym 2008b). Im ältesten chinesischen Arzneibuch, dem *Pen T'sao*, wird Hanf nicht nur als Heilmittel empfohlen, sondern auch als göttliches Kraut bezeichnet (Abb. 5.6). Und weiter:

> Es macht den Geist leicht, entzieht dem Körper Wasser und stoppt den Schweiß. Wenn Du zu viel davon isst, wirst Du schwebende weiße Gespenster sehen, wenn Du es lange genug isst, kannst Du mit den Göttern sprechen (zitiert nach Heissenberg 2015).

Das *Pen Ts'ao* wird dem (mythischen) Kaiser Shen Nung (um 2737 v. Chr.) zugeschrieben, aber es gibt keinen Originaltext aus dieser Zeit (Abb. 5.6).

In Indien wurde Hanf schon vor 4000 Jahren zu rituellen Zwecken angewendet. Die Veden, eine Sammlung der vier Heiligen Bücher aus dem zweiten Jahrtausend v. Chr. berichten, dass Gott Shiva persönlich die Hanfpflanze vom

Himalaya zum Gebrauch und zur Freude herunterbrachte. In der Mythologie der Hindus ist Hanf eine heilige Pflanze, die dem Wohle der Menschheit dienen soll. Er gilt als einer der göttlichen Nektare, die dem Menschen von guter Gesundheit, langem Leben bis hin zu Visionen der Götter alles geben. Und nach einem anderen indischen Glauben aß Siddharta sechs Jahre vor seiner Erleuchtung nichts Anderes als Hanfsamen bevor er zum Buddha wurde. „Ganja" ist das Hindi-Wort für Marihuana, „bhang" ist eine Zubereitung aus Blättern und Blüten der weiblichen Hanfpflanze, das seit Jahrhunderten als Getränk dient.

Obwohl schon die antiken europäischen Kulturen Hanf nutzten, um Kleidung, Taue und grobes Segelwerk zu fabrizieren, kannten wohl weder die Griechen noch die Römer den Rauschcharakter des Hanfs, zumindest wird davon nirgends berichtet. Eine Ausnahme bildet nur der griechische Geschichtsschreiber Herodot (um 450 v. Chr.), der von einem Bestattungsritual der Skythen schreibt. Dieses hoch entwickelte nomadische Volk soll sich bei Totenfeiern in kleine Zelte zurückgezogen haben, in denen Hanf verbrannt wurde, was zu einer Ekstase führte, in der die Seele des Verstorbenen ins Jenseits begleitet werden sollte. Der archäologische Beweis gelang durch die Untersuchung der Hügelgräber von Payryk in Südrussland, die die Skythen im 5.–4. Jahrhundert v. Chr. angelegt hatten. Man fand sechs Zeltstangen und ein Bronzegefäß mit bearbeiteten Steinen. Zwischen den Steinen fand sich eine große Menge verkohlter Hanfsamen (Jettmar 1961).

Auch bei den Germanen war Hanf eine heilige Pflanze und der Liebesgöttin Freya als Symbol für Fruchtbarkeit zugeordnet. Im europäischen Mittelalter war Hanf als Genussmittel von der Kirche verpönt. So verbot die Inquisition Cannabis als Rauschmittel in Spanien (12. Jh.) und in Frankreich (13. Jh.) ausdrücklich. Also war diese Seite des Hanfs zumindest damals wohlbekannt. Wer immer Hanf aus spirituellen Gründen benutzte, galt als Hexe oder Hexer. Vielleicht beschrieb deshalb die heilkundige Hildegard von Bingen (1098–1179) den Hanf selbst in ihren medizinischen Schriften nur indirekt, macht aber dennoch auf seine bewusstseinsbeeinflussende Wirkung aufmerksam:

> Sein Same enthält Heilkraft und er ist für gesunde Menschen heilsam zu essen, und in ihrem Magen ist er leicht und nützlich. Er vermindert die üblen Säfte und macht die guten Säfte stark. Aber wer im Kopfe krank ist und ein leeres Gehirn hat und Hanf isst, dem bereitet dies leicht etwas Schmerz im Kopf. Aber dem gesunden Kopf und dem vollen Gehirn schadet er nicht (zitiert nach Heissenberg 2015).

Besonders prominent war Haschisch in der orientalischen Welt als Arznei- sowie als Genussmittel verbreitet. Dass sich der Brauch des Hanfrauchens und

Hanfessens im Lauf des arabischen Mittelalters immer mehr ausbreitete, bezeugen nicht nur die häufige Erwähnung der Pflanze und ihrer Eigenschaften in den Schriften der arabischen Botaniker und Ärzte, sondern auch zahlreiche Verbote, die die orientalischen Herrscher gegen den überhandnehmenden Hanfgenuss, besonders in Ägypten, erließen. Ab dem 16. Jahrhundert beschreiben dann auch europäische Reisende Hanf als Rauschmittel.

Erst über Umwege kam die Droge zurück nach Europa, nämlich über die kolonialen Handelsbeziehungen mit dem Nahen und Fernen Osten von England und später mit der Eroberung großer Teile Nordafrikas durch Frankreich. In der ersten Hälfte des 19. Jahrhunderts entdeckten dann europäische Schriftsteller die künstlichen Paradiese der orientalischen Drogen Haschisch und Opium. Dichter wie Charles Baudelaire, Thomas de Quincy oder der deutsche Romantiker Novalis waren dem Rausch alle nicht abgeneigt.

In der 1968er-Bewegung der Hippies wurde Cannabis zum Symbol für Frieden und Toleranz und v. a. Protest gegen das Bürgertum. Überhaupt galten Hasch und LSD eher als Sakramente denn als Drogen und das war ein Grund, warum sich damals viele europäische Hippies nach Afghanistan absetzten („Hippie trail"), wo guter Hasch billig war. Heute ist das alles passé und Marihuana und Hasch wird gewöhnlich zum Vergnügen genossen. Und das in ziemlichen Mengen. Nach dem World Drug Report der UN gab es 2015 weltweit geschätzte 183 Mio. Cannabiskonsumenten (UNODC 2017). Das ist eine riesige Zahl verglichen mit geschätzten 53 Mio. Konsumenten von Opioiden und Opiaten und 17 Mio. von Kokain.

In der EU haben 33,5 Mio. Menschen im Jahr zuvor (2014) zumindest gelegentlich Hasch benutzt (6,6 % der Bevölkerung). Bei jüngeren EU-Bürgern (15–34 Jahre) lag diese Letzt-Jahres-Prävalenz bei 13,3 %. Man schätzt, dass rund eine Million Menschen täglich oder nahezu täglich Cannabis einnehmen. Europa wird leicht überholt von Nordamerika (49,2 Mio. Nutzer), wesentlich mehr Konsumenten gibt es in Asien und Afrika. Innerhalb Europas sind Deutschland, Spanien und Großbritannien die Hauptverbraucher (UNODC 2017).

Durch seine weltweite Verbreitung ist Hasch und Marihuana freilich auch zum großen Geschäft geworden. Nach einer Studie des Börsenanalysten Arcview Market gaben Verbraucher in den USA 2016 umgerechnet rund 6,7 Mrd. US-Dollar für legale Cannabisprodukte aus (Borchardt 2017). Damit ist der Markt gegenüber dem Vorjahr um 30 % gewachsen. Bis 2021 soll der Verkaufserlös 22,6 Mrd. US-Dollar betragen (Anonym 2017). Es handelt sich dabei nicht nur um Haschisch, sondern auch um THC-haltige Produkte wie Gebäck, Tinkturen, Lotionen oder Pillen zur Entspannung.

5.6 „Legalize it"

Warum ist Hanf als Genuss- und Rauschmittel verboten? Es erscheint eigentlich klar: Es gibt legale Genussmittel, Koffein, Alkohol, Nikotin, Zucker und illegale Genussmittel, bei denen man aus pragmatischen Gründen weiche und harte Drogen unterscheidet. Harte Drogen sind höchst gesundheitsgefährlich und machen schnell abhängig. Bei weichen Drogen ist das nicht in dem Maß der Fall und wenn man ehrlich ist, sind auch die legalen Genussmittel nichts anderes als weiche Drogen. Warum ist Hanf dann verboten? Hanf macht nicht physisch abhängig, hat bei mäßigem Genuss geringere Folgen als Alkohol oder Nikotin und war bis in das 20. Jahrhundert hinein ein leicht verfügbares Medikament.

Über die Gesundheitsfolgen von Hanf wird heute noch gestritten. Das Rauchen von Marihuana oder Hasch kann zu denselben negativen Auswirkungen auf die Atemorgane wie das Rauchen von Tabak führen. Bei allen anderen Anwendungen scheiden sich die Geister. Dies liegt auch daran, dass es wegen der Illegalität von Hanf nur wenige gesicherte medizinische Erkenntnisse gibt. Lediglich ein erhöhtes Risiko für die Auslösung psychotischer Erkrankungen, wenn die entsprechende Veranlagung vorliegt, wurde bisher gefunden. Groß angelegte Studien mit bildgebenden Verfahren lassen allerdings den Schluss zu, dass Hanfkonsum bei Jugendlichen vor dem 16. Lebensjahr durch eine Störung der Hirnreifung nachhaltig die Persönlichkeitsbildung beeinträchtigen kann. Es vermindert bei Jugendlichen das Gehirnvolumen und die Nervenverbindungen, die für die kognitive Leistung besonders wichtig sind. Zum Genuss für Erwachsene gibt es heute spezielle Verdampfungsgeräte (Vaporisator, Inhalator; s. Abb. 5.5a), die auch für medizinische Indikationen angewendet werden. Bei ihnen wird das Marihuana verdampft und dann eingeatmet, ohne dass schädlicher Rauch entsteht.

Weil Hanf im Hinblick auf die Genusswirkung ein Grenzfall ist, wird seit Jahrzehnten erbittert über seine Legalisierung gestritten (Legalize-it-Kampagnen); 2017 hat es sogar die FDP in ihr Wahlprogramm aufgenommen. Trotzdem ist der Besitz und Verkauf von Rauschhanf in Deutschland nach dem Betäubungsmittelgesetz vom 24. Dezember 1971 verboten. Diese Regelung wurde vom Opiumgesetz des Deutschen Reiches vom 10. Dezember 1929 übernommen, das wiederum auf die Zweite Opiumkonferenz vom 19. Februar 1925 zurückgeht, dessen Abschlussdokument Deutschland in Genf mitunterzeichnete. In der ersten Fassung des Opiumgesetzes vom 25. September 1928 war Hanf noch nicht betroffen. Indien hatte schon bei der ersten Opiumkonferenz aus religiösen und kulturellen Gründen dagegen votiert. Trotzdem setzte sich ein weltweites Verbot von Hanf als Genussmittel durch, das über Jahrzehnte genauso streng verfolgt wurde wie das Verbot von Kokain,

Opium oder Heroin. Kritiker weisen darauf hin, dass dieses Verbot auch der sich entwickelnden Kunstfaserindustrie in den 1930er-Jahren in den USA sehr zupasskam. Dort wurde vom damaligen Vorsitzenden des *Bureau of Narcotics*, Harry J. Anslinger, eine regelrechte Kampagne gegen Marihuana durchgeführt, die den Leuten die Gefahren des Hanfs einbläuten. Dabei wurde der Faserhanfanbau während des Zweiten Weltkriegs in den USA sogar gefördert und man drehte dafür Werbefilme (*Hemp for Victory*), weil man die Naturfasern für Uniformen, Verbandszeug, Flaggen und den Flugzeugbau dringend benötigte. Aber offensichtlich fiel niemandem auf, dass Marihuana und Hanffasern von derselben Pflanze stammen. Ähnlich war es in Deutschland in den 1940er-Jahren, wo eigens eine *Kleine Hanffibel* aufgelegt wurde, um den Anbau von Faserhanf durch die Landwirte zu fördern.

In Deutschland hat sich inzwischen eine Legalisierung durch die Hintertür eingeschlichen. Der Besitz von Rauschhanf bleibt zwar strafbar, das Delikt wird bei geringen Mengen für den eigenen Konsum aber nicht mehr von der Staatsanwaltschaft verfolgt. Die dafür maximal tolerierte Menge hängt vom Bundesland ab, in Nordrhein-Westfalen sind es 10 g brutto. Bei sog. Dauerkonsumenten oder Fremdgefährdung, z. B. durch Konsum in der Öffentlichkeit, kann trotzdem eine Anzeige erfolgen. Die Anzahl registrierter Delikte mit Rauschhanf liegt nach dem Drogenbericht der Bundesregierung in Deutschland in den letzten 15 Jahren bei 100.000–175.000 je Jahr (Anonym 2015).

In den USA ist die Regelung des Hasch- und Marihuanabesitzes Sache der einzelnen Bundesstaaten. So hat der Staat Colorado als erster am 1. Januar 2014 für Bürger über 21 Jahre den Verkauf von Marihuana offiziell freigegeben. Sie können sich mit einer Unze (rund 28 g) Marihuana pro Kauf eindecken. Verboten bleibt es, an Minderjährige zu verkaufen, auf offener Straße zu konsumieren und Cannabis in andere US-Bundesstaaten mitzunehmen. Bezogen auf die Legalisierung von Hanf ist dies ein durchaus vernünftiger Ansatz, der Drogenkriminalität verhindert und die Einnahmen von illegalen Kartellen und Drogenringen austrocknet. Inzwischen ist in acht Bundesstaaten und in Washington DC der Konsum ohne Einschränkungen legal (2016). In der Hauptstadt darf sogar ein legaler Privatanbau stattfinden. Zusammen mit Uruguay haben damit rund 70 Mio. Menschen legalen Zutritt zu Cannabisprodukten. In mehr als der Hälfte aller US-Bundesstaaten ist es für die medizinische Verwendung („medical marijuana") freigegeben. Im Netz wird gerne das Zitat des ehemaligen US-Präsidenten Jimmy Carter verbreitet, der am 03. August 1977 sagte:

> Die Strafe für den Gebrauch einer Droge sollte nicht schädlicher sein, als die Droge selbst. Wo das der Fall ist, muss es geändert werden. Nirgendwo ist dies eindeutiger als bei Haschisch und Marihuana (zitiert nach Rafalski 2017).

5.7 Alles hat auch sein Gutes

Wie so viele Substanzen hat auch Cannabis Schatten- und Lichtseiten. Zu den letzteren gehören die medizinischen Wirkungen von THC, CBD und anderen Cannabinoiden. Durch das absolute Verbot von Rauschhanf wurden auch medizinische Erkenntnisse über die therapeutischen Wirkungen gehemmt bzw. gar nicht erst erhoben. So war im 19. Jahrhundert Hanf ein anerkanntes Mittel gegen Migräne, Neuralgie, epilepsieähnliche Krämpfe und Schlafstörungen. Marihuana war das am häufigsten benutzte Schmerzmittel in den USA, bevor 1898 Aspirin auf den Markt kam. Und das war in Europa nicht anders.

Es ist inzwischen erwiesen, dass THC brechreizhemmend, appetitsteigernd, antiepilepitsch, bronchienerweiternd, muskelentspannend, stimmungsaufhellend, beruhigend und schmerzhemmend wirkt. Diese Effekte sind besonders wichtig für AIDS- und Krebspatienten; bei letzteren um die Nebenwirkung der Chemotherapie zu mildern. Die Liste der weiteren medizinischen Wirkungen, die durch Studien belegt sind, wird immer länger (Grotenhermen 2004, IACM o.J.):

- Chronische, v. a. neuropathische Schmerzen
- Psychiatrische Symptome (z. B. Schlaf-, Angststörungen, Aufmerksamkeitsdefizit-/Hyperaktivitätsstörung, bipolare Störungen, schizophrene Psychosen, endogene Depressionen)
- Allergien und Asthma
- Autoimmunerkrankungen (z. B. Morbus Crohn), Entzündungen
- Spastik bei multipler Sklerose und Querschnittserkrankungen

Die medizinische Anwendung von Cannabis und Cannabinoiden wird derzeit intensiv erforscht. Dabei stellt sich jeweils die Frage, ob mit individuellen Cannabinoiden gearbeitet werden soll oder mit der ganzen Pflanze. Es gibt Hinweise, dass es sinnvoll ist, das ganze Cannabinoidspektrum zu berücksichtigen.

Anfang 2017 hat der Deutsche Bundestag medizinischen Hanf auf Rezept freigegeben. Die Bedingungen sind aber derart restriktiv, dass es nur für wenige Patienten infrage kommt; der Eigenanbau ist aber auch für nachgewiesen Kranke verboten. Sie können jetzt getrocknete Cannabisblüten, Cannabisextrakte und Fertigarzneimittel (Dronabinol oder Nabilon) auf Kosten der Krankenkassen beziehen. Das Bundesinstitut für Arzneimittel und Medizinprodukte soll den Hanfanbau für diese Zwecke überwachen, kontrollieren und die Qualität sicherstellen; in den ersten Jahren kommt das Cannabis aus den Niederlanden, die eine eigene Behörde für Anbau und Handel haben (*Bu-*

reau voor Medicinale Cannabis). Es gibt hier mehrere verschreibungspflichtige Medikamente mit THC-Gehalten von 6 bis 22 % und CBD-Gehalten von weniger als 1 bis 6 %.

In Österreich, Kanada und Großbritannien gibt es das Mundspray Sativex für die Behandlung neuropathischer Schmerzen und Spasmen bei multipler Sklerose sowie zur Behandlung von Schmerzen, Übelkeit und Erbrechen bei Krebs- und AIDS-Erkrankungen. Es besteht aus THC und CBD und ist in Deutschland seit dem 1. Juli 2011 als verschreibungspflichtiges Medikament gegen Spastik bei multipler Sklerose zugelassen. So könnte Rauschhanf in Zukunft neben seiner immer noch illegalen Rolle als Genussmittel auch endlich wieder seine breiten, gesundheitlichen Wirkungen entfalten, die den Menschen seit Jahrtausenden bekannt sind.

Literatur

Anonym (2008b) Ur-Kiffer in China. DER SPIEGEL 52/2008. http://www.spiegel.de/spiegel/print/d-62781301.html. Zugegriffen: 24. April 2018

Anonym (2015) Drogen- und Suchtbericht der Drogenbeauftragten der Bundesregierung. https://www.bundesregierung.de/Content/Infomaterial/BMG/_2827.html. Zugegriffen: 24. April 2018

Anonym (2017) Droge wird Milliardengeschäft – Trump kann Cannabis-Boom nicht stoppen. http://www.n-tv.de/wirtschaft/Trump-kann-Cannabis-Boom-nicht-stoppen-article19762328.html. Zugegriffen: 24. April 2018

Borchardt D (2017) Marijuana sales totaled $ 6.7 Billion in 2016. Forbes Magazine. https://www.forbes.com/sites/debraborchardt/2017/01/03/marijuana-sales-totaled-6-7-billion-in-2016/#79c3ae8c75e3. Zugegriffen: 24. April 2018

Clarke RC, Merlin MD (2015) Letter to the Editor: Small, Ernest. 2015. Evolution and classification of Cannabis sativa (Marijuana, Hemp) in relation to human utilization. Bot Rev 81:189–294, Bot Rev 81:295–305

Grotenhermen F (2004) Hanf als Medizin. Ein praxisorientierter Ratgeber zur Anwendung von Cannabis und Dronabinol. AT-Verlag, Baden

Heissenberg C (2015) Cannabis als Medizin – Ein starker Stoff. SWR2 Wissen. http://www.swr.de/swr2/wissen/cannabis-medizin/-/id=661224/did=14827480/nid=661224/osrrwe/index.html. Zugegriffen: 24. April 2018

Herer J (1994) Die Wiederentdeckung der Nutzpflanze Hanf – Cannabis, Marihuana, 25. Aufl. Zweitausendeins, Frankfurt am Main

IACM (o. J.) Internationale Arbeitsgemeinschaft für Cannabinoidmedikamente e. V. http://www.cannabis-med.org/index.php?tpl=page&id=21&lng=de. Zugegriffen: 24. April 2018

Jettmar K (1961) Die Fürstengräber der Skythen im Altai. Die Umschau für Wissenschaft und Technik 12: 368-371. http://archiv.ub.uni-heidelberg.de/

propylaeumdok/2107/1/Jettmar_Die_Fuerstengraeber_der_Sykthen_1961.pdf. Zugegriffen: 24. April 2018

Jiang H, Wang L, Merlin MD, Clarke RC, Pan Y, Zhang Y, Xio G, Ding X (2016) Ancient *Cannabis* burial shroud in a Central Eurasian cemetry. Econ Bot 70:213–221

Lipták J et al (2005) „Da rauchten die Köpfe" – Neues zum Thema Neanderthaler. Landesamt für Denkmalpflege und Archäologie Sachsen-Anhalt. Landesmuseum für Vorgeschichte. http://www.lda-lsa.de/landesmuseum_fuer_vorgeschichte/fund_des_monats/2005/april/. Zugegriffen: 24. April 2018

Nietzsche F. Ecce homo. Kapitel: Warum ich so klug bin. http://www.zeno.org/Philosophie/M/Nietzsche,+Friedrich/Ecce+Homo/Warum+ich+so+klug+bin. Zugegriffen: 24. April 2018

Raab A (2016) Weißbuch Cannabis. Indikationen, Wirkungen, Risiken, Nebenwirkungen. MWV Medizinisch Wissenschaftliche Verlagsgesellschaft mbH & Co. KG, Berlin

Rafalski D (2017) Cannabis Wissen. Ein Kompendium über Hanf als Rauschmittel. http://www.cannabis-wissen.de/index.php/freigabe/58-zitate-von-persoenlichkeiten. Zugegriffen: 24. April 2018

Schivelbusch W (2005) Das Paradies, der Geschmack und die Vernunft. Eine Geschichte der Genussmittel, 6. Aufl. S. Fischer

Small E (2015) Evolution and classification of *Cannabis sativa* (Marijuana, Hemp) in relation to human utilization. Bot Rev 81:189–294

UNODC (2017) World Drug Report 2017. Booklet 3: Market analysis of plant-based drugs: Opiates, cocaine, cannabis. https://www.unodc.org/wdr2017/field/Booklet_3_Plantbased_drugs.pdf. Zugegriffen: 24. April 2018

Wikipedia (2016) Stichworte: Hanf, Hanf als Arzneimittel, Hanf als Rauschmittel, *Indoor growing*. https://de.wikipedia.org/wiki/Hanf. Zugegriffen: 24. April 2018

Weiterführende Literatur

Adelinde (2009) Eine kleine Geschichte des Hanf. http://www.hanfkultur.com/eine-kleine-geschichte-des-hanf/. Zugegriffen: 24. April 2018

Körber-Grohne U (1987) Nutzpflanzen in Deutschland. Kulturgeschichte und Biologie. K. Theiss, Stuttgart

Kring V (2014) Biogene Drogen mit Missbrauchspotential – Kulturgeschichtliches und Wirkungen. Masterarbeit Universität Stuttgart

Schnelle M (o. J.) Cannabis als Medizin – Möglichkeiten und Grenzen. http://doczz.com.br/doc/1263168/cannabis-als-medizin. Zugegriffen: 24. April 2018

Small E, Cronquist A (1976) A practical and natural taxonomy for *Cannabis*. Taxon 25:405–435

6

Schlafmohn – Pflanze der Freude

Unter all den Mitteln, welche dem Allmächtigen beliebt hat,
dem Menschen zur Linderung seiner Leiden zu geben,
ist keines so umfassend anwendbar und so wirksam wie Opium.
Thomas Sydenham (1624–1689; zitiert nach Wikipedia:Opium)

Schlafmohn ist ähnlich wie Hanf eine Kulturpflanze mit sehr unterschiedlichen Nutzungsformen. Seine Samen dienen noch heute als Verzierung auf Backwaren (Mohnbrötchen) oder als deren Inhalt (Mohnstreusel, Mohnstrietzel), sie ergeben ein ernährungsphysiologisch wertvolles Öl, aber der Milchsaft des Mohns ist auch ein starkes Arznei-, Betäubungs- und Genussmittel: Opium.

6.1 Herkunft, Botanik und Inhaltsstoffe

Die Familie der Mohngewächse (*Papaveraceae*) ist sehr vielgestaltig, auch wenn sich die Vertreter der eigentlichen Unterfamilie Mohn (*Papaveroidae*) alle sehr ähnlich sehen. Bei uns bekannt ist der Klatschmohn, früher ein gefürchtetes Unkraut, das heute durch seine Empfindlichkeit für Unkrautvernichtungsmittel selten geworden ist. Auf fast allen Kontinenten blühen natürlicherweise Mohnarten, v. a. auf der nördlichen Halbkugel. Obwohl sie alle Milchsaft enthalten, gibt es nur eine Art, die Opium produziert, der Schlafmohn (*Papaver somniferum*; Abb. 6.1). Sowohl der deutsche als auch der lateinische Name deutet auf die Verwendung als Schlafmittel („somniferum" für Schlaf brin-

T. Miedaner, *Genusspflanzen*, https://doi.org/10.1007/978-3-662-56602-2_6

Abb. 6.1 a Blüte und **b** ganze Pflanze des Schlafmohns

gend) hin, das man in der griechischen Antike schon Kindern einflößte. Es gibt drei Unterarten:

- *P. somniferum* ssp. *somniferum*, Schlafmohn, östlicher Mittelmeerraum
- *P. somniferum* ssp. *setigerum*, Borstenmohn, westlicher Mittelmeerraum
- *P. somniferum* ssp. *songaricum*, Balkan, Asien

Ob der kultivierte Schlafmohn vom wilden Borstenmohn abstammt oder beide auf einen gemeinsamen Vorfahren zurückgehen, ist unklar. Wie bei vielen uralten Kulturpflanzen lässt sich die Entstehung nicht mehr recht nachvollziehen. Jedenfalls stammen beide Unterarten aus dem Mittelmeerraum. Es gibt beim Schlafmohn eine große Mannigfaltigkeit, die sich beispielsweise in der Blütenfarbe (weiß bis violett), in der Öffnung der Kapsel zur Reife (verschlossen/offen) und in der Samenfarbe (schwarz/blau/weiß) zeigt. Die blauen Samen entsprechen der Wildform, mit weißen Samen wird Mehl hergestellt und eine Sorte mit grauen Samen, der Waldviertler Graumohn, ist in Österreich geschützt. Im Jugendstadium sind die Blätter des Schlafmohns essbar, zur Reife können die ölhaltigen Samen als Nahrungsmittel genutzt werden.

Alle Teile des Schlafmohns enthalten Alkaloide, die höchste Konzentration findet sich aber im Milchsaft, der sich in Milchröhren durch die ganze Pflanze zieht und die in der Wand um die Fruchtkapsel herum besonders konzentriert vorkommen. Ritzt man die unreife, grüne Fruchtkapsel an, dann wird in Tropfen der weiße Milchsaft abgesondert (Abb. 6.2), der beim Trocknen durch Oxidation braun wird und das Rohopium darstellt.

Opium enthält 37 Alkaloide (Opiate) mit ganz unterschiedlichen Eigenschaften, die zusammen bis zu einem Viertel des Rohopiums ausmachen. Sechs von ihnen sind pharmakologisch bedeutsam (Tab. 6.1).

Abb. 6.2 **a** Opiumfeld in Afghanistan (WIKIMEDIA COMMONS: US Marine Corps); **b** angeritzte Kapsel mit austretendem frischen Mohnsaft, **c** rohes Opium. (WIKIMEDIA COMMONS: Erik Fenderson)

Tab. 6.1 Wichtige Inhaltsstoffe des Opiums (Opiate) und ihre Wirkung

Alkaloid	Konzentration (%)	Wirkung
Morphin	Etwa 12	Mittel bei starken bis sehr starken Schmerzen
Papaverin	0,1–0,4	Krampflösende Wirkung auf die glatte Muskulatur
Kodein	0,2–6,0	Schmerzmittel, hustenstillend
Noscapin, früher Narkotin	2–12	Hustenstillend
Narcein	0,1–1,0	Hypnotikum, Narkotikum
Thebain	0,2–1,0	Stimulierend, krampflösend

In der Reihenfolge der Tab. 6.1 bewirken die Inhaltsstoffe eine abnehmende Dämpfung des Schmerzempfindens, aber eine zunehmende krampflösende Wirkung, d. h. Morphin ist das stärkste natürliche Schmerzmittel, Thebain das stärkste krampflösende Opiat. Interessanterweise fördern sich die verschiedenen Alkaloide im Opium gegenseitig in ihrer Wirkung (synergistisch). So wirkt beispielsweise Narcein als reine Substanz deutlich schwächer als Morphin schmerzstillend, potenziert seine Wirkung aber um ein Vielfaches in der Kombination mit Morphin. Zudem ergänzen sich die schmerzstillenden und krampflösenden Eigenschaften perfekt. Da Opium ein Naturstoff ist, entfaltet es eine komplexe Wirkung und die Anteile der Inhaltsstoffe schwanken je nach Herkunft und Erntezeitpunkt. So kann man heute durch eine Analyse des Alkaloidmusters die geografische Herkunft des Opiums bestimmen.

Die natürlichen Alkaloide wurden im Zeitraum von 1803 bis 1835 von verschiedenen Chemikern isoliert und beschrieben. Sie werden heute unter dem Begriff Opiate zusammengefasst. Auf ihrer Basis gibt es abgewandelte Wirkstoffe, der bekannteste ist das halbsynthetische Diacetylmorphin, üblicherweise als Heroin bekannt. Es ist noch fünffach höher schmerzstillend als Morphin, wird aber wegen seines sehr hohen Abhängigkeitspotenzials nicht mehr medizinisch eingesetzt. Daneben gibt es vollsynthetisch hergestellte Medikamente, die die Struktur von Opiumalkaloiden abwandeln, das sind die Opioide.

Die natürliche Funktion des sehr potenten, natürlichen Alkaloidcocktails des Mohnsafts ist bis heute unklar. Die junge Mohnpflanze enthält keinen dieser Stoffe und wird deswegen in Asien auch als Gemüse gegessen. Im Lauf des Wachstums nimmt der Gehalt an Alkaloiden zu und sein Höhepunkt ergibt sich kurz vor der Reife in der Samenkapsel. Der giftige Mohnsaft könnte deshalb die sehr zahlreichen, winzig kleinen Samen vor Fressfeinden schützen. Sie sind nämlich sehr nahrhaft, da sie zu 40–50 % aus Öl bestehen, weitere 20 % sind Eiweiß.

Zur Gewinnung von Opium werden ein bis zwei Wochen nach der Blüte die Samenkapseln etwa einen Millimeter tief angeritzt, damit der weißliche Milchsaft austritt (Abb. 6.2). Dafür wurden spezielle kleine Eisenwerkzeuge entwickelt, die gleichzeitig mehrere Ritzungen vornehmen, was man am besten am späten Nachmittag macht. Am nächsten Morgen wird dann das Rohopium von den Kapseln abgeschabt, das durch die Oxidation schwarz geworden ist. Eine Kapsel ergibt eine Ernte von etwa 20–50 mg Rohopium.

6.2 Begehrt seit alters her

Der Einsatz von Opium als Schmerz-, Schlaf- und Rauschmittel im geschichtlichen Horizont ist, ähnlich wie bei Hanf, ziemlich identisch mit der Kulturgeschichte seiner Pflanze, des Schlafmohns. Als Nutzpflanze war der Mohn in Südeuropa nach Bakels (1982) schon den ältesten Ackerbauern bekannt, ab etwa 6000 v. Chr. Er ist nicht Bestandteil der frühesten Landwirtschaft im sog. Fruchtbaren Halbmond, sondern wurde nach einer weit verbreiteten Theorie unabhängig von der dortigen Kultivierung von Weizenarten, Gerste, Erbsen, Linsen und Lein erst im westlichen Mittelmeerraum entdeckt und dort eigenständig kultiviert. Er verbreitete sich von Südfrankreich über die burgundische Pforte nach Mitteleuropa. Seit der mittleren Bandkeramik (etwa 5400–5200 v. Chr.) findet er sich in zahlreichen archäologischen Ausgrabungen in Niederdeutschland links des Rheins, Niedersachsens und Süddeutschlands, verschwindet dann aber wieder. Seit dem Ende der Jungsteinzeit (3000–2000 v. Chr.) wird er erneut in den Seeufer- und Moorsiedlungen am nördlichen Alpenvorland und den Schweizer Seen entdeckt. Ähnliche Funde gibt es aus Norditalien, Savoyen, in der Provence und Spanien. Hier wurden zahlreiche Samenkapseln des Mohns in der Begräbnisstätte der Cueva de los Murciélagos (Fledermaushöhle) ausgegraben und auf 4200 v. Chr. datiert. Es wird aus diesen Funden aber nicht klar, wie die Menschen den Mohn damals nutzten, die Samen als kalorienreiches Nahrungsmittel und/oder bereits den Mohnsaft als Schmerz- und Rauschmittel.

Schriftlich erwähnt wurde der Schlafmohn erstmals um 4000 v. Chr. bei den Sumerern, die die Herstellung von Arzneimitteln beschrieben. Sie bezeichneten ihn als Pflanze der Freude, was schon auf die Alkaloidnutzung deutet. Es sind in Keilschrifttafeln von etwa 3400 v. Chr. auch genaue Ernteanleitungen des Mohnsafts dargestellt, wobei damals schon die Kapsel mit einer kleinen Eisenklinge geritzt und am nächsten Morgen der Saft gesammelt wurde.

Seitdem ist in verschiedenen Teilen des östlichen Mittelmeerraums die Verwendung des Opiums in ununterbrochener Folge bestätigt worden. So ließen sich in Ägypten Opiummixturen, die jetzt sicherlich wegen ihres Alkaloidgehalts genutzt wurden, bis um 1800 v. Chr. zurückverfolgen. Die Ägypter importierten Opium aus Zypern, bauten es aber später auch selbst an. In der Hauptstadt Zyperns wurde ein Bronzezylinder aus dem 12. Jahrhundert v. Chr. gefunden, der 14 cm lang ist und als Opiumpfeife interpretiert wird. In der späten Bronzezeit wurden hier Flaschen in Form einer Mohnkapsel hergestellt, die nach chemischen Analysen Opium enthielten. Auch archäologische Funde aus Kreta (Minoer) und dem alten Griechenland zeigen die Verwendung von Opium für kultische und medizinische Zwecke. Die Griechen identifizierten mit diesem potenten Stoff gleich vier Götter: Hypnos (Schlaf), Morpheus (Traum), Nyx (Nacht) und Thanatos (Tod). Sie hatten offensichtlich die zwiespältigen Wirkungen des Opiums als Schlaf-, Heil-, aber auch Rausch- und, bei Überdosierung, todbringendes Mittel erkannt. Erstmals hatte die Antike mit Opium ein zuverlässiges Schmerzmittel, das viele medizinische Eingriffe für den Patienten überhaupt erst erträglich machte. „Eine göttliche Aufgabe ist es, den Schmerz zu lindern", wird von dem großen griechischen Arzt Hippokrates überliefert, der in seinen Schriften aus dem 4.–5. Jahrhundert v. Chr. schon das Mekonion kennt, das ist eine verdünnte Opiumtinktur, die später die Römer verschwenderisch einsetzten. Die Griechen hatten auch schon den Theriak erfunden, ursprünglich eine Kräutermedizin gegen Schlangenbisse. Später wurde er zum Allheilmittel, mit Entenblut, Schlangenfleisch und Dutzenden von Ingredienzen versehen, oft auch mit Opium. In Rom erfreute er sich besonderer Beliebtheit, wie Opium dann überhaupt vom Heilmittel zur Wohlstandsdroge wurde, die man in heute unglaublichen Mengen verbrauchte. Bei einer Inventur des kaiserlichen Palasts im Jahr 214 sollen 17 t Opium gefunden worden sein.

Die Araber hatten die Opiumrezepte der griechischen Ärzte übernommen, nutzten es als Arznei- und Schlafmittel. Bei Afion in der heutigen Türkei gab es ausgedehnte Mohnfelder und es wurde damals schon mit Opium gehandelt, die Pflanze selbst folgte erst später nach. Deshalb heißt Opium auch im Persischen „afiuum", in indischen Sprachen „aphuka/ahiphena" und im Chinesischen „afuyong". Zu Beginn des 10. Jahrhunderts war Opium in Persien angekommen. Von dort war es dann nicht mehr weit nach Afghanistan (Abb. 6.2). Arabische Kaufleute brachten das Opium zwischen 400 und 1200 n. Chr. auch nach China. In einem chinesischen Arzneimittelbuch wird Mohnsamen schon 973 n. Chr. erwähnt, im 12. Jahrhundert wird dann auch der Mohnsaft aus den Kapseln beschrieben. Angeblich soll gegen Ende des 13. Jahrhunderts der Opiumgenuss weit verbreitet gewesen sein.

Das frühe Christentum verbot im 4. Jahrhundert die Verwendung von Opium ebenso wie von Cannabis als schmerzstillendes Mittel, da Krankheit als Strafe Gottes angesehen wurde, die der Sünder aushalten musste. Auch Karl der Große führte 810 dieses Verbot weiter; Mohnsaft galt während des ganzen Mittelalters als Hexenwerk. Trotzdem kannte man Opium sehr wohl, so findet sich im *Lorscher Arzneibuch* (um 800) ein Hinweis. Über die Araber kam er während der Kreuzzüge als Theriak erneut nach Europa. Im 12. Jahrhundert schrieb die umfassend gebildete Hildegard von Bingen in ihrer *Physica*, dem Arzneimittelbuch:

> Papaver [...] von dem machet man die besten opia [...], und das safft geheltet man: das selbe ist gut zu manigerhande artzendye (zitiert nach Wikipedia: Schlafmohn).

Um 1400 war die schmerzstillende, beruhigende, teilweise auch anregende Wirkung von natürlichen Opiaten den Badern bekannt und Paracelsus, der große Arzt der Renaissance, baute darauf einen Großteil seiner Medizin auf. Er hieß eigentlich Theophrastus Bombastus von Hohenheim (1493–1541) und nannte sein Wundermittel Laudanum, ein Kunstwort, dessen Herkunft bis heute unklar ist, das aber v. a. nach seinem Tod eine erhebliche Wirkung entfalten sollte. Seine Hauptbestandteile waren angeblich bis zu 90 % Wein und bis zu 10 % Opium, doch die Zusammensetzung ist umstritten. Er mischte auf jeden Fall noch weitere Zusätze hinein. Im Grunde belebte er damit den Theriak der Antike wieder, verwendete aber nicht ganz so exotische Bestandteile. Sein Laudanum machte ihn berühmt, es wirkte v. a. schmerzstillend und beruhigend. Sogar Kindern wurde die verdünnte Tinktur bedenkenlos gegeben. Besonders gefördert hat es später der eingangs zitierte englische Arzt Thomas Sydenham (1624–1689), der alles mit Chinarinde und Opium zu heilen versuchte und dazu eine alkoholische Opiumlösung herstellte, der er lediglich noch Safran zusetzte. Die von ihm überlieferten Verbrauchsmengen waren so hoch, dass es sich nicht mehr nur um Arznei handeln konnte, sondern eher als Genussmittel anzusehen ist. Angeblich soll er im Verlauf seiner ärztlichen Tätigkeit 17.000 Pfund Laudanum verordnet haben, das er gerne auch selbst einnahm.

6.3 Wirkung auf das Belohnungszentrum

Homer berichtet in der Odyssee, die im 8. oder 9. Jahrhundert v. Chr. entstand, von einem pflanzlichen Zaubermittel „nepenthe", das Helena von einer ägyptischen Königin erhielt, und wahre Wunder der Entspannung wirkte.

Siehe sie warf in den Wein, wovon sie tranken, ein Mittel
Gegen Kummer und Groll und aller Leiden Gedächtnis.
Kostet einer des Weins, mit dieser Würze gemischet;
Dann benetzet den Tag ihm keine Träne die Wangen,
Wär' ihm auch sein Vater und seine Mutter gestorben [...]

(Homer: Odyssee 4, S. 219–232, nach Voß)

„Nepenthe" heißt auf Griechisch ohne Pein und es könnte sich dabei durchaus um Opium gehandelt haben (oder Haschisch). Auf jeden Fall beschreibt der Auszug sehr zutreffend, wie Opium als Genussmittel wirkt: Es erzeugt ein wohlig-warmes Gefühl, wirkt stark beruhigend, dämpfend, angenehm bis einschläfernd, manchmal auch harmonisierend, inspirierend, anregend. Wie Homer schreibt, werden bei Morphinabhängigkeit belastende Konflikte des Alltags ausgeblendet, es kommt zu einer ausgeglichenen, ruhigen, unbeschwerten und ohne konkrete Ursache glücklichen Stimmungslage. Der Morphinist, wie ein vom Morphium abhängiger Mensch früher genannt wurde, ist hellwach und kann auch bei hoher Abhängigkeit noch normal arbeiten. Die Wirkungen des Heroins sind dagegen sehr viel stärker, weil die Substanz schneller ins Gehirn transportiert wird. Die Toleranzentwicklung ist so extrem, das bereits nach mehrtägiger Gabe die Dosis verdoppelt werden muss. Deshalb gilt Heroin heute als biogene Substanz mit dem höchsten Schadenspotenzial, gefolgt von Kokain und dem synthetischen Opioid Methadon (Abb. 6.3). Tabak und Alkohol wird nach dieser Studie ein höheres Schadenspotenzial zugeordnet als Cannabis (Hanf). Khat, ein Genussmittel aus dem Jemen, Äthiopien und Somalia, stammt vom Khatstrauch und hat demnach das geringste Schadenspotenzial.

Konsumformen von Opium

Rohopium kann man essen, aber auch in Alkohol gelöst trinken.

Rauchopium (Chandu) wird durch mehrmaliges Erhitzen, Kneten und vorsichtiges Rösten des Rohopiums hergestellt. Danach erfolgt eine Wasserextraktion und mehrmonatige Fermentation mit dem Pilz *Aspergillus niger*. Dadurch werden andere Alkaloide wie Codein, Papaverin und Narcotin weitgehend zerstört und der Morphingehalt wird erhöht.

Heroin wird aus Rohopium gewonnen. Es wird zunächst Morphinbase erzeugt, die dann mithilfe von Essigsäureanhydrid und Natriumkarbonat zur Heroinbase wird, wie sie in Deutschland am gebräuchlichsten ist.

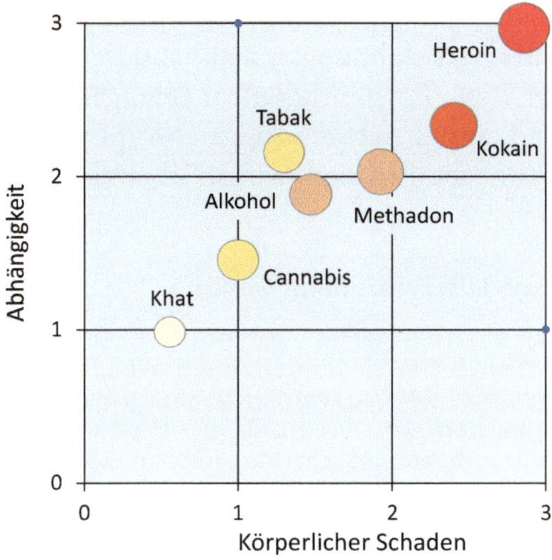

Abb. 6.3 Das Schadenspotenzial von Drogen ergibt sich aus dem Grad der Abhängigkeit, dem körperlichen und dem sozialen Schaden; letzterer wird durch die Größe der Kreise symbolisiert. (Daten von Nutt et al. 2007; nach WIKIMEDIA COMMONS: Thomas Wydra)

Bei Weitem nicht alle Drogen haben Rezeptoren im menschlichen Gehirn, aber bei THC aus Cannabis (s. Kap. 5) und dem Opium ist dies der Fall. Es gibt Opiat/Opioidrezeptoren, die normalerweise von den Endorphinen, körpereigenen Opioidpeptiden, angesprochen werden. Endorphine schüttet der Körper bei übermäßigem Schmerz oder extremer körperlicher Belastung aus, sie wirken stark schmerzdämpfend. Deshalb empfinden manche schwerstverletzten Unfallopfer kurz nach der Verletzung überhaupt keinen Schmerz. Evolutionär ist das sinnvoll, da in Extremsituationen so die Überlebenschance erhöht wird. Die natürlichen Alkaloide im Opium und ihre halbsynthetisch oder synthetisch abgewandelten Opioide imitieren durch ihre ähnliche chemische Struktur die körpereigenen Endorphine und stimulieren somit die entsprechenden Opioidrezeptoren im Gehirn. Es kommt zu einer starken Dämpfung des Schmerzes, v. a. bei traumatischen, postoperativen oder schweren Tumorschmerzen.

Es gibt im menschlichen Gehirn drei Gruppen von Opioidrezeptoren, von denen der μ-Rezeptor (MOR) der potenteste ist. Die Stimulation von MOR führt zur starken Schmerzdämpfung mit dem größten Abhängigkeitsrisiko. Je besser eine Substanz in den μ-Rezeptor passt, desto höher ist ihre schmerzmindernde Wirkung, aber auch ihr Suchtpotenzial. Die Rauschwirkung des isolierten Morphins ist deshalb rund zehnmal stärker als die des Rohopiums.

Dies ist deshalb so dramatisch, weil die μ-Rezeptoren gleichzeitig eine Verstärkung des dopaminergen Belohnungssystems auslösen, das eine euphorisierende Wirkung hat (s. Box). Es ist bisher nicht gelungen, aus dieser Zwickmühle zu entkommen und die hohen regelmäßigen Morphingaben, die bei manchen Schmerzpatienten erforderlich sind, wirken lebensverkürzend.

Das dopaminerge Lustzentrum im Gehirn

Alle Säugetiere besitzen ein Belohnungszentrum im Gehirn, das durch Dopamin aktiviert wird. Es dient der Verhaltenssteuerung, evolutionär positives Verhalten, wie Essen, Trinken, Sex oder Sieg, wird belohnt und als erstrebenswert empfunden. Man ist deshalb bestrebt, das Lustzentrum so oft wie möglich zu aktivieren, ein schneller Schritt in Richtung Sucht. Meist erfolgt dies durch Ausschüttung des Botenstoffs (Neurotransmitter) Dopamin.

Es gibt spezielle Dopaminrezeptoren, Dopamin steuert Gefühle und Denken. Subjektiv wirkt eine Dopaminausschüttung stimmungsaufhellend bis hin zur Euphorie, sie vermittelt ein verstärktes Ego, was zu Selbstüberschätzung führen kann. Dopamin wird zu den Hormonen Noradrenalin und Adrenalin verstoffwechselt, was weitere Wirkungen bedingt.

Heute spielt reines Opium in Deutschland auf dem illegalen Markt kaum eine Rolle, Morphin ist seit dem Aufkommen von Heroin bedeutungslos geworden. Während es Anfang der 1990er-Jahre eine regelrechte Heroinwelle mit über 10.000 auffälligen Erstkonsumenten im Jahr gab, liegt diese Zahl nach dem Drogenbericht der Bundesregierung heute mit 2000 weit darunter (2015: 1648). Heroin gilt unter Jugendlichen als Aussteigerdroge und ist Zeichen von gesellschaftlichem Abstieg und Verfall. Heute sind eher aufputschende und leistungssteigernde Substanzen gefragt.

6.4 Das opiumsüchtige 19. Jahrhundert

Der Sozialforscher John Frederick Logan bezeichnete das 19. Jahrhundert als Zeitalter des Rauschs („age of intoxication") und das gilt besonders für das Opium. England hatte 1830 einen Opiumimport von 50 t, 30 Jahre später waren es schon 200 t. Das ist, auf den Pro-Kopf-Verbrauch berechnet, eine erhebliche Menge. Das meiste ging als Laudanum über die Ladentheke, rezeptfrei. Schon zu Beginn des Jahrhunderts war die Droge im viktorianischen England ein alltägliches Genussmittel der unteren Schichten. Sie war so alltäglich wie wir heute Tee und Kaffee trinken. Berufstätige Mütter verabreichten es schon ihren Säuglingen, damit diese zu Hause ruhig waren, während sie selbst arbeiteten. Die Väter holten sich ihr Laudanum gleich nach der Lohnauszahlung. Und dabei war es wesentlich billiger als beispielsweise Schnaps. So wurde dem Opium die Rolle eines Beruhigungsmittels zugewiesen, es half nach endlos langen Arbeitstagen zu entspannen und Schlaf zu finden und bewirkte eine angenehme Benommenheit, um den Sonntag in der meist großen Familie zu überstehen. Dies beobachtete auch Karl Marx:

> Wie in den englischen Fabrikdistrikten, so dehnt sich auch in den Agrikulturdistrikten der Opiumkonsum unter den erwachsenen Arbeitern und Arbeiterinnen täglich aus (Karl Marx, Das Kapital: Arbeiterlage, Großhandel und Chinas Rache).

Als führende Kolonialmacht hatte England leichten und günstigen Zugang zum Mohnanbau in Indien. Viele Beamte und Offiziere hatten sich dort an dessen Gebrauch gewöhnt. Obwohl Alkoholismus schon als Krankheit bekannt war, nahm man Opium sorglos und heiter. Es war plötzlich kein Arzneimittel mehr, sondern ein reines Genussmittel, das man einnahm, um Wohlgefühl zu empfinden.

Begonnen hatte das schon viel früher. Bereits Christopher Marlowe (1564–1593) schätzte den Mohnsaft als Schlaftrunk, ebenso Shakespeare, der an Schlaflosigkeit litt. Gegen Ende des 18. Jahrhunderts wollte man sogar Opium als Mittel gegen Alkoholismus einsetzen. Offensichtlich verstand man nicht mit dieser Droge umzugehen, weil man ihre Langzeitwirkung nicht kannte. Und das sollte sich später mit Morphium, Heroin und Kokain fortsetzen. Dr. John Jones brachte um 1700 ein Buch zum Thema Opium heraus, das sich als Lobpreisung des Stoffs liest. Mit seiner Hilfe glaubte er alle Leiden oder Schmerzen zu heilen, vom Katarrh über Fieber, Rheuma, Koliken, Frakturen bis hin zu Pest, Pocken und Cholera. Auch diese Naivität sollte sich später mit anderen Drogen wiederholen.

Viele Dichter nahmen regelmäßig Opium, einige waren ihm regelrecht verfallen. Das gilt mit Sicherheit für Novalis, der aber nie darüber dichtete. Ganz im Gegensatz zu E.T.A. Hoffmann und Christian Dietrich Grabbe, deren phantastische Geschichten im Drogenrausch entstanden, beide starben früh. Das gilt auch für Edgar Allan Poe, der regelmäßig Laudanum nahm und sich aus Liebeskummer einmal sogar damit umbringen wollte. Das gelang zwar nicht, aber schon ein Jahr später starb er mit 41 Jahren, ein Opfer von Alkohol und Opium. Auch der englische Dichter Samuel Taylor Coleridge war schon früh mit Opium in Berührung gekommen und gestaltete diese verhängnisvolle Beziehung in seinen Gedichten. So schreibt er vom Stillstand der Zeit und dass Raum und Zeit maßlos werden, eine typische Wirkung von Opium. Als Höhepunkt der literarischen Verherrlichung des Opiums gilt heute das Werk von Thomas de Quincey, der 1821 die *Bekenntnisse eines englischen Opiumessers* schrieb. Darin schildert er die Wirkung der Droge und beschreibt den Raum- und Zeitverlust.

> Der Raum schwoll an und wurde zu einer Ausdehnung von unaussprechlicher, sich immer wiederholender Unendlichkeit erweitert. Dies beunruhigte mich jedoch sehr viel weniger als die ungeheure Ausdehnung der Zeit. Manchmal schien es mir, ich hätte in einer einzigen Nacht siebzig oder hunderte Jahre gelebt.

Mit der Gewinnung des Morphiums (1817) aus dem Opium erhielt der Stoff eine völlig neue Qualität. Morphium wurde bereits in den 1820er-Jahren von der Darmstädter Firma Merck & Co. auf industrieller Basis hergestellt. In den schrecklichen Kriegen des 19. Jahrhunderts, dem Krimkrieg (1853–1856), dem amerikanischen Bürgerkrieg (1861–1865), dann auch im Ersten Weltkrieg, blieb Morphium oft die einzige Möglichkeit, wenigstens die schrecklichen Schmerzen der Verletzten und Versehrten zu verringern. Es wurde massenhaft unbedenklich eingesetzt. Viele der überlebenden schwerverletzten Kriegsveteranen kamen morphiumsüchtig nach Hause. Und so wirkten die Kriege als Multiplikatoren. Das Morphium geriet aus dem medizinisch-militärischen Bereich ins Alltagsleben. Und wo eine Nachfrage ist, findet sich immer auch ein Angebot.

Noch verheerender waren die Wirkungen des Heroins, dem Diacetylmorphin. Im Jahr 1896 entwickelte die BAYER AG in Leverkusen ein Verfahren zur Synthese von Diacetylmorphin und ließ sich für diese, als Pharmawirkstoff gedachte Substanz, den Markennamen Heroin schützen; es ist ein Kunstwort aus dem Altgriechischen und sollte an die heroische Leistung des Erfinders Felix Hoffmann erinnern (Abb. 6.4). Es hatte eine bis zu fünffach höhere schmerzstillende Wirkung als Morphium und war dazu gedacht, die damals bereits erkannte suchtmachende Wirkung von Morphium zu unterbinden. Heroin wurde von BAYER in zwölf Sprachen beworben und zwar als ein oral einzunehmendes Schmerz- und Hustenmittel; selbst Säuglingen wurde es schon eingeflößt. Heroin wurde kiloweise in die ganze Welt verkauft, 1898 stieg der Absatz auf 783 kg.

Es fanden sich dann auch noch etwa 40 weitere Anwendungen, darunter Volkskrankheiten wie Bronchitis und Asthma. Selbst gegen Magenkrebs sollte es helfen und wurde als nicht süchtig machendes Medikament gegen Entzugserscheinungen von Morphin und Opium beworben. Bereits 1904 erkannten einige Ärzte diesen grundlegenden Irrtum, aber das Mittel war ein Verkaufsrenner, es trug erheblich zum Gesamtumsatz des Unternehmens bei. Dabei muss man bedenken, dass die orale Einnahme als Tablette keine Ähnlichkeit

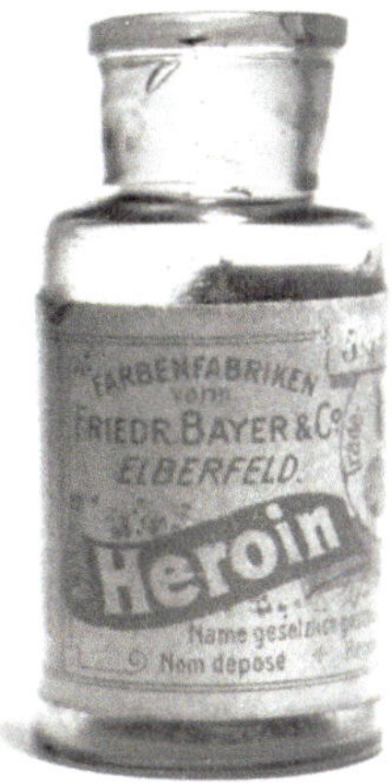

Abb. 6.4 Arzneimittelfläschchen mit Heroin der BAYER AG aus den 1925er-Jahren, das 5 g der Substanz enthielt. Auf der Rückseite findet sich ein Hinweis auf das Heroinverbot in den USA von 1924. (WIKIMEDIA COMMONS: Mpv_51)

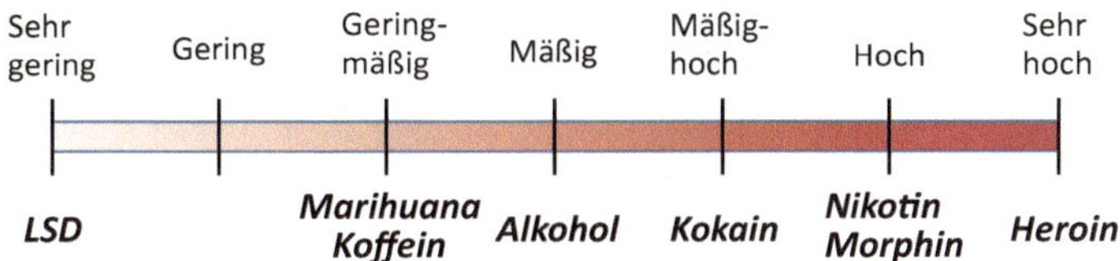

Abb. 6.5 Abängigkeitspotenzial pflanzenbasierter Genussmittel; dies lässt keinen Schluss auf die akute Giftigkeit zu. (Gable 2006)

mit einem Heroinrausch hat. Sie führte zu einer viel langsameren und geringer dosierten Aufnahme des Stoffs. Die Tabletten wirkten lediglich etwas euphorisierend, was für Kranke durchaus erwünscht sein kann. Ab etwa 1910 wurden in den USA die verheerenden Wirkungen des Heroins bekannt, v. a. weil Jugendliche darauf gekommen waren, die Tabletten zu pulverisieren und sich die Substanz zu spritzen. Dann gibt es innerhalb kürzester Zeit einen Kick und führt rasch zur Abhängigkeit (Abb. 6.5). Aber erst 1931 entfernte die BAYER AG wegen des politischen Drucks das Heroin aus der Produktpalette.

6.5 Kriege für Opium

Als in den USA 1972 der *War on Drugs*, der Krieg gegen Drogen, ausgerufen wurde, war noch kaum bekannt, dass es rund 150 Jahre zuvor tatsächlich Kriege *für* Opium gegeben hatte. Damit wollten die Engländer ihre Opiumimporte nach China sicherstellen. Alles begann mit ihrer Liebe zum Tee, die sie Ende des 18. Jahrhunderts entdeckten. Sie mussten ihn notgedrungen aus China importieren, hatten aber nur wenige Produkte, die für die Chinesen interessant waren. Diese betrachteten damals ausländische Waren generell als unnötig. Die damit verbundenen Devisenabflüsse aus Europa nach China führten zu einer spürbaren Silberverknappung und hatten erhebliche Auswirkungen auf die merkantilistischen Volkswirtschaften. Außerdem verdiente der Staat kräftig an der Teesteuer, es gab also kein Interesse, die Einfuhr von Tee zu begrenzen.

Da kamen die Engländer auf die perfide Idee mit dem Opium. Die Chinesen kannten Opium als Genussmittel schon seit Langem, spätestens ab dem 10. Jahrhundert als Arzneimittel, später auch als Genussmittel, das von den Arabern importiert wurde. Bereits gegen Ende des 13. Jahrhunderts war der Opiumgenuss so weit verbreitet, dass er zu einem gesellschaftlichen Problem wurde. Spätestens ab dem 15. Jahrhundert produzierten die Chinesen ihr Opium selbst aus Mohn. Damals aßen oder tranken sie den Stoff noch. Erst gegen Ende der Ming-Dynastie kam die Sitte des Opiumrauchens auf, angeblich weil der letzte Ming-Kaiser, Huaizhan, 1644 das Tabakrauchen verbot. Zuerst streckten sie den aus dem Schwarzhandel teuer erworbenen Tabak mit Opium, später ließen sie dann den Tabak ganz weg und bekämpften eine Sucht mit der anderen. Das ist ein schönes Beispiel dafür, wie wenig sinnvoll es ist, ein Genussmittel ganz zu verbieten. Im Zweifelsfall wenden sich die Süchtigen einem anderen, oft sogar schlimmeren, Mittel zu.

Die Beliebtheit des Opiums in China nutzten die Engländer ab etwa 1820, um den chinesischen Markt mit billigem Opium aus Indien zu überschwemmen (Abb. 6.6).

Schon zehn Jahre später war die britische East India Company der weltweit größte Drogenhändler. Die Auswirkungen auf die chinesische Gesellschaft waren verheerend. Die kaiserliche Familie, die Eunuchen am kaiserlichen Hof, die Beamten und das Militär waren hoffnungslos dem Opium verfallen. Aber nicht nur die Oberschicht, auch die Kulis, die Sänftenträger und die Kanalschiffer verfielen massenhaft dem billigen Opium. Es kam zu weitgehender Lethargie, Arbeit wurde nicht mehr erledigt, kaiserliche Erlasse nicht mehr umgesetzt (Abb. 6.7). Der Kaiser Daoguang bemühte sich um eine Eindämmung des Opiumhandels und ernannte 1838 einen Spitzenbeamten, den Kommissar Lin Zexu. Dieser verhaftete in einem Jahr 1600 Chinesen und beschlagnahmte dabei 73 t Opium. Das zeigt, wie viel von dem Stoff im Land gewesen sein musste. Als er aber anfing, auch ausländische Opiumhändler zu internieren und 1400 t Opium von den Engländern beschlagnahmte, schlugen die zurück. Sie entsandten einen Flottenverband, der den heute sog. Ersten Opiumkrieg (1839–1842) auslöste. Es gab nie eine Kriegserklärung, aber die

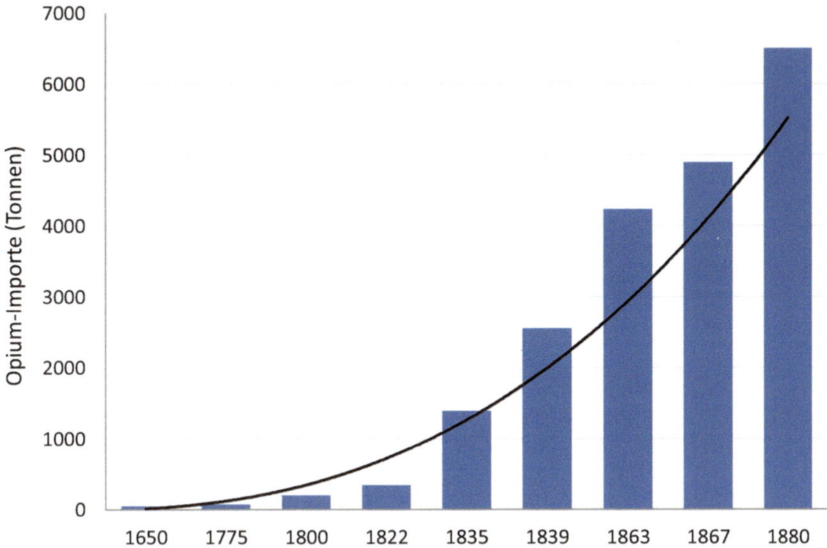

Abb. 6.6 Es ist heute geradezu unglaublich, welche Mengen an Opium England nach China brachte, um seine steigenden Teeimporte zu finanzieren. (UNODC, nach WIKIMEDIA COMMONS: Philg88)

Chinesen wurden rasch und vernichtend geschlagen. Die Engländer zwangen sie, ihre Märkte zu öffnen und Opium als Zahlungsmittel für die Teeexporte anzunehmen. Spätestens seit diesem Zeitpunkt sprachen die Chinesen von der Hinterlist der weißen Teufel. Aus ähnlichen Gründen entbrannte einige Jahre später der Zweite Opiumkrieg (1856–1860), der China endgültig zum Spielball und zur Quasikolonie westlicher Mächte machte.

Das Opium avancierte zum Suchtmittel der Bevölkerung. Es war wirtschaftlich für die Engländer äußerst lukrativ. Im Jahr 1831 wurde beispielsweise den Chinesen Opium im Wert von 11 Mio. Pfund Sterling verkauft, was nach Abzug aller Unkosten 8 Mio. Pfund im Besitz der Kompanie ließ, mit denen sie chinesischen Tee kaufen konnte.

> Der Tee, mit dem die englische Gesellschaft sich fit hält, wird bezahlt mit dem Opium, das die chinesische Gesellschaft schläfrig, träumerisch, inaktiv, konkurrenzunfähig und beherrschbar macht (Schivelbusch 2005).

Bis 1880 stiegen die Opiumeinfuhren nach China auf 6500 t je Jahr (Abb. 6.6); es gab schätzungsweise bereits 20 Mio. Süchtige. Trotzdem ließ der Kaiser auf eigenen Mohnfeldern in den südlichen Provinzen weiteres Opium gewinnen, eine fatale Fehlentscheidung. Die Importe gingen zwar zurück, die Inlandsproduktion stieg aber auf 22.000 t, das ist mehr als das Dreifache dessen, was

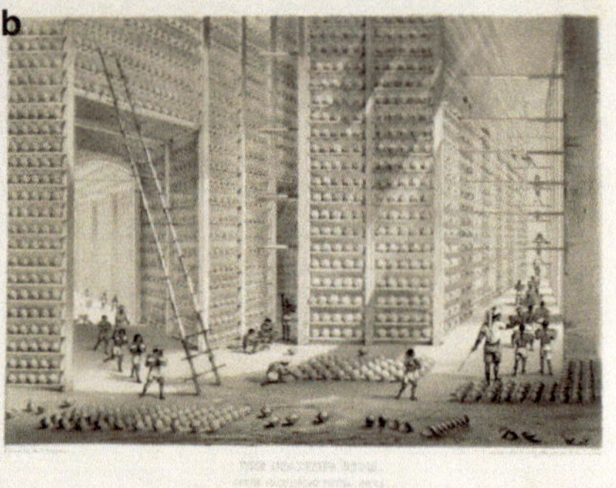

Abb. 6.7 **a** Opiumraucher in China; das Bild verdeutlicht, dass Opiumgenuss träge und ruhebedürftig macht (**a** WIKIMEDIA COMMONS: Archibald Little, The Land of the Blue Gown, London 1902); **b** Ein Lager in der Opiumfabrik bei Patna/Indien (**b** WIKIMEDIA COMMONS: Wellcome)

die Engländer auf dem Höhepunkt ihres Opiumhandels ins Land brachten. Die koloniale Unterdrückung durch die Engländer war für die USA Anlass, in Den Haag 1911/12 eine Erste Internationale Opiumkonferenz einzuberufen, auf der 16 Länder eine Erklärung unterzeichneten, Opium zu ächten.

6.6 Vom Goldenen Halbmond nach Europa

Für medizinische Zwecke dürfen heute sechs Länder unter Aufsicht der Vereinten Nationen legal Opium produzieren: Türkei, Indien, Australien, Frankreich, Spanien und Ungarn. Hauptlieferant ist die Türkei, die gut die Hälfte der legalen Menge auf etwa 70.000 ha Anbaufläche produziert. Dabei wird das Opium nicht direkt aus den unreifen Kapseln gewonnen, sondern aus reifem Mohnstroh extrahiert, um die Bauern nicht in Versuchung zu führen, einen Teil als Rauschmittel abzuzweigen und illegal zu verkaufen. Dazu werden die Mohnpflanzen zur Reife komplett abgemäht, auf Schwad gelegt und getrocknet. Das trockene Stroh wird dann gehäckselt und das Opium mit Lösungsmitteln extrahiert.

Weitaus bedeutender ist natürlich die illegale Produktion. Obwohl reines Opium heute als Genuss- und Suchtmittel auf dem europäischen Markt keine Rolle mehr spielt, wird es in Form des halbsynthetischen Heroins konsumiert. Traditionell stammt das zur Herstellung von Heroin nötige Rohopium aus dem Goldenen Halbmond, v. a. Afghanistan und Pakistan (Abb. 6.8).

Afghanistan ist nach wie vor der weltweit wichtigste Produzent; rund 80 % der illegalen Opiumproduktion findet hier statt: Nach Angaben der UNODC

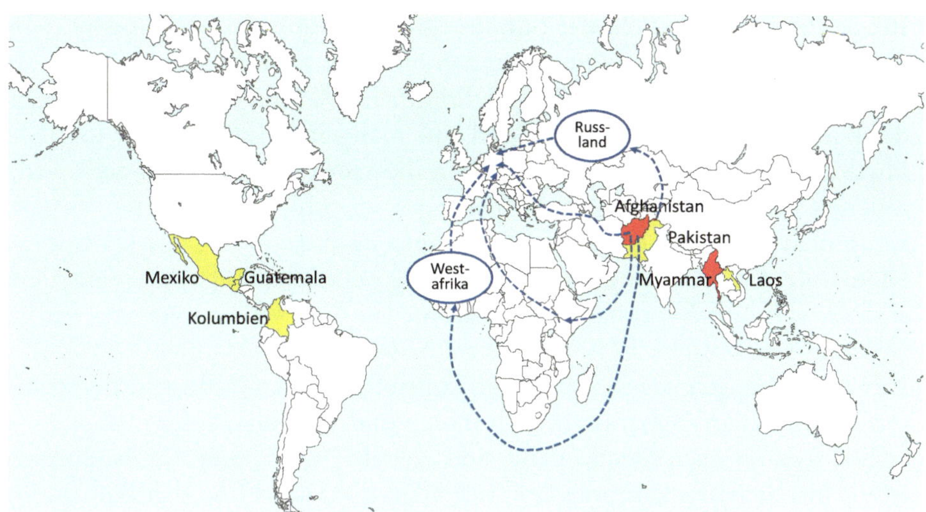

Abb. 6.8 Schlafmohn wird im Wesentlichen in Afghanistan angebaut, Myanmar steht an zweiter Stelle; in geringerem Umfang spielen Pakistan, Laos, Kolumbien, Mexiko und Guatemala eine Rolle. *Gestrichelt* sind die wichtigsten Handelsrouten für Deutschland eingezeichnet. (Kartengrundlage: http://www.maproom.org/outline/world/mn.php; Daten und Routen nach UNODC 2015a)

(2016a) wurden hier 2016 auf einer Fläche von 201.000 ha Schlafmohn angebaut, das sind 10 % mehr als im Vorjahr. Der Anstieg wird durch das Vordringen der Taliban und die Resignation der afghanischen Regierung erklärt. Die durchschnittliche Ernte beträgt 23,8 kg Opium je Hektar. Ein zweiter Anbauschwerpunkt ist das Goldene Dreieck, eine Region im Grenzgebiet von Myanmar (früher Burma), Laos und Thailand. Der dortige Schlafmohnanbau beruht auf ursprünglichen Bergvölkern, bei denen Opium als Genussmittel akzeptiert ist. Während ihrer Kolonialherrschaft in Indochina traten die Franzosen als potente Käufer auf und nahmen große Mengen Opium ab. Der Vietnamkrieg führte schließlich zu einem weiteren Aufschwung der Opium- und Heroingewinnung, weil alle Kriegsparteien von dem Geld profitierten. Im Norden Thailands ist der illegale Schlafmohnanbau weitgehend eingedämmt; auch Laos ergriff Gegenmaßnahmen, hier gibt es nach Angaben der UNODC (2015b) nur noch 5700 ha, in Myanmar werden aber noch rund 55.000 ha (2015) angebaut; Vietnam ist aus der Statistik verschwunden.

In Afghanistan wird mit dem Anbau von Schlafmohn das Zehn- bis Zwölffache im Vergleich zum Weizenanbau verdient, sodass es für die Bauern keine Anreize gibt, die Fruchtart zu wechseln. Der Wert des in Afghanistan hergestellten Rohopiums von rund 6000 t wird auf 1,4 Mrd. US-Dollar jährlich geschätzt (UNODC 2015a). Dabei spielen Entwicklungsprobleme eine große

Rolle. Der Drogenbericht der Bundesregierung (Anonym 2015) nennt dabei die mangelnde staatliche Präsenz in den oft abgelegenen Anbauregionen, Armut, bewaffnete Konflikte, massive kriminelle Gewalt, mangelnder Zugang der Bauern zu Land und Wasser und eine mangelnde Infrastruktur (Straßen, Flughäfen). Für die Kleinbauern haben die Gewinnmargen nur sehr wenig mit den exorbitanten Gewinnsteigerungen zu tun, die durch den illegalen Drogenhandel entstehen. Die Bauern tragen auch das Risiko, die Ernte dieser Monokulturen durch ungünstige Witterung oder Schädlinge zu verlieren und sind Gewalt und Repressalien der kriminellen Netzwerke ausgesetzt, die das Rohopium aufkaufen. Es ist sicher kein Zufall, dass die Hauptanbauregionen für illegale Drogen fernab staatlicher Kontrollinstanzen in Bürgerkriegsgebieten liegen, wie in Afghanistan, Kolumbien und Myanmar.

Die Routen nach Deutschland sind vielfältig (Abb. 6.8), am wichtigsten ist die klassische Balkanroute über den Iran, die Türkei und den Balkan. Die Südroute führt über Ostafrika nach Europa, teilweise werden Containerschiffe genutzt, die aus Pakistan nach Westafrika fahren. Von dort findet dann ein Teil der Drogen auch nach Europa. Die Nordroute schließlich versorgt hauptsächlich Russland, über Osteuropa kann aber ebenfalls Opium und Heroin nach Deutschland kommen.

Von den Opiaten spielt Heroin heute nur noch in geringem Umfang eine Rolle. Es wird geraucht, geschnupft oder direkt in die Blutbahn injiziert. Es ist leicht fettlöslich und gelangt sehr rasch ins Gehirn. Heroin wirkt, wie auch die anderen Opiate, schmerzstillend, beruhigend und euphorisierend. Bei geringer Dosierung steigt sogar die geistige und körperliche Leistungsfähigkeit, negative Empfindungen werden weitgehend ausgeblendet, gelegentlich kommt es zu Halluzinationen. Bei Dauerkonsum wird das sexuelle Empfinden, wie bei allen Opiaten, stark verringert. Heroin macht extrem schnell körperlich abhängig, es genügt eine vier- bis fünfmalige Wiederholung der Injektion. Die Dosen müssen dann gesteigert werden, um noch dieselbe Wirkung wie am An-

Tab. 6.2 Wirkung von Opiaten und Opioiden relativ zu Morphin. (Matzenberger 2017)

Wirkstoff	Wirkung
Codein	0,1
Morphin	1
Methadon	1–5
Oxycodon	1,5–2
Heroin	2–5
Fentanyl	75–125
Carfentanil	10.000–100.000

fang zu erzielen. Endet das Suchtgefühl, dann wird der Süchtige reizbar, verstimmt und depressiv. Das wird bei regelmäßigem Konsum zum Dauergefühl. Hinzu kommt der körperliche Abbau, u. a. durch mangelnde Ernährung, Vernachlässigung der Körperpflege, Zahn-, Mund- und Kiefererkrankungen, der Zerfall der Persönlichkeit, sozialer Abstieg. Überdosierungen bewirken Atemlähmungen, die zum Tod führen können. Dies kommt v. a. dann vor, wenn unabsichtlich besonders reines Heroin gekauft wird. Auf dem Schwarzmarkt variiert die Reinheit zwischen 5 und 95 %. Es gibt auch künstlich hergestellte Opiate, wie Fentanyl, die stärker als Heroin wirken (Tab. 6.2).

6.7 Die Opioidkrise in den USA

Jüngste Entwicklungen in den USA zeigen drastisch, wie gefährlich Opioide auch in den Händen von Ärzten sein können. Im Jahr 2016 nahm nahezu jeder dritte Amerikaner ein verschreibungspflichtiges Schmerzmittel ein, geschätzte 2,7 Mio. sind davon abhängig. Allein 2016 starben mehr als 59.000 Amerikaner an einer Überdosis, eine Zahl, die deutlich höher liegt als die der Toten durch Autounfälle. Und es trifft nicht in erster Linie Jugendliche oder Straftäter, sondern v. a. männliche Weiße aus der Unterschicht mittleren Alters. Verschreibungspflichtige Opiate gelten heute in den USA als das häufigste Suchtmittel nach Alkohol.

Begonnen hat das Ganze mit der Freigabe opioidhaltiger Mittel für die ärztliche Verschreibung. Das war politisch gut gemeint, weil dadurch die Versorgung von Schmerzpatienten in der Palliativmedizin verbessert werden sollte. Begleitet von einer massiven Werbekampagne der Pharmahersteller wurden die Opioide allerdings als Allzweckwaffe gegen Schmerzen beworben und die Gefahren heruntergespielt. Und die Ärzte machten mit. Seit 1999 hat sich die Zahl der Verschreibungen vervierfacht, Marktführer ist Oxycontin mit dem Wirkstoff Oxycodon (Tab. 6.2), eines der stärksten und wirksamsten legalen Schmerzmittel in Tablettenform. Dabei ist in Europa das ähnlich stark wirkende Heroin selbst als Arzneimittel verboten. Doch die amerikanischen Patienten wurden durch die massenhaft verschriebenen Tabletten nicht nur ihre Rücken-, Knie- oder sonstigen Schmerzen los, sondern bemerkten rasch eine sehr positive Wirkung auf ihr Lebensgefühl. Eigentlich soll Oxycontin eine Langzeitwirkung über etwa 12 Stunden hinweg entfalten und deshalb angeblich nicht süchtig machen. Zerkleinert, aufgelöst oder intravenös injiziert schafft es aber, wie alle Opioide, ein sofortiges starkes Gefühl der Euphorie und der Auflösung von Ängsten. Und das sprach sich wohl herum.

Inzwischen klagen einzelne Bundesstaaten gegen die Hersteller, weil die Folgekosten der Sucht immens sind. Nach neuen Studien sei die Medikamentenabhängigkeit verantwortlich für die seit Jahren in den USA sinkende Erwerbsquote und Lebenserwartung weißer Amerikaner zwischen 45 und 54 Jahren und für Milliardenkosten im Gesundheitssystem (Schröder 2017). Besonders betroffen sind Regionen mit hoher Arbeitslosigkeit, wie Ohio, West Virginia und Kentucky. Wenn die süchtig Gewordenen keine Schmerzmittel mehr von ihrem Arzt verschrieben bekommen, dann weichen sie oft auf das viel billigere Heroin oder gar Fentanyl vom Schwarzmarkt aus.

Wegen der inzwischen offiziell sog. Opioidkrise rief Präsident Donald Trump am 11. August 2017 den nationalen Notstand aus (Anonym 2017). Dadurch können Mittel zum Kampf gegen die Medikamentensucht bewilligt werden, Polizisten dürfen Gegenmittel zur Bekämpfung des Atemstillstands, einer häufigen Nebenwirkung einer Überdosis, verabreichen und Süchtige erhalten mehr gesundheitliche Unterstützung.

Literatur

Anonym (2015) Drogen- und Suchtbericht der Drogenbeauftragten der Bundesregierung. https://www.bundesgesundheitsministerium.de/fileadmin/Dateien/5_Publikationen/Drogen_und_Sucht/Broschueren/2015_Drogenbericht_web_010715.pdf. Zugegriffen: 30. April 2018

Anonym (2017) Opioidkrise – Trump ruft den nationalen Notstand aus. ZEIT-ONLINE am 11. August 2017. http://www.zeit.de/politik/2017-08/nationaler-notstand-opioid-krise. Zugegriffen: 30. April 2018

Bakels CC (1982) Der Mohn, die Linearbandkeramik und das Mittelmeergebiet. Arch Korrbl 12:11–13

Gable RS (2006) Acute toxicity of drugs versus regulatory status. In: Fish JM (Hrsg) Drugs and society. U.S. Public policy. Rowman & Littlefield, Lanham, S 149–162

Logan JF (1974) The age of intoxination. Yale Fr Stud 50:81–94

Matzenberger M (2017) Nirgendwo wird mehr Morphin konsumiert als in Österreich. Der Standard am 24. April 2017. https://derstandard.at/2000055308943/Nirgendwo-wird-mehr-Morphin-konsumiert-als-in-Oesterreich. Zugegriffen: 30. April 2018

Nutt D, King LA, Saulsbury W, Blakemore C (2007) Development of a rational scale to assess the harm of drugs of potential misuse. Lancet 369:1047–1053

Schivelbusch W (2005) Das Paradies, der Geschmack und die Vernunft. Eine Geschichte der Genussmittel, 6. Aufl. S. Fischer, Frankfurt/Main

Schröder T (2017) Zu high zum Arbeiten. ZEIT ONLINE am 08. August 2017. http://www.zeit.de/wirtschaft/2017-08/sucht-usa-schmerzmittel-opioide-abhaengigkeit. Zugegriffen: 30. April 2018

UNODC. United Nations Office on Drugs and Crime (2015a) World Drug Report 2015. United Nations publication, Sales No. E.15.XI.6. https://www.unodc.org/documents/wdr2015/World_Drug_Report_2015.pdf. Zugegriffen: 30. April 2018

UNODC. United Nations Office on Drugs and Crime (2015b) Opium production in Myanmar and the Lao People's Democratic Republic stabilizes at high levels, says UNODC report. Press release. https://www.unodc.org/unodc/en/press/releases/2015/December/opium-production-in-myanmar-and-the-lao-peoples-democratic-republic-stabilizes-at-high-levels.html. Zugegriffen: 30. April 2018

UNODC. United Nations Office on Drugs and Crime (2016a) Afghan opium production up 43 per cent: Survey. Press. Release. https://www.unodc.org/unodc/en/frontpage/2016/October/afghan-opium-production-up-43-percent_-survey.html. Zugegriffen: 30. April 2018

WIKIPEDIA (2016) Stichworte: Schlafmohn, Opium (englischsprachig). https://de.wikipedia.org/wiki/Wikipedia:Hauptseite. Zugegriffen: 30. April 2018

Weiterführende Literatur

Evers M (2000) Viel Spaß mit Heroin. SPIEGEL ONLINE. http://www.spiegel.de/spiegel/print/d-16748368.html. Zugegriffen: 30. April 2018

Körber-Grohne U (1987) Nutzpflanzen in Deutschland. Kulturgeschichte und Biologie. K. Theiss, Stuttgart

Kring V (2014) Biogene Drogen mit Missbrauchspotenzial – Kulturgeschichtliches und Wirkungen. Masterarbeit, Universität Stuttgart

Seefelder M (1996) Opium. Eine Kulturgeschichte, 3. Aufl. Ecomed, Landsberg

Tanner J (1999) Cannabis und Opium. In: Hengartner T, Merki CM (Hrsg) Genussmittel – Ein kulturgeschichtliches Handbuch. Campus, Frankfurt am Main, S 195–227

UNODC (2016b) United nations office on drugs and crime. World drug report 2016. New York. https://www.unodc.org/doc/wdr2016/WORLD_DRUG_REPORT_2016_web.pdf. Zugegriffen: 30. April 2018

7

Koka & Kola – keine gewöhnliche Erfrischung

Koka muss als die wichtigste und kulturell bedeutendste narkotisch wirkende Pflanze Südamerikas angesehen werden.
Richard E. Schultes und Albert Hofmann 1979

Coca-Cola enthielt tatsächlich einmal Extrakte aus Kokablättern und Kolanüssen. Was heute undenkbar wäre, verhalf dem damals modernen Erfrischungsgetränk zu einer steilen Karriere, die schließlich, ohne Koka und Kola, zu einem Verkauf in 196 Ländern führte.

7.1 Koksen mit Coca-Cola?

Coca-Cola wurde 1886 von dem morphiumsüchtigen amerikanischen Apotheker Dr. John S. Pemberton erfunden. Er hoffte, durch Kokain von seiner Sucht geheilt zu werden, denn damals galt Kokain als nicht gesundheitsgefährdend. Also mischte er die Wunderdroge mit Wein und verkaufte sie als *Pemberton's French Wine Coca*. Dagegen protestierte die amerikanische Abstinenzlerbewegung und Pemberton ließ daraufhin den umstrittenen Alkohol weg. Er kreierte stattdessen ein Getränk mit Kokain, Karamell und viel Zucker und erfand so Coca-Cola. Zu dem Kokaextrakt mischte er aufputschendes Koffein als Extrakt aus der Kolanuss und ein Sammelsurium von pflanzlichen Duft- und Genussmitteln, wie Vanilleextrakt, Limettensaft, Zitronensäure und, in geringeren Mengen, Orangen-, Limonen-, Neroli-, Zimt-, aber auch Muskatnuss- und Korianderöl; dazu Wasser und fertig war der neue Stoff. Ein solches aus Naturstoffen hergestelltes Getränk wäre heute so teuer,

T. Miedaner, *Genusspflanzen*, https://doi.org/10.1007/978-3-662-56602-2_7

dass es nicht mehr im Supermarkt verkauft werden könnte. Und das war damals auch nicht der Fall. Pemberton vermarktete Coca-Cola als Medizin. Es sollte sich an städtische Kopfarbeiter richten, die unter Kopfschmerzen, Hysterie, Melancholie oder der damaligen Modekrankheit Neurasthenie litten, wie es in der ersten Anzeige hieß (Abb. 7.1).

Coca-Cola wurde damals schon als Sirup vertrieben, der mit Sodawasser gemischt ein Getränk ergab. Es wurde bald in Apotheken und Soda-Bars glasweise verkauft. Das war damals eine Angelegenheit der höheren Stände. Viele Alkoholabstinenzler gaben etwas Kokain zusätzlich in ihre Cola, es war mit 2,50 $ die Unze nicht sonderlich teuer und damals frei verkäuflich. Die angepriesenen medizinischen Wirkungen waren natürlich Humbug, aber die aufputschende Wirkung war garantiert. „Eine Coke um 8 wirkt bis 11", hieß es noch Anfang des 20. Jahrhunderts.

Coca-Cola wurde 1887 patentiert und nur zwei Tage nachdem dem Patentantrag stattgegeben wurde, verkaufte Pemberton zwei Drittel seiner Rechte an einen Apothekengroßhändler für 2300 US-Dollar, um Geld für seine Sucht zu beschaffen. Das letzte Drittel behielt er für seinen Sohn Charley. John Pemberton starb schon ein Jahr später am 16. August 1888, sein Sohn wenige Jahre danach an einer Überdosis Rohopium. Die Erfindung des Namens Coca-Cola

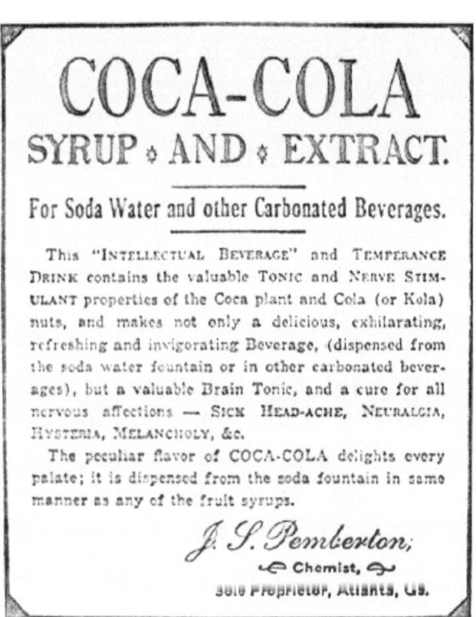

Abb. 7.1 Die erste Anzeige für Coca-Cola erschien schon am 29. Mai 1886 im Atlanta Journal. (WIKIMEDIA COMMONS)

wird Pembertons Buchhalter Frank M. Robinson zugeschrieben. Er leitete ihn aus den Hauptzutaten Kokablätter („coca leaves") und Kolanuss („cola nut") ab.

Die spannende Frage für unser Thema ist nun, wieviel Kokain eigentlich in der ursprünglichen Coca-Cola war. Nach einem frühen Rezept, das von WIKIPEDIA zitiert wird und noch von Frank M. Robinson stammte, enthielt ein Glas 8,45 mg Kokain, das wären rund 60 mg je Liter. Geschnupft wird Kokain mit 20–30 mg; durch ein Getränk aufgenommenes Kokain wirkt deutlich schwächer. Die Coca-Cola Company bestreitet, dass ihr Getränk jemals Kokain enthalten habe. Der Wiener Pharmazeut Wilhelm Fleischhacker schrieb 2006, dass ein Liter Coca-Cola sogar 250 mg Kokain enthalten habe. Bereits 1891 lagen, nach dem Bericht von Fleischhacker, in den USA mindestens 200 Berichte über Kokainvergiftungen durch Getränke vor und es wurden 13 Todesfälle bekannt. Deshalb wurde 1904 in den ersten Bundesstaaten und 1914 in den gesamten USA der Zusatz von Kokain in Getränken verboten, England folgte 1916, Deutschland 1920. Dadurch wurde Kokain zur illegalen Droge, was es bis heute geblieben ist.

Schon um 1903 war die Coca-Cola Company dazu übergangen, nur noch alkaloidfreie Extrakte aus Kokablättern zuzusetzen und das v. a. deshalb, um den Anspruch auf das Warenzeichen zu erhalten. Um diese Zeit wurde das Getränk auch nicht mehr als Alternative zu Medikamenten beworben, sondern als Erfrischungsgetränk („delicious and refreshing") überall in den Läden verkauft. Coca-Cola gibt es heute in praktisch allen Ländern der Erde. In den USA heißt das Getränk auch einfach Coke, was Koks im Sinn von Geld bedeutet, aber umgangssprachlich eben auch Kokain. In Deutschland wurde Coca-Cola zuerst 1929 in der Essener Vertriebsgesellschaft für Natur(!)getränke abgefüllt.

„Simply Coca" – Kokain in Red-Bull-Cola

Der weltweit bekannte Energiedrinkhersteller Red Bull entwickelte eine Cola, die nur natürliche Aromen aus Pflanzenextrakten enthält („Simply Cola"), darunter Kokablattextrakt, Kolanuss, Zimt, Kakao, Muskatblüte, Kardamom. Im Mai 2009 fand eine Behörde des Landes Nordrhein-Westfalen in dem Getränk Spuren von Kokain in Höhe von 0,4 mg je Liter. Es wurde aufgrund des Betäubungsmittelgesetzes sofort Alarm geschlagen: Mehrere Bundesländer verboten das Getränk, Supermärkte nahmen es aus dem Regal. Die Erklärung: Red Bull verwendet einen Extrakt aus Kokablättern, denen das Kokain entzogen wurde und die die Firma für unbedenklich hielt. Dieser Meinung schloss sich schließlich auch das Bundesinstitut für Risikobewertung (BfR, Merkel 2009) an, das Verkaufsverbot wurde rund drei Monate später wieder aufgehoben. Das zeigt aber, wie streng und hysterisch das Gesetz in Deutschland angewendet wird, denn die Kokainmenge in Red Bulls Cola lag um das 7000–20.000fache unter der Wirkgrenze (Anonym 2009).

Übrigens war Ende des 19. Jahrhunderts Coca-Cola nicht das einzige kokainhaltige Allerweltsgetränk (Abb. 7.2). Einige Jahrzehnte zuvor gab es schon den Vin Mariani, ein 1863 erstmals hergestelltes Mischgetränk aus Bordeauxwein und Extrakten der Kokapflanze. Der Name stammt von Angelo Mariani, einem französischen Apotheker, der den Ethylester des Benzoylecgonins (s. u.) in den Wein kippte, ein dem Kokain nahe verwandter Stoff. Ähnlich wie das frühe Coca-Cola empfahl man auch den Vin Mariani bei Gesundheitsproblemen gegen Blutarmut, Rachitis und allgemeine Schwäche. Außerdem sollte er für Nerven und Gehirn gut sein und unterschwellig wurde er als Aphrodisiakum beworben. Dieser aufgewertete Wein begeisterte Geistesgrößen wie Émile Zola, Jules Verne und Henrik Ibsen, Erfinder, wie Thomas Edison, und Staatenlenker wie die britische Queen und den russischen Zaren sowie drei

Abb. 7.2 Anzeige für den berühmten Vin Mariani aus Frankreich, gestaltet von Jules Cheret, 1894. (WIKIMEDIA COMMONS)

Päpste. Papst Leo XIII. verlieh dem kokainhaltigen Gebräu sogar eine Goldmedaille und ließ sich für die Werbung einspannen. In Deutschland empfahl 1886 die Allgemeine Militär-Zeitung den Coca-Wein als neues Verpflegungsmittel im diesjährigen Manöver. Auch in Großbritannien gab es Weine, die mit Kokain versetzt waren (Abb. 7.2).

7.2 Herkunft, Botanik und Inhaltsstoffe der Kokapflanze

Die Kokapflanze (*Erythroxylum coca*) ist ein Strauch, der v. a. in den Nordanden von Peru, Bolivien bis Kolumbien wächst. Hier kommt sie zwischen 300 und 2000 m Meereshöhe vor und benötigt humusreichen, lockeren Boden, eine hohe Luftfeuchtigkeit und viel Niederschlag.

Der Name der Gattung stammt von dem charakteristischen roten Holz (Erythro-), der Name Koka kommt von der Bezeichnung des Aymara-Stammes (Kolumbien) für Baum. Der Strauch kann bis zu 5 m hoch werden; im Anbau wird er aber auf 2–3 m Höhe beschnitten, um die Ernte zu erleichtern.

Die Gattung enthält rund 250 Arten, nur zwei davon enthalten Kokain:

- *E. coca*
  - ssp. *coca* — Bolivianische Koka: ganz Südamerika
  - ssp. *ipadu* — Amazonas-Koka: Amazonasgebiete
- *E. novogranatense*
  - ssp. *novogranatense* — Kolumbianische Koka: Kolumbien, Venezuela
  - ssp. *truxillense* — Truxillo-Koka: Südwestkolumbien, Ecuador, Nordperu

E. coca ist die Stammform, die über weite Teile Südamerikas verbreitet ist; *E. novogranatense* wächst nur in kleineren Teilgebieten. Sie hat ihren Namen von der spanischen Bezeichnung Neu-Granada, die das heutige Kolumbien bezeichnete. Sie ist von ihren Verbreitungsbedingungen her variabler und wächst auch in geringerer Höhe als *E. coca*. Deshalb wurde sie schon 1875 von den Kolonialherren in Bogor (West-Java, heute Indonesien) eingeführt und 1888 wurden große Mengen Saatgut in Südostasien ausgebracht. Die Kolumbianische Koka wächst heute auch in Malaysia, Indonesien (Java, Borneo, Sulawesi) und auf den Philippinen. Beide Unterarten von *E. novogranatense* sind nur als kultivierte Pflanzen bekannt, wurden deshalb wohl schon seit Jahrtausenden angebaut, sodass die ursprüngliche Wildform verloren ging. Alternativ könnten sie auch Mutationen aus der namensgebenden Art *E. coca* darstellen.

Kokain wird aus den ovalen bis lanzettförmigen Blättern gewonnen (Abb. 7.3). Ihr Geschmack ist leicht bitter, fast grasartig. Getrocknete Kokablätter enthalten 0,5–2,5 % Alkaloide, bis zu drei Viertel davon sind reines Kokain. Es führt zu einer Störung des Nervensystems vieler Insekten und wirkt bakterizid.

Die herkömmlichen Anbaugebiete der Kokapflanze sind vorzugsweise gebirgige, wenig zugängliche Landschaften in Peru und Bolivien. Der Kokastrauch wird, ähnlich wie bei uns früher die Rebe, als Kulturpflanze auf terrassenförmigen Plantagen angebaut und zur Ernteerleichterung beschnitten. Er kann durch Triebsetzlinge oder Samen vermehrt werden. Die Kokasetzlinge oder -sämlinge werden 1–1,5 Jahre in Pflanzbeeten vorgezogen und dann auf die Plantage umgesetzt. Dabei müssen sie beschattet werden, etwa durch die gemeinsame Kultur mit Manjok, Mais oder Kaffee. Zwei bis drei Jahre nach dem Umsetzen kann erstmals geerntet werden und dann zwei bis drei Mal im Jahr, wenn sich die Blätter leicht vom Stängel ablösen.

Ein Strauch kann theoretisch bis zu 40 Jahre beerntet werden, der Ertrag sinkt aber nach etwa zehn Jahren unter die Rentabilitätsgrenze. Die erste Ernte

Abb. 7.3 **a** Einzelner Kokastrauch, **b** Kokapflanze mit Früchten in Nahaufnahme, **c** Hausgarten in Peru mit einigen Kokasträuchern (*vorne rechts*) zum Eigengebrauch. (Patrik Blumenthal, Universität Bonn)

im März/April bringt den höchsten Kokaingehalt, spätere Ernten sind dann im Juni und, unter günstigen Wachstumsbedingungen, nochmals im Oktober/November möglich. Ein Strauch liefert bei drei Ernten im Jahr etwa 300 g frische Blätter, auf einem Hektar können bis zu 4000 kg getrocknete Blätter gewonnen werden. In Bolivien gibt es legale Kokaplantagen, die nur zur Herstellung der Blätter, nicht aber zur Extraktion des Kokains verwendet werden dürfen.

7.3 Medizin, Durchhaltemittel und Nationalgetränk

Die Kokapflanze hat in ihrem Herkunftsgebiet eine Vielfalt von Anwendungsmöglichkeiten. Das Kauen von Kokablättern ist in den Anden und im angrenzenden Tiefland seit Jahrtausenden üblich. Es dient dem Genuss, der Nahrungsergänzung, kultischen und medizinischen Zwecken. Die Inhaltsstoffe helfen gegen Hunger, Müdigkeit und Kälte und sind auch wirksam gegen die Höhenkrankheit, da sie die Sauerstoffaufnahme der roten Blutkörperchen verbessern. Außerdem soll das Kokakauen gegen Verdauungsbeschwerden, Zahnkaries, Arthritis, Kopfschmerzen, Nasenbluten, Asthma und Impotenz helfen und die Heilung von Knochenbrüchen unterstützen. Die Indios versprechen sich von Kokablättern ganz allgemein Stärke und Ausdauer.

Die Blätter werden zusammen mit Kalk und anderen alkalischen Hilfssubstanzen, wie etwa Pflanzenasche, zwischen die Zähne geschoben und Stunden lang im Mund behalten. Dabei bildet sich in der Wange ein Pfriem („bola"). Eigentlich ist Kauen nicht die korrekte Bezeichnung, denn die Blätter bleiben im Mund und werden durch den Speichel nur ausgelaugt. Auf dem Altiplano verwendet man heute noch die Asche von Quinoastängeln und vermischt diese mit etwas Zucker und Wasser oder Alkohol.

Von diesem Kokakonsum berichtete als erster Europäer Amerigo Vespucci 1499 aus Nordostbrasilien, ohne zu verstehen, was die Menschen da taten. Er schrieb, dass die Leute hier hässlich seien und sich ihre Backen blähen, weil sie ständig wie Kühe ein grünes Kraut kauen würden. „Des Öfteren", so schrieb er, „haben sich diese Leute dann ein weißes Pulver, das mit einem Stöckchen aus einer Flasche genommen wurde, in den Mund geschoben, wodurch sie das weiße Pulver mit dem Kraut vermischten" (Harko 1998).

Archäologische Funde zeigen direkt und indirekt, dass der Kokakonsum viel älter ist (Tab. 7.1). Eigentlich fand man bei Ausgrabungen in den nördlichen Anden praktisch zu allen Zeitaltern Kokablätter, Zubehör zum Kokakauen oder einschlägige Figürchen. Ein Kokakonsum kann dadurch noch nicht

Tab. 7.1 Einige archäologische Hinweise auf Kokapflanzen und Kokakonsum. (Nach Cartmell et al. 1991; Hirst 2016)

Zeitraum	Ort	Artefakt
6000–5800 cal v. Chr.	Nanchoc Tal/Peru	
5250–2800 cal v. Chr.	Ayacucho-Tal/Peru	
3000 v. Chr.	Valdivia-Kultur/Ecuador	Keramikfiguren
2500–1800 v. Chr.	Küste/Peru	
300 v. Chr.–300 n. Chr.	Nazca-Kultur	Figürchen
300 v. Chr.–500 n. Chr.	Arica/Chile	Kokazubehör., Pfrieme
100–800 n. Chr.	Moche-Kultur	Kokablätter in Gräbern
400–1000 n. Chr.	Tiwanaku/Peru + Bolivien, Arika/Chile	Statuetten, Zubehör
550 n. Chr.	Cabuza-Kultur	Mumien mit Kokapfriem
1100–1250 n. Chr.	Maitas-Chirabaya-Kultur	Benzoylecgonin
1200–1430 n. Chr.	Inka-Kultur	Zahlreiche Artefakte

nachgewiesen werden, aber zumindest wurde die Pflanze gesammelt und/oder angebaut. Die ältesten archäologischen Funde stammen aus der Zeit um 6000 cal v. Chr. Seit den 1990er-Jahren kann man ein stabiles Abbauprodukt von Kokain, das Benzoylecgonin (BZE), mithilfe der Gaschromatographie in den Haarschäften von Mumien nachweisen. An der Küste und in tieferen Tälern Nordchiles untersuchte man 163 spontan entstandene Mumien von sieben unterschiedlichen Kulturen und zeigte, dass das Kokakauen mindestens 2000 Jahre alt war. Bei der Maitas-Chirabaya-Kultur (etwa 1100–1250 n. Chr.) fand man bei gut der Hälfte der Männer und Frauen BZE-Rückstände. Selbst drei Viertel der Kleinkinder von ein bis zwei Jahren wiesen schon das Kokainabbauprodukt in ihren Haaren auf, wahrscheinlich erhielten sie es durch das Stillen. Die Kokapflanze wurde auch zu religiösen Zwecken benutzt, etwa als Rauchopfer, und mancherorts schob man den Toten Pfrieme in den Mund.

Besonders gut sind wir über die Verwendung von Kokablättern im Inka-Reich informiert. Dabei begann schon Inka Roca um 1230 den Kokaverbrauch einzuschränken; 200 Jahre später wurde der Anbau ein Staatsmonopol. Jetzt erhielt die Pflanze den Status des Heiligen und spielte bei religiösen Ritualen eine zentrale Bedeutung. Während der Ausdehnung des Inkareichs wurden die Gesetze wieder gelockert und so genossen bei der Ankunft der Spanier 1532 alle Klassen des Inka-Reichs, außer den Allerärmsten, ausdauernd und ohne Einschränkungen Kokablätter. Der spanische Chronist Carcilaso de la Vega schrieb, dass Koka „die Hungernden sättigt, den Müden und Erschöpften neue Kräfte verleiht und die Unglücklichen ihre Sorgen vergessen lässt“ (Schweer und Strasser 1994).

Der Konsum verstärkte sich noch während der spanischen Besatzung, einerseits gefördert durch die massive Unterdrückung der indigenen Bevölkerung, andererseits aber auch, weil das Kokakauen Hunger unterdrückte und die Arbeitsfähigkeit erhöhte. Bis in die Gegenwart ermöglichte es überhaupt erst die strapaziöse Arbeit in den Zinn- und Silberminen in bis zu 4000 m Höhe auszuhalten. „Die Indios in den Minen können 36 Stunden unter Tag bleiben, ohne zu schlafen und zu essen“, schrieb der Eroberer Gonzalo de Zárate (WIKIPEDIA: Cocastrauch). Man verjagte oder versklavte die einheimischen Kokabauern und gab die Kokapflanzungen Bürgern der spanischen Krone. Für sie wurde dies äußerst lukrativ, denn Kokablätter wurden damals in Gold aufgewogen. Obwohl die katholische Kirche Koka als Teufelskraut verdammte, merkten die Spanier, dass es ohne die milde Droge nicht ging. Sie wurde in späteren Jahren sogar als gültiges Zahlungsmittel bei Zollabgaben und Steuern zugelassen und die Kokasteuer zu einer wichtigen Einnahmequelle der spanischen Krone. Bis ins 20. Jahrhundert hinein blieben Kokablätter ein unverzichtbarer Bestandteil des Lohns der indigenen Arbeiter in den Anden.

Auch heute nehmen Millionen von Menschen in Peru, Kolumbien, Bolivien und dem westlichen Amazonasbecken Kokablätter ein. So gibt es in Bolivien rund 20.000 ha legalen Kokaanbau durch die Cocaleros, die Kokabauern. Die Weiterverarbeitung der Blätter zu Kokain oder Vorgängerprodukten und die Ausfuhr der Blätter selbst ist dabei streng verboten. Kolumbien produziert heute etwa zwei Drittel des weltweiten Kokains, wobei der größte Teil illegal ist.

Das Kauen von Kokablätter kann in seiner Wirkung nicht mit dem heute üblichen Schnupfen von reinem Kokain verglichen werden. Zwar enthalten die Blätter bis zu 2 % reines Kokain, doch beim Kauen mit alkalischen Substanzen wird ein großer Teil dieses Kokains in den weniger potenten Stoff Ecgonin oder BZE umgewandelt. Diese Metabolite wirken zwar auch anregend und leistungssteigernd, sind gleichzeitig aber milder und kaum suchterzeugend. Auch die typische Euphorie nach Konsum von reinem Kokain bleibt aus. Kurz nach Beginn des Genusses wird die Mundschleimhaut taub, danach stellt sich eine stimulierende Wirkung ein. Die Substanzen bleiben zwar bis zu sieben Stunden im Blut, doch lässt die Wirkung schon nach ein bis zwei Stunden nach. Die Kokablätter sind aufgrund ihrer Nährstoffgehalte auch als Nahrungsmittel anzusehen (Tab. 7.2).

Der Tee Mate de Coca ist in Peru und anderen Andenländern ein Nationalgetränk. Dort gibt es ihn als Teebeutel in vielen Supermärkten. Er enthält etwa ein Gramm getrocknete Kokablätter pro Teebeutel. Seine Wirkung ist der von starkem Schwarztee oder Kaffee vergleichbar und führt zu keinen an-

Tab. 7.2 Inhaltsstoffe von Kokablättern (http://www.puebloindio.org/die_coca_und_das_kokain.htm) im Vergleich zu Weizenvollkornmehl, je 100 g (http://www.ernaehrung.de/lebensmittel/de/C211000/Weizen-Vollkornmehl.php)

Inhaltsstoff	Einheit	Kokablätter	Vollkornweizen
Kalorien	cal	281–315	328
Protein (Nx6,25)	g	18–23	11,4
Wasser	g	7–8	15
Fett	g	3–5	2,4
Asche	g	5–9	1,7
Rohfaser	g	14–17	10
Kohlenhydrate	g	41–51	59,5
α-Karotin	mg	2–5	
β-Karotin	mg	6–20	0,01
Vitamin A (aus Karotin)	IE	12.000–35.000	0
Vitamin C	mg	3–11	0
Vitamin E	mg	15–68	1,4
Vitamin B1	mg	0,6–0,8	0,5
Vitamin B2	mg	0,8–0,9	0,17
Kalzium	mg	686–265	32
Phosphor	mg	206–1114	345
Kalium	mg	1545–1985	337
Magnesium	mg	194–471	124
Natrium	mg	394	3
Eisen	mg	14–43	3,4

deren Abhängigkeiten als diese. Außerdem soll er gegen Magenbeschwerden helfen. In Deutschland ist jedoch der Besitz bzw. die Einfuhr von Teebeuteln bereits strafbar.

7.4 Weiß wie Schnee

Jeder hat schon mal Filme gesehen, die im gehobenen Milieu spielen und wo sich gut gekleidete Menschen zwischendurch eine Nase Koks reinziehen, geschnupft durch einen aufgerollten 100-Euro-Schein. Das soll symbolisieren, dass man es sich leisten kann und dass auch die Spitzen der Gesellschaft, Manager, Politiker, Geschäftsleute und die dazu gehörigen Ehefrauen gerne konsumieren. Champagner-Droge wurde das Pulver früher genannt.

Kokain ist ein weißes kristallartiges Pulver (Abb. 7.4). Es stammt ausschließlich aus der Kokapflanze, hat aber einige Verarbeitungsstufen hinter sich, bevor es als Schnee bezeichnet wird. Mit mineralischen Ölen wie Diesel oder Kerosin werden die Alkaloide aus den zerkleinerten Blättern des Koka-

Abb. 7.4 **a** Typisches Setting zum Koksen. Mit der Kreditkarte wird das Kokain zerkleinert, dann zu einer Linie gelegt und mit dem Euro-Schein geschnupft (WIKIMEDIA COMMONS: Zxc); **b** Kristalle des Crack-Kokains (WIKIMEDIA COMMONS: DEA, US.gov)

strauchs extrahiert und später mit verdünnter Schwefelsäure versetzt. Dadurch entsteht die Kokapaste, die das Kokainsulfat enthält. Aus 125 kg Kokablättern werden 250 g Kokainpaste. Soweit erfolgt die Aufreinigung meistens in der Nähe der (illegalen) Produktionsfelder in abgelegenen Tälern der Anden. Man schätzt die Zahl solcher Labore allein in Peru auf rund 10.000; werden welche durch das Militär geschlossen, entstehen innerhalb von Tagen neue. Die Paste lässt sich leicht und unauffällig in ein Labor transportieren. Dort wird das durch Methanol und Benzol verunreinigte Kokainsulfat mit Kaliumpermanganat und konzentriertem Ammoniak gereinigt, das Kokain fällt als Base aus (s. Box). Die Kokainbase wird mit Salzsäure in Aceton behandelt, dadurch entsteht Kokainhydrochlorid, die üblicherweise konsumierte Kokainform.

Aufnahme- und Verarbeitungsformen von Kokain

Kokain (Koks, engl. „coke") ist Kokainhydrochlorid. Es ist ein weißes, kristallines Pulver (Schnee), gut wasserlöslich und kann deshalb geschnupft, gegessen oder injiziert werden. Rauchen kann man es kaum. Diese farb- und geruchlose, bitter schmeckende Droge wird auf dem illegalen Markt immer mit Streckmitteln versehen und enthält maximal 50 % reines Kokain, meist weniger.

Kokainbase („freebase") ist ein Zwischenprodukt der Kokainherstellung, kann aber auch durch Erhitzen von Kokainhydrochlorid in Ammoniak hergestellt werden. Sie ist wasserunlöslich und kann sehr viel effektiver geraucht werden.

Crack entsteht durch Kochen von Kokainhydrochlorid mit Natriumhydrogenkarbonat (Natron, früher Backpulver); dadurch bildet sich eine Mischung aus Kochsalz und Kokainhydrogenkarbonat. Die weißlich-gelben Kristalle („rocks") verdampfen bei 96 °C mit knackendem (engl. „crack") Geräusch.

Die Konsumform des Kokains entscheidet darüber, wie schnell sich eine Abhängigkeit entwickelt. Spritzen und Rauchen sind deutlich gefährlicher als Schnupfen, weil die Wirkung schneller und direkter eintritt. Das verstärkt den Zwang, erneut Kokain zu nehmen. Crack hat das höchste psychische Abhängigkeitspotenzial. In Deutschland wird meist kristallines Kokain geschnupft oder in seiner basischen Form geraucht. Zum Schnupfen wird das Kokain auf einer glatten Oberfläche mit der Kreditkarte oder Rasierklinge pulverisiert, als Linie gezogen und mit einem kleinen Saugrohr in die Nasenhöhle gesogen (Abb. 7.4). Dabei werden etwa 20–50 mg Kokainhydrochlorid aufgenommen. Für Injektionen mit einer Dosis von durchschnittlich 10 mg muss das Kokain zuvor aufgelöst werden. Zum Rauchen wird die Kokainbase in eigenen Glaspfeifen mit einem Feuerzeug oder Gasbrenner erhitzt und im heißen Zustand inhaliert, wobei zwischen 50 und 250 mg Kokain aufgenommen werden.

Die Wirkung von Kokain (Kick) erfolgt beim Rauchen nach Sekunden, beim Schnupfen (sniffen) nach wenigen Minuten. Es führt zunächst zu einer Antriebssteigerung, erhöhtem Redefluss und Mitteilungsbedürfnis, Euphorie bis hin zu Allmachtsfantasien. Medizinisch lässt sich eine Beschleunigung des Pulses und eine Erhöhung von Blutdruck und Körpertemperatur nachweisen. Es wirkt sowohl berauschend als auch örtlich betäubend, wobei sich letztere Wirkung auf Nase, Zähne und Rachenraum beschränkt.

Das Gehirn besitzt für Kokain keine Rezeptoren. Es greift aber massiv in die Reizweiterleitung von Nervenzellen zu anderen Nerven-, Muskel- oder Drüsenzellen ein. Die Übertragung der Nervensignale erfolgt durch elektrische Impulse. Stoßen zwei Nervenzellen zusammen, bilden sie einen synaptischen Spalt. Da über diesen Spalt keine elektrischen Impulse weitergeleitet werden können, wird das Signal durch chemische Stoffe transferiert, sog. Neurotransmitter. Dabei haben Nerven mit unterschiedlichen Funktionen unterschiedliche Botenstoffe. Das Kokain erhöht die Ausschüttung der Neurotransmitter Noradrenalin und Dopamin und hemmt nach erfolgter Reizweiterleitung deren Wiederaufnahme in die Vorratskammern der Zelle. Dies verstärkt die Wirkung dieser Botenstoffe und das zentrale Nervensystem wird massiv stimuliert. Weil sich der Dopaminspiegel kurzfristig erhöht, spürt der Konsument Euphorie. Da gleichzeitig (Nor-)Adrenalin nicht mehr abgebaut wird, steigen Herzfrequenz und Blutdruck an. Das Empfinden von Schmerz, Wärme, Kälte und Druck wird verringert, weil die Schmerzrezeptoren gehemmt werden. Deshalb wirkt Kokain auch hungerstillend und wurde früher als Betäubungsmittel für lokale Operationen eingesetzt. Die Wirkung durch das Schnupfen verläuft kurz und heftig.

Wegen seiner Wirkung ist Kokain heute als Leistungsdroge bekannt, es steigert die Ausdauer. Kokain verringert das Schlafbedürfnis, dämpft den Hunger und führt zu euphorischen Gefühlen. Da die Körperfunktionen beschleunigt werden, nimmt man unter Kokain auch dann ab, wenn man dasselbe isst wie vorher. In der Modelszene ist es deshalb als Appetitzügler sehr beliebt. Das sexuelle Verlangen wird oft – besonders zu Beginn – gesteigert und die Konsumenten erleben Sex im Kokainrausch als unglaublich intensiv. Nach ein bis zwei Stunden klingt die Wirkung ab. Wiederholter Gebrauch von Kokain wird schnell zu einem Reflex (Kokainhunger). Dass es beim Schnupfen von Kokain kaum zu einer körperlichen Abhängigkeit kommt, hilft nicht viel, da eine psychische Abhängigkeit entsteht.

Regelmäßiger Kokainkonsum führt zu Störungen des Nervensystems und typischen Persönlichkeitsveränderungen. Nach dem Kokainrausch kann es zu Depressionen („crash“) kommen, zusammen mit Schlaflosigkeit, Appetitlosigkeit und sexuellem Desinteresse. Deshalb greifen die Betroffenen oft schnell wieder zur Droge. Das Abhängigkeitspotenzial wird noch gesteigert durch ein extremes Hochgefühl und das schnelle Abklingen der Symptome. Hinzu kommen Angst und emotionale Kälte, Aggressivität, Realitätsverlust und Größenwahn, weshalb Kokain auch als Egodroge gilt. Bei langanhaltendem Konsum werden die Blutgefäße geschädigt, ebenso Leber, Herz und Nieren. Rauchen führt zu den typischen Problemen der Atmungsorgane, regelmäßiges Schnupfen verätzt die Nasenschleimhäute und schädigt die Nasennebenhöhlen.

7.5 Vom Haarwuchsmittel zum Lokalanästhetikum

Die frühe Geschichte des Kokains in Europa und den USA ist ein Musterbeispiel für das langsame Herantasten an Gebrauch und Missbrauch einer bis dahin unbekannten Substanz (Tab. 7.3). Interessant ist, dass zuerst der Nutzen von Kokain in den Vordergrund gestellt wurde und es über Jahrzehnte in Apotheken und Drogerien rezeptfrei gegen alle möglichen Beschwerden erhältlich war, selbst als Haarstärkungsmittel (Abb. 7.5).

Als Arzneimittel entdeckte der Mailänder Neurologen Paolo Montegazza 1859 das Kokain. Er empfahl die Anwendung von Kokablättern bei Zahnschmerzen, Verdauungsstörungen, Neurasthenie, allgemeiner Schwäche und

Abb. 7.5 Anzeige im *McClure's Magazine* (USA) vom Januar 1896 für ein Haarwuchsmittel. (WIKIMEDIA COMMONS)

anderen, meist nervenbedingten Leiden. Dies förderte die Herstellung kokainhaltiger Mittel.

Legendär ist der Irrtum des Wiener Arztes Sigmund Freud, der nach einem ersten Selbstversuch Kokain als neues Mittel gegen Verstimmungszustände, Magenbeschwerden, Schwächeanfälle und Kopfschmerzen empfahl. Er arbeitete damals 28-jährig als Assistenzarzt im Allgemeinen Krankenhaus in Wien. Bei der Pharmafirma Merck hatte er für 1,27 $ ein Gramm der Substanz erstanden. Im Selbstversuch nahm er seit Mai 1884 Dosen von 50–100 mg und beschrieb später die euphorisierende, psychostimulierende und antidepressive Eigenschaft.

> Man fühlt eine Zunahme der Selbstbeherrschung, fühlt sich lebenskräftiger und arbeitsfähiger; aber wenn man arbeitet, vermisst man auch die durch Alkohol, Tee oder Kaffee hervorgerufene edle Excitation und Steigerung der geistigen Kräfte. Man ist eben einfach normal und hat bald Mühe zu glauben, dass man unter irgendwelcher Einwirkung steht (Freud 1885).

Tab. 7.3 Die Geschichte der frühen Kokainnutzung in Europa und USA. (Nach Harko 1998; Fleischhacker 2006)

Jahr	Vorgang und Beschreibung
1860	Isolierung des Kokains durch Albert Niemann; er nennt das Alkaloid Cocain
1880	Erste medizinische Anwendungen: Die Ärzte Bentley und Palmer behandeln Morphinsüchtige mit Kokain und berichten in der Ärztezeitschrift *Detroid Therapeutic Gazette*
1883	Nutzung beim Militär: Der Militärarzt Theodor Aschenbach berichtet von seinen Kokainexperimenten während des Herbstmanövers eines bayerischen Armeekorps
1884	Sigmund Freud entdeckt Kokain: Am 30. April 1884 macht Freud seinen ersten Selbstversuch mit Kokain, dessen Ergebnisse er in seiner Schrift *Über Coca* veröffentlicht
1884	Kokain wird von Carl Koller auf Anregung Freuds als lokales Anästhetikum benutzt
1885	Erste Warnungen vor Kokain: Louis Lewin stellt die, von Freud postulierte Harmlosigkeit und den Vorschlag der Behandlung von Morphinsucht mit Kokain infrage
1886	Erfindung von Coca Cola durch John S. Pemperton, Atlanta, Georgia
1890	In US-Drugstores wird Kokain zu 2,50 $ je Gramm legal gehandelt
1898	Entdeckung der Strukturformel des Kokains
1904	Ersatz für Kokain in der Medizin durch Procain
1914	In den USA wird der Gebrauch des Kokains strafbar, später folgen Großbritannien (1916) und Deutschland (1920)

Man hat also ein High-Gefühl, wird aber in seiner Arbeitskraft nicht beeinträchtigt. Das wollte der Begründer der Psychoanalyse näher erforschen und machte nicht nur Selbstversuche, sondern verabreichte auch seinem morphiumsüchtigen Freund Ernst Fleischl Kokain, der wegen einer Amputation unter fürchterlichen Nervenschmerzen litt. Das endete mit einem Fiasko, da Fleischl nun auch noch kokainabhängig wurde und sieben Jahre später starb. Diesen Irrtum veröffentlichte Freud, ganz der objektive Wissenschaftler, unmittelbar in der Schrift *Bemerkungen über das Verlangen nach und die Furcht vor Cocain* (Harko 1998).

Nicht nur Freud hielt Koks anfangs für harmlos. Auch der berühmte Sherlock Holmes outet sich in seinem zweiten Roman *Das Zeichen der Vier* (1890) nicht nur als Raucher, sondern auch als Konsument von Morphium und Kokain. Beides war um diese Zeit noch frei in den Apotheken erhältlich (Abb. 7.6). Robert Louis Stevenson soll seinen *Dr. Jekyll und Mr. Hyde* (1885) im Kokainrausch verfasst haben. Interessanterweise beschrieb er dabei einen Persönlichkeitszerfall, wie man ihn häufig bei chronischem Konsum von Kokain findet. Richard Strauss komponierte zwei Arien seiner Oper *Arabella* nachdem er bei einer Nasenscheidewandoperation ein mit Kokain getränktes

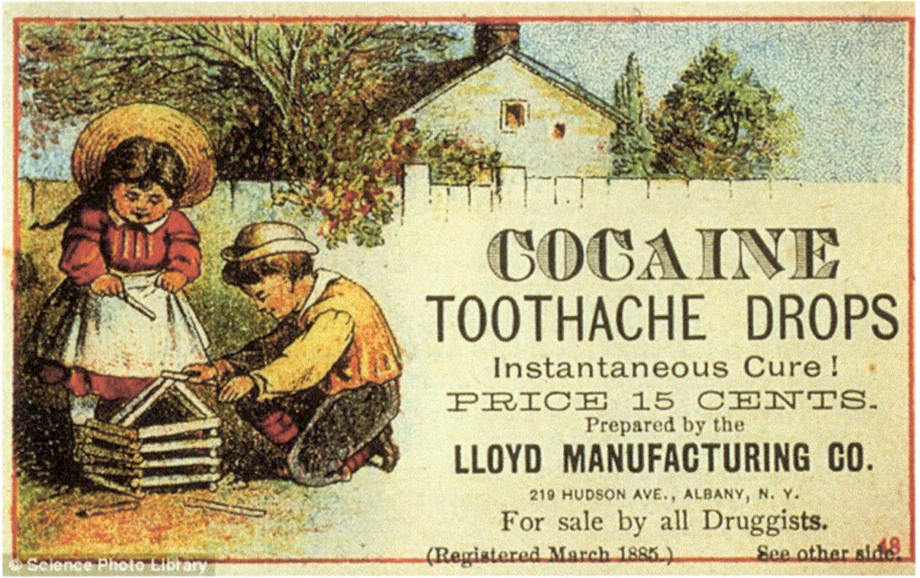

Abb. 7.6 Anzeige für Kokain als Mittel gegen Zahnschmerzen bei Kindern in den USA 1885. (WIKIMEDIA COMMONS: KiloByte)

Wattebäuschen eingeführt bekam. In Deutschland begann das Darmstädter Pharmaunternehmen Merck 1862 mit der kommerziellen Herstellung von Kokain für medizinische Zwecke (Abb. 7.6). Um diese Zeit warnten bereits die Ersten vor den Gefahren des Kokains. Albert Erlenmeyer bezeichnet es neben Alkohol und Morphium als die dritte Geisel der Menschheit (Leipold 2009).

Wissenschaftlich bewiesen ist heute die Wirkung von Kokain gegen Hautekzeme und Herpesbläschen sowie seine lokal betäubende Wirkung. Letztere stellte schon der Goslarer Chemiker Albert Niemann fest, der die Substanz erstmals 1860 isolierte (Tab. 7.3). Der Wiener Augenarzt Carl Koller führte nach Versuchen an Frosch-, Kaninchen- und Hundeaugen 1884 die erste schmerzfreie Augenoperation am Menschen mit Kokain durch. Für die Medizin war diese Entdeckung ein Segen, bisher musste man auch bei lokalen Operationen immer mit einer Vollnarkose arbeiten. Durch Kokain wurden Operationen am Auge, dem Kehlkopf, im Mund, in der Nase und im Hals sehr viel einfacher, die Schleimhäute wurden völlig unempfindlich gegen Schmerz. Im selben Jahr wurde Kokain auch erstmals bei einer zahnärztlichen Operation eingesetzt. Abgelöst wurde es später von Procain (Markenname Novocain), das nicht die euphorisierende Wirkung von Kokain hat und daher nicht unter das Betäubungsmittelgesetz fällt. Auch moderne Lokalanästhetika haben noch die Endung -cain im Namen (Lidocain, Prilocain), was auf die ursprüngliche Natursubstanz hinweist, deren Strukturformel als Vorlage für ihre Synthese diente.

7.6 Modedroge Kokain

Der Aufstieg des Kokains zur europäischen Modedroge fand erst lange nach den medizinischen Erkenntnissen statt, v. a. nach dem Ersten Weltkrieg. In den 1920er-Jahren war Kokain eine allgegenwärtige Droge, die eine eigene Kultur entwickelte. Vor allem Berlin war um 1924 eine Metropole mit sehr unterschiedlichen Seiten; die Szene schwankte nach der Niederlage des Krieges und in den politischen Wirren der Weimarer Republik zwischen Exzess und Depression. In Szenebars war die neue Droge allgegenwärtig. Der Berliner Arzt Ernst Noël beschrieb die Klientel des Stoffs nicht ohne Sympathie: „Müßiggänger aus der literarischen und artistischen Boheme, Spieler, Sportinteressenten, Angehörige der eleganten und der proletarischen Prostitution, Schieber und Schleichhändler, Söldner, Filmstatisten, Kellner, Nachtportiers, Hotelpagen, Kuppler, Zuhälter." Besonders in den elegant-verruchten Lokalen des Westens, so Noël, sei die Prise aus der Kokainbüchse kaum anders als die Bestellung eines Glases Cognac. Auch die Polizei erkannte die Gefahr der Modedroge und empfahl „schärfstes Vorgehen gegenüber den Nachtbetrieben, in denen Nackttänze und Kokain die zerrütteten Nerven des Publikums anregen sollen" (Röbel 2000).

Der russische Dichter Andrej Bely fühlte sich hier besonders wohl: „Nacht! Tauentzien! Kokain! / Das ist Berlin!" So unterschiedliche Autoren wie Johannes R. Becher, der spätere DDR-Kulturminister, und Ernst Jünger konsumierten Kokain. Gottfried Benn schrieb: „Oh Nacht! Ich nahm schon Kokain [...]." und verfasste ein weiteres Gedicht namens „Cocain". Dass ausgerechnet die Kreativen zu Kokain greifen ist kein Zufall. Der Schriftsteller Franz Rothenfelder, der im Berlin der 1920er-Jahre lebte, gestand, dass die Droge „einen wahren Arbeitstummel" bei ihm auslöse:

> Es stellt sich das Gefühl völliger Leichtigkeit und Klarheit ein [...] ohne das Bewusstsein eines Rausches zu erzeugen [...] Kokain (ist) nicht Mittel zum Genuss, sondern zur Arbeit [...] ohne irgendwie hasten zu müssen (könne er) in vollständiger Klarheit und Sicherheit Gedanken bis zum Abschluss bringen (Morat et al. 2016).

Das Zitat zeigt auch sehr deutlich, warum gerade Kreative bis heute auf die Substanz schwören. Als die ersten Drogentoten erschienen, begann langsam der Niedergang Kokain-Berlins.

Mit Anbruch der 1940er-Jahre war Kokain zunächst aus der Gesellschaft verschwunden, seine Widerentdeckung erlebte es durch den Film *Easy Rider* (1969). Er handelt von zwei Männern, die ihren Motorradtrip durch das Dealen mit Koks finanzieren. Kokain wurde zur Droge der Rockmusik. Manche Musiker gingen erst gar nicht auf die Bühne, wenn sie nicht genug Stoff bekamen. Kokain wurde wieder gesellschaftsfähig, obwohl der Besitz mit drastischen Strafen geahndet wurde. In den 1970er-Jahren wurde Kokain von den Reichen und Schönen und natürlich von Discogängern entdeckt und von manchen Medien als Stoff der Stars inszeniert. Sie vermittelten den Eindruck, als schnupften wirklich alle Koks.

> Bei Gastgebern in den schickeren Zirkeln von Los Angeles und New York ist Kokain bei Dinners ganz so an der Tagesordnung wie Dom Perignon oder Beluga-Kaviar. Manche Partygänger reichen es mit den Kanapees auf Silbertabletts herum – und die Nutzer verspüren Gefühle der Potenz, des Selbstvertrauens und der Energie (Newsweek, 30. Mai 1977, nach Jasper 2010).

Dann gab es 1982 ein erstes prominentes Opfer des Kokains in Deutschland, den Filmregisseur Reiner Werner Fassbinder, der an einer Überdosis, mit Barbituraten gemischt, starb. Heute ist Kokain im Unterhaltungs- und Modelbereich wieder häufig zu finden. Den Sänger Konstantin Wecker hätte es nach jahrzehntelangem Konsum fast zugrunde gerichtet. Falco, der erfolgreichste österreichische Popmusiker, stand offen zum Kokainkonsum. So coverte er das Lied „Mutter, der Mann mit dem Koks ist da" aus den 1920er-Jahren. Als er bei einem Autounfall ums Leben kam, fand die Polizei u. a. große Mengen Kokain in seinem Blut. Auch in der Internet-, Kreativ- und Bankenbranche wird viel gekokst, weil man glaubt, so kreativer zu sein und besser funktionieren zu können. Schließlich gehören auch Prostituierte zum Kreis der Kokainnutzer.

Kokainabhängige fallen weniger auf als andere Drogenkonsumenten, da sie meist gut integriert sind, in ihrer Arbeit keine Ausfälle haben und meist auch über mehr Geld verfügen. Doch Kokain hat noch ein hässlicheres Gesicht als Droge des Elends. Häufig benutzen es schwerstabhängige Heroinkonsumenten und Methadonempfänger als zusätzlichen Stoff. Crack hat sich in städtischen Drogenszenen etabliert, in den USA ist es eine reine Unterschichtendroge (Crack-Nutte).

7.7 Drogenbosse und Kokainkriege

Mit der Nachfrage stieg auch das Angebot. Besonders aus Kolumbien wurde illegal Kokain in riesigen Mengen in die USA geschmuggelt. Nach einer Schätzung von 1982 konsumierten 10,4 Mio. Amerikaner Kokain. Der Preis stieg und ermöglichte die Entwicklung der kolumbianischen Drogenkartelle, die wie multinationale Konzerne und paramilitärische Organisationen operierten. Ihre Mitglieder überwachten die ganze Produktionskette, vom Anbau in den Bergen bis zur Verteilung in amerikanischen Großstädten. Sie entwickelten Labore und kauften in der Karibik eine ganze Insel, die als Umschlagplatz diente.

An der Spitze befand sich damals das Medellin-Kartell unter Führung des Bosses Pablo Escobar, der später in den USA zum Filmhelden stilisiert wurde. Nach dessen Erschießung in Medellin übernahm das Calí-Kartell die Wertschöpfungskette. Doch auch wenn dieses zusammenbrach, ist der Kokainhandel heute nicht weniger gut organisiert – er ist nur dezentraler. Nach wie vor sind Bolivien, Peru, Kolumbien und neuerdings auch Mexiko die wichtigsten Anbauländer. Und wie früher finanziert das Kokain auch heute noch gleichermaßen arme Bauern, kriminelle Organisationen, Bürgerkriege und korrupte Polizisten, Militärs, Staatsbeamte und Politiker. In den Erzeugerländern besteht wenig Interesse, den Kokainanbau zu unterbinden, weil alle davon profitieren. Und die paramilitärischen Verbände der Drogenbosse können sich inzwischen bessere Waffen leisten als das reguläre Militär. Nur der außenpolitische Druck und das Geld der USA konnten Regierungen überzeugen, wenigstens vordergründig mitzumachen.

Doch der Krieg gegen Drogen, 1972 von US-Präsident Nixon ausgerufen, erzielte trotz vieler Milliardenprogramme keine dauerhaften Erfolge. Er brachte lediglich riesige Profite für die Kartelle, Schätzungen reichen bis zu 500 Mrd. US-Dollar im Jahr, Hunderttausende Tote und Versehrte, ein Rüstungswettlauf zwischen Sicherheitskräften und Kartellen, militarisierte Gesellschaften und zerfallende Staaten. In Bolivien gehören illegale Kokainproduktion und -handel zu den wichtigsten Wirtschaftszweigen. Trotz militärischer Einsätze und dem Besprühen von Kokaplantagen mit Giften verringerten sich die Anbauflächen nur gering. Nach UN-Schätzungen gibt es in Bolivien noch 20.000 ha, in Peru 43.000 ha Anbaufläche. Und auch Kolumbien besitzt heute wieder rund 70.000 ha, Tendenz steigend. Von einer US-Fregatte wurde 2007 ein tauchfähiges Boot im östlichen Pazifik entdeckt, das Kokain im Wert von 352 Mio. US-Dollar an Bord hatte.

Auch den Konsumenten und Süchtigen wird durch die Kriminalisierung der Drogen nicht geholfen. Nirgendwo gibt es mehr Drogentote als in Nordamerika, obwohl jedes Jahr zweistellige Milliardenbeträge im Krieg gegen Drogen ausgegeben werden. Einer von fünf Drogentoten weltweit stirbt in den USA. Laura Restrepo, eine der bekanntesten Journalistinnen und Aktivistinnen Kolumbiens brachte es auf den Punkt:

> Solange es Nachfrage gibt, werden Drogen weiter produziert. Und solange Drogen verboten sind, wird der Drogenhandel das tödlichste und ergiebigste Geschäft aller Beteiligten bleiben (Dvorák 2015).

Und selbst die Financial Times Deutschland pflichtete ihr bei. Die Legalisierung, schrieb sie, sei der einzige Weg, Drogenbossen systematisch das Geld zu entziehen. Dass dabei natürlich trotzdem eine Kontrolle bezüglich des Jugendschutzes ausgeübt werden muss, ist eigentlich selbstverständlich.

Obwohl der Preis von Kokain erheblich gesunken ist, lassen sich damit immer noch riesige Gewinne erzielen. Nach Schätzungen von Wissenschaftlern des Nürnberger Instituts für Biomedizinische und Pharmazeutische Forschung, die 2006 ein Abbauprodukt von Kokain im Rhein untersuchten, liegt der Jahresverbrauch in Deutschland bei 20 t Kokain, was im internationalen Vergleich das Mittelfeld bedeutet (Anonym 2006). Von Polizei und Zoll werden pro Jahr 2–3 t beschlagnahmt. Der größte Pro-Kopf-Verbrauch findet sich in den USA. Seit den 1990er-Jahren beobachtet man v. a. in den Großstädten einen Anstieg des Kokainkonsums. In Europa ist Kokain die zweithäufigste illegale Droge nach Cannabis. Als Hochburg des Kokains gilt in Europa London.

Die Wirkung von Kokain lässt sich durch andere Stoffe, wie Speed und Crystal Meth, leicht ersetzen. Trotzdem ist es erstaunlich, welche Mengen eine hochaufgeklärte, industrialisierte Gesellschaft wie unsere an einer Substanz verbraucht, die von den Indios der Anden und des angrenzenden Amazonasgebietes seit Jahrtausenden in Form von Blättern problemlos genossen wird, in reiner Form aber zu Abhängigkeit und schweren Psychosen führt.

7.8 Kola – Aufputschende Nüsse

Während in den USA „coke“ die Kurzform für Coca-Cola war, hieß es in Deutschland einfach Cola. Damit wurde das zweite aufputschende Mittel in den Vordergrund gerückt, das in dem Getränk enthalten war, die Extrakte der Kolanuss. Die Kolanuss ist der getrocknete Samenkern des Kolabaums (*Cola*

Abb. 7.7 Blätter und Früchte des Kolabaums. (Köhler 1897)

acuminata, C. nitida), der aus den tropischen Regenwäldern West- und Zentralafrikas stammt und zur Familie der Stinkbaumgewächse (*Sterculioideae*) gehört (Abb. 7.7).

Der Kolabaum, der bis zu 20 m hoch werden kann, bildet ganzjährig Früchte. Jede Frucht enthält bis zu zehn purpurfarbene Samen, die Kolanüsse. Die Vermehrung ist durch die Samen und durch Ableger möglich. Der Kolabaum benötigt jedoch ein feuchtwarmes Tropenklima zum Gedeihen.

In Westafrika besitzt der Genuss der Kolanuss eine lange Tradition und wird dort als erfrischender Wachmacher mit leicht bitterer und erdiger Note sehr geschätzt. Die Schale wird entlang der Naht geöffnet und die Nuss für etwa eine Stunde gekaut. Die Kolanuss wird auch als Zeichen der Gastfreundschaft den Gästen angeboten oder bei Hochzeiten als Geschenk überreicht. Neben der anregenden Wirkung der Kolanuss werden Hungergefühle gedämpft, sie soll auch aphrodisierend wirken.

In die Coca-Cola kam die Kolanuss wegen ihres hohen Koffeingehalts von 3,5 %. Damit liegt er deutlich über dem von herkömmlichem Kaffee. Hinzu kommen 0,05 % Theobromin, Catechin, Epicatechin, Procyanidine, Gerbstoffe. Das Koffein ist hier anders gebunden als im Kaffee. Dadurch werden die durch hohen Kaffeekonsum auftretenden Nebenwirkungen (Herzrasen, Nervosität) verringert, auch wirkt die Kolanuss verdauungsanregend und schmerzstillend.

Aufgrund des hohen Preises enthalten heutige Cola-Getränke, trotz ihres Namens, meist das viel billigere Koffein, das bei der Entkoffeinierung von Kaffee anfällt. Nur spezielle Szenegetränke, wie Fritz-Kola und Red Bull Cola sowie in der Schokolade Scho-Ka-Kola sind noch Extrakte der Kolanuss enthalten.

Literatur

Anonym (2006) Deutsche schnupfen tonnenweise Kokain. WELT/dpa. https://www.welt.de/wissenschaft/article96330/Deutsche-schnupfen-tonnenweise-Kokain.html. Zugegriffen: 28. April 2018

Anonym (2009) Red-Bull-Colaverbot: Mohnbrötchen sind gefährlicher. DER TAGESSPIEGEL vom 25. Mai 2009. http://www.tagesspiegel.de/weltspiegel/red-bull-colaverbot-mohnbroetchen-sind-gefaehrlicher/1520558.html. Zugegriffen: 28. April 2018

Anonym (o. J.) Kokain. Österreichische ARGE Suchtvorbeugung. http://www.vivid.at/_pdf/45c97cf2f0cf9.pdf. Zugegriffen: 28. April 2018

Cartmell LW, Aufderheide AC, Springfield A, Weems C, Arriaza B (1991) The frequency and antiquity of prehistoric coca-leaf-chewing practices in northern Chile: Radioimmunoassay of a cocaine metabolite in human-mummy hair. Lat Am Antiq 2(3):260–268

Der Cocain-Wein. Deutschlandradio Kultur. http://www.deutschlandradiokultur.de/der-cocain-wein.993.de.html?dram:article_id=154348. Zugegriffen: 28. April 2018

Dvorák C (2015) Kolumbien – Der lange Weg zum Frieden. http://www.zeit.de/kultur/2015-11/kolumbien-friedensschluss-guerilla-m19-farc-10nach8/komplettansicht. Zugegriffen: 28. April 2018

Fleischhacker W (2006) Sigmund Freud und Carl Koller: Fluch und Segen des Cocain. Österreichische Apothekerzeitung 60(26):1288 (http://www3.apoverlag.at/pdf/files/OAZ/OAZ-2006/OAZ-2006-26.pdf)

Freud S (1885) Über Coca. M. Perles, Wien. https://archive.org/details/Freud_1885_Coca. Zugegriffen: 30. April 2018

Harko (1998) Die Geschichte des Kokains. http://www.drogenring.org/coca/kokahist.htm. Zugegriffen: 28. April 2018

Hirst KK (2016) Coca (cocaine) history, domestication, and use. http://archaeology.about.com/od/cterms/qt/Coca.htm. Zugegriffen: 28. April 2018

Jasper D (2010) Blow – Produktionsnotizen. http://www.djfl.de/entertainment/djfl/1110/111036pr.html. Zugegriffen: 30. April 2018

Köhler FE (1897) Köhler's Medizinal-Pflanzen in naturgetreuen Abbildungen mit kurz erläuterndem Texte. Verlag FE Köhler, Gera-Untermhaus, S 1883–1914. http://caliban.mpiz-koeln.mpg.de/koehler/. Zugegriffen: 30. April 2018

Leipold F (2009) Sigmund Freud – Die dunkle Seite des Seelenheilers. FOCUS ONLINE vom 22.09.2009. https://www.focus.de/wissen/mensch/psychologie/tid-15592/sigmund-freud-die-dunkle-seite-des-seelenheilers_aid_437916.html. Zugegriffen: 30. April 2018

Merkel WW (2009) Bundesinstitut erklärt Koks-Cola für unbedenklich. DIE WELT vom 25.05.2009. https://www.welt.de/wissenschaft/article3800645/Bundesinstitut-erklaert-Koks-Cola-fuer-unbedenklich.html. Zugegriffen: 28. April 2018

Morat D, Becker T, Lange K, Gnausch A, Niedbalski J, Nolte P (2016) Weltstadtvergnügen: Berlin 1880–1930. Vandenhoeck & Ruprecht, Göttingen (Zitat von Franz Rothenfelder)

Röbel S (2000) Nacht! Kokain! Das ist Berlin! DER SPIEGEL 44/2000. http://www.spiegel.de/spiegel/print/d-17704783.html. Zugegriffen: 28. April 2018

Schultes RE, Hofmann A (1979) Plants of the gods: origins of hallucinogenic use. McGraw-Hill, New York

Schweer T, Strasser H (1994) Cocas Fluch: Die gesellschaftliche Karriere des Kokains. Westdeutscher Verlag, Opladen

WIKIPEDIA (2017) Stichworte: Coca-Cola, Cocastrauch, Kokain, Kolanuss. https://de.wikipedia.org/wiki/Wikipedia:Hauptseite. Zugegriffen: 28. April 2018

Weiterführende Literatur

Anonym (2016) Drogenkrieg in Mexiko. https://www.planet-wissen.de/kultur/nordamerika/mexiko_von_der_revolution_bis_heute/pwiedrogenkrieginmexiko100.html. Zugegriffen: 28. April 2018

DHS. Deutsche Hauptstelle für Suchtfragen e.V. (o. J.) Kokain. http://www.dhs.de/suchtstoffe-verhalten/illegale-drogen/kokain.html. Zugegriffen: 28. April 2018

Endres A (2016) Milliarden für einen nutzlosen Krieg. ZEIT ONLINE. http://www.zeit.de/wirtschaft/2016-04/drogenpolitik-un-konferenz-new-york-mexiko-konsum. Zugegriffen: 28. April 2018

Fischermann T (2016) Die Narcos sind zurück. ZEIT ONLINE. http://www.zeit.de/2016/25/kolumbien-drogenhandel-narcos. Zugegriffen: 28. April 2018

Kring V (2014) Biogene Drogen mit Missbrauchspotenzial – Kulturgeschichtliches und Wirkungen. Masterarbeit. Universität Stuttgart

Pollmer U, Warmuth S (2002) Lexikon der populären Ernährungsirrtümer. Piper, München

Rademacher K (o. J.) Kokain im Berlin der 20er-Jahre. http://archive.is/iKx4F. Zugegriffen: 28. April 2018

Tanner J (1999) Cannabis und Opium. In: Hengartner T, Merki CM (Hrsg) Genussmittel – Ein kulturgeschichtliches Handbuch. Campus, Frankfurt/M, S 195–227

Venimus (o. J.) Thema Drogen: Coca und Kokain. http://www.thema-drogen.net/drogen/coca-und-kokain/kokain/kokain-wirkung/. Zugegriffen: 28. April 2018

8

Kaffee – der Genuss Arabiens

Der Kaffee muss schwarz sein wie der Teufel, heiß wie die Hölle
rein wie ein Engel und süß wie die Liebe
Charles-Maurice de Talleyrand-Périgord;
nach Georg Büchmann: Geflügelte Worte

Kaffee ist der Schmierstoff unserer modernen Gesellschaft. Er wird ständig und überall getrunken: zu Hause, im Büro, bei Gesellschaften und Meetings, selbst auf dem Bau. Dabei steht immer seine anregende, leicht aufputschende Wirkung im Vordergrund; er macht uns morgens wach und hält uns tagsüber munter, dank seines biogenen Genussmittels Koffein.

8.1 Herkunft, Botanik und Inhaltsstoffe

Die Kaffeepflanze, als Kaffee wird nur das Getränk selbst bezeichnet, zählt zu den Rötegewächsen (*Rubiaceae*), die v. a. subtropische und tropische Arten umfasst. Es gibt über 120 Kaffeearten, für die weltweite Kaffeegewinnung sind aber nur zwei Arten von Bedeutung: *Coffea arabica* und *C. canephora* (früher *C. robusta*). Rund fünf weitere Arten (u. a. *C. liberica*, *C. stenophylla*) spielen lokal eine Rolle. Die Frucht der Kaffeepflanze wird wegen ihrer roten Schale Kaffeekirsche genannt (Abb. 8.1), sie enthält als Samen zwei abgeplattete, graugrüne Kaffeebohnen, jede von einem eigenen Silberhäutchen überzogen. Dabei handelt es sich botanisch nicht um Bohnen, wie eigentlich nur die Samen von Hülsenfrüchten genannt werden, sondern um Steinfrüchte. In etwa 5 % der Fälle findet sich in der Frucht nur eine Bohne, so entsteht

T. Miedaner, *Genusspflanzen*, https://doi.org/10.1007/978-3-662-56602-2_8

Abb. 8.1 **a** Eine Kaffeepflanze mit einer einzelnen weißen Blüte; **b** reifende Kaffeebohnen, deutlich sieht man, dass an einem Ast Früchte (Kaffeekirschen) unterschiedlicher Reifegrade wachsen, von grün über rot (erntereif) bis braun (überreif). Deshalb führt die Handpflückung nur der reifen Kaffeekirschen immer zu besseren Qualitäten; **c** Kaffeeplantage auf Hawaii

der rundbohnige Perlkaffee, der in manchen Anbaugebieten eigens aussortiert und wegen seines edleren Geschmacks teurer verkauft wird.

Die Art *C. arabica*, die den Arabica-Kaffee ergibt, stammt trotz ihres Namens nicht aus Arabien, sondern aus den bergigen tropischen Regenwäldern der südäthiopischen Provinzen Gomara (Kaffa) und Enarea. Dort wächst die Pflanze wild und wurde 1847 von dem deutschen Geographen Carl Ritter entdeckt. Wildkaffee wird bis zu 10 m hoch und sieht genauso aus wie eine kultivierte Kaffeepflanze, mit einem glatten Stamm, dunkelgrünen, glänzenden Blättern und duftenden weißen Blüten. Sie ist also ein tropisches Hochlandgewächs. Im Gegensatz dazu stammt die Art *C. canephora*, die den Robusta-Kaffee liefert, aus dem tropischen Tiefland Afrikas. Sie wächst als Strauch oder bis zu 8 m hoher Baum. Die Blattform und die Zahl der Blütenblätter unterscheidet sich von *C. arabica*, die Bohnen haben eine gerade Kerbe, bei Arabica-Kaffee ist sie gebogen.

Die pflanzenbaulichen Kenndaten (Tab. 8.1) zeigen deutlich den Unterschied zwischen dem Arabica-Kaffee aus dem kühlen Hochland und dem Robusta-Kaffee aus dem feuchtheißen Tiefland Afrikas.

Tab. 8.1 Vergleich Arabica vs. Robusta für Anbaubedingungen und Koffeingehalt

Kriterium	Arabica	Robusta
Höhenlage (m)	400–2100	0–900
Optimale Jahresdurchschnittstemperatur (°C)	15–24	24–30
Optimale Jahresniedeschlagsmenge (mm)	1500–2000	2000–3000
Koffeingehalt (%)	0,8–1,5	1,7–3,5

Die kultivierte Kaffeepflanze gleich welcher Art wächst in Kultur als 2–4 m hoher Strauch mit glänzenden, immergrünen Blättern (Abb. 8.1). Sie wird regelmäßig beschnitten, um die Ernte zu erleichtern, und blüht weiß. Die Blüten stehen in dichten Büscheln und duften intensiv. Es dauert rund 9 Monate bis die Früchte reif zur Ernte sind. Dabei reifen die Früchte unterschiedlich schnell, es gibt gleichzeitig noch grüne und schon tiefrote Früchte an derselben Pflanze. Deshalb müssen für besonders gute Qualitäten mehrfach von Hand die jeweils roten Früchte herausgepickt werden, was einen enormen Arbeitsaufwand bedeutet.

Arabica vs. Robusta – ein offenes Wettrennen

Arabica-Kaffee wird als Hochlandpflanze heute meist in Höhen über 1000 m angebaut. Sein Geschmack gilt als besonders aromatisch, weich und mild. Die Pflanze ist aber anspruchsvoll und anfällig gegen den Schadpilz, der Kaffeerost verursacht. Dagegen ist der Robusta-Kaffee widerstandsfähiger gegen ungünstige Umweltbedingungen und Kaffeerost und die Produktionskosten sind deutlich niedriger. Er wächst auch im Tiefland, entwickelt höhere Koffeingehalte, aber sein Geschmack wird als weniger fein wahrgenommen. Heute werden rund zwei Drittel des weltweit gehandelten Kaffees aus Arabica-Bohnen gewonnen.

Neben vielerlei Geschmacks- und Aromastoffen enthalten die Kaffeebohnen das zu den Purinbasen gehörende Koffein. In kleinen Mengen wirkt es vorwiegend auf das Zentralnervensystem, wobei das geistige Aufnahme- und Erinnerungsvermögen gesteigert und aufkommende Müdigkeit verringert wird. Daher hat der Kaffee sein Image als Wachmacher. Sein Genuss in größeren Mengen kann zu innerer Unruhe und Schlaflosigkeit führen. Heute gelten für gesunde Menschen drei bis fünf Tassen am Tag als unbedenklich. Aber das war nicht immer so. Die Mediziner waren lange Zeit uneins über die gesundheitlichen Wirkungen und die Meinungen lauteten von verdauungsfördernd bis Teufelselixier.

8.2 Arabische Legenden und handfeste türkische Interessen

Über den Erfinder des Kaffees gibt es bis heute nur orientalische Märchen und Mythen. Klar ist nur, dass schon die Äthiopier die Kaffeepflanze nutzten und dass die Araber des Jemen erstmals Kaffeepflanzen anbauten. Aber wann das genau war und wer auf die Idee kam, die Bohnen so aufwendig zuzubereiten, dass daraus Kaffee entstand, ist weitgehend unklar.

Umso spannender sind die Geschichten, die man sich darüber erzählt, wenn man sie nicht für bare Münze nimmt, sondern eher als orientalische Märchen. Die arabischen Ärzte des 10. Jahrhunderts kannten schon die Frucht der wilden Kaffeepflanze („bunn" oder „kawha"), nutzten sie wohl aber nur zu medizinischen Zwecken. Wahrscheinlich bezogen sie sie noch direkt aus dem Hochland Äthiopiens. Äthiopische Mönche sollen angeblich beobachtet haben, wie Ziegen nach dem Fraß von Blättern und Früchten des Kaffeestrauchs aufgekratzt und schlaflos herumliefen, und zogen daraus ihre Schlüsse. Bei kriegerischen Einfällen brachte man die Pflanzen in das klimatisch ähnliche Hochland Südjemens auf der gegenüberliegenden Seite des Roten Meeres, wo sie wohl im späten 14. Jahrhundert erstmals unter Bewässerung angebaut wurden, denn eigentlich war es dort viel zu trocken. In handschriftlichen Aufzeichnungen des Oberpriesters des Sufi-Ordens in Aden, Abd al-Qadir al-Jaziri, aus dem Jahr 1587 heißt es, dass der heiße, schwarze Kaffee erstmals um Mitte des 15. Jahrhunderts von einem seiner Vorgänger, Scheich Jamal al-Din, in Aden eingeführt wurde. Danach soll er von einer Reise an die Westküste des Roten Meeres mit starken Kopfschmerzen zurückgekehrt sein. Er erinnerte sich daran, unterwegs kaffeetrinkende Leute gesehen zu haben. Er ließ sich in Aden Kaffee zubereiten und dieser Trank behob seine Unpässlichkeit, weckte seine Lebensgeister und verscheuchte die Müdigkeit. Außerdem hielt der Kaffeegenuss die Sufis wach und ließ sie die ganze Nacht beten und Rituale zelebrieren. Deshalb ermunterte er die ihm untergebenen Mönche zum Kaffeetrinken und ließ Kaffeeplantagen im Jemen anlegen. Unklar bleibt dabei, wie die religiöse Sekte der Sufis den Kaffee zubereitet hat.

Kaffee verbreitete sich im islamischen Einflussgebiet rasend schnell. In Konstantinopel gab es schon 1475 die ersten Kaffeehäuser, um dieselbe Zeit war er auch in Mekka und Medina bekannt. Kairo folgte 1510; 20 Jahre später entstanden die ersten Kaffeehäuser in Damaskus und Aleppo. Obwohl schon Anfang des 16. Jahrhunderts konservative Imame den Kaffeegenuss verboten, erlaubte Sultan Suleiman I. den Konsum von Kaffee im gesamten Osmanischen Reich. Um 1600 war wohl der Kaffeegenuss im ganzen islamischen Raum verbreitet.

Der Siegeszug des Kaffees lag hier v. a. in der Religion begründet, die den Alkoholgenuss und eigentlich jegliches Rauschmittel strengstens verbot, aber im Kaffeegenuss bald kein Problem mehr sah. Kaffee erlaubte einen Genuss ohne Reue und verursachte schließlich keinen wirklichen Rausch. Außerdem boten die Kaffeehäuser den Männern Gelegenheit, die Zeit bei Gesprächen, Spiel und Musik zu verbringen. Die Wesire als Spitzenbeamte des Osmanischen Reichs belegten die Kaffeehäuser mit einer Steuer und erschlossen so eine neue Einnahmequelle.

In der Folge wurde ein weit verzweigtes Handelsnetz aufgebaut und der Kaffeeanbau gefördert, um das riesige Reich zu versorgen. Hauptumschlagplatz war anfangs der jemenitische Hafen Mocha, heute al-Mukha, am Roten Meer, von dem sich die alte Bezeichnung einer Kaffeezubereitung, Mokka, ableitet. Bald reichten die jemenitischen Anbaugebiete nicht mehr aus, um den Kaffeedurst zu stillen. Um das Monopol des Kaffeeanbaus und -handels zu erhalten, wurden von den Händlern die rohen Kaffeebohnen mit heißem Wasser überbrüht und so die Keimlinge abgetötet. Der Anbau von Kaffee war damit lange Zeit ein streng gehütetes Staatsgeheimnis.

Und die Araber prägten nicht nur den Anbau und Handel mit Kaffee, sondern gaben ihm auch seinen internationalen Namen. Er leitet sich nämlich nicht von der äthiopischen Provinz Kaffa ab, wie vielfach geschrieben, sondern vom arabischen „qahwa“, was gleichermaßen Kaffee und Wein bezeichnet, im Sinn von berauschendem Getränk. Daraus wurde das türkische „kahve“, das so ähnlich in alle Weltsprachen übernommen wurde: Kaffee, italienisch „caffè“, französisch/spanisch „café“, englisch „coffee“.

8.3 Kaffee als wichtigste Kolonialware

Die Europäer lernten den Kaffee durch die Araber kennen. Eine erste Beschreibung stammt von dem deutschen Arzt und Forschungsreisenden Leonhard Rauwolf(f), der ab 1573 zwei Jahre den Orient bereiste. Er fand den Kaffee „gar nahe wie Dinten so schwarz…, des magens gar dienstlich“ (Schivelbusch 2005). Rund 20 Jahre später brachte der italienische Arzt und Botaniker Prosper Alpinus erste Zeichnungen und Beschreibungen der Pflanze aus Ägypten mit. Das erste Kaffeehaus in Europa eröffnete 1647 in Venedig als „bottega del caffè“, was kein Zufall war, da diese Stadt damals den Orienthandel beherrschte und den Kaffee von den Osmanen einführte. Da gab es aber schon europäische Intellektuelle von Rang, die den Kaffee rühmten, so Francis Bacon

(1561–1621), der ihn als gehirn- und herzstärkend sowie verdauungsfördernd anpries, oder der Arzt William Harvey, der 1628 den Blutkreislauf entdeckte und regelmäßig Kaffee trank, den er sich über private Beziehungen besorgte. In die breitere Öffentlichkeit gelangte Kaffee durch die Besuche von osmanischen Gesandten am Hof zu Wien (1665) und Paris (1669), wo eigene Kaffeeköche das Getränk öffentlich zubereiteten, sowie durch die Türkenbelagerung von Wien 1683 (Abb. 8.2). Zwei Jahre später eröffnete bereits das erste Kaffeehaus in der österreichischen Hauptstadt. Da gab es aber schon Kaffeehäuser in Oxford, London und Paris. In Deutschland waren 1670 in Bremen und Hamburg die ersten Kaffeehäuser gegründet worden; der Kaffee kam wohl über Holland, wo schon 1664 und 1666 Kaffeehäuser in Den Haag und Amsterdam entstanden.

Manche sehen das Kaffeehaus als eine der Geburtsstätten der Moderne, weil es sich zum Umschlagplatz für neue Ideen der Aufklärung entwickelte. Es gab ja sonst kaum andere Möglichkeiten, Neuigkeiten zu erfahren. Jedes Kaffeehaus hatte im 18. Jahrhundert seine eigene Klientel. Es entstand eine eigene Tanzmusik in Wien; in Paris wurden Tausende von Chansons erstmals in den Cafés aufgeführt, viele davon mit politischem Inhalt. Natürlich betraf die Kaffeekultur auch in Europa nur die Männer, Frauen der bürgerlichen Gesellschaft gingen damals generell nur selten aus dem Haus, schon gar nicht allein. Und das blieb bis ins 20. Jahrhundert so. Werke von Thomas Mann oder Hugo von Hofmannsthal sind in Kaffeehäusern entstanden, später auch solche von Henry Miller, Jean-Paul Sartre und Ernest Hemingway.

Aber Kaffee hatte nicht überall einen guten Ruf; in seinen Anfangszeiten, als die medizinische Wissenschaft noch nicht wusste, wie sie ihn einordnen sollte, hielten ihn viele geradezu für schädlich. Er trockne den Körper aus, hieß es, und reize die Nerven. Daran erinnert noch das tendenziöse Kinderlied des sächsischen Komponisten Carl Gottlieb Hering, der vor zwei Jahrhunderten schrieb (lieder-archiv.de):

> C-a-f-f-e-e, trink nicht so viel Kaffee!
> Nicht für Kinder ist der Türkentrank,
> schwächt die Nerven, macht dich blass und krank.
> Sei doch kein Muselmann, der ihn nicht lassen kann!

Das arabisch-osmanische Kaffeemonopol fiel mit dem Beginn der Kolonialisierung (Tab. 8.2). Zu lukrativ war das Geschäft mit dem Kaffee geworden, zumal die europäischen Staaten nach und nach den Kaffee besteuerten. Friedrich der Große reglementierte das Kaffeegeschäft in Preußen ab 1780 besonders streng. Bis zu seinem Tod 1797 durften nur staatliche Betriebe den Kaffee

Abb. 8.2 So ließ sich Georg Franz Kolschitzky in türkischer Tracht malen. Nach einer (vermutlich falschen) Legende soll er einige Säcke Kaffee während der zweiten Türkenbelagerung Wiens 1683 bekommen und damit das erste Wiener Kaffeehaus begründet haben. (WIKIMEDIA COMMONS)

rösten. Zur Durchsetzung dieses Staatsmonopols wurden sogar Kaffeeschnüffler eingesetzt, altgediente Veteranen, die durch den charakteristischen Geruch des frisch gerösteten Kaffees schwarze Schafe entlarven sollten.

Der durchschlagende Erfolg des Kaffees in Mitteleuropa machte natürlich den Anbau und Handel der Bohnen immer lukrativer (Tab. 8.2). Zuerst brachten Inder keimfähige Bohnen illegal in ihre Heimat und begannen Kaffee anzubauen. Biopiraterie nennt man das heute. Dann beschafften sich die Niederländer, Franzosen, Engländer Kaffeepflanzen und bauten in ihren Kolonien lukrative Plantagen auf. Kaffee entwickelte sich zu einem immer wichtigeren Handelsgut und brachte erheblichen Gewinn, nicht zuletzt, weil die einheimischen Arbeitskräfte ausgebeutet und versklavt wurden.

Tab. 8.2 Verbreitung des Anbaus der arabischen Kaffeepflanze in den Tropen

Zeit	Vorgang
Bis etwa 1650	Arabisches Monopol, Anbau in Äthiopien und Jemen
1500	In Sri Lanka wurde vielleicht schon ab 1500 von Indern Kaffee angebaut
1600	Anbau in Südindien
1648	Nachgewiesener Kaffeeanbau auf Sri Lanka durch die Niederländer, später (1699) auf Java
1714	Holländer bringen den ersten Kaffee nach Südamerika, 1721 beginnt der Anbau in Venezuela, 1727 in Haiti, 1748 auf Kuba
1715	Frankreich beginnt mit dem Kaffeeanbau im großen Stil auf San Domingo (Haiti), später folgen Martinique, Guadeloupe, La Reúnion und Französisch-Guyana
1727	Die Portugiesen bringen erste Kaffeepflanzen nach Brasilien
1730	Erster englischer Kaffeeanbau auf Jamaika
1740	Auf den Philippinen führen die Spanier Kaffeepflanzen ein
1875	Guatemala wird durch die Spanier zum Kaffeeland
19./20. Jahrhundert	In afrikanischen Ländern wird der Kaffee durch die Europäer kultiviert

8.4 Koffein als Droge

Hauptbestandteil der Kaffeebohnen ist Koffein, das in den frisch geernteten Bohnen einen Gehalt von bis zu 3 % haben kann, in gerösteten Bohnen bleiben davon rund 1 % übrig. Es ist heute die weltweit am häufigsten konsumierte psychotrope, d. h. die Psyche beeinflussende, stimulierende Substanz.

Koffein ist ein natürlicher Bestandteil der Kaffeesamen, findet sich aber auch in anderen Pflanzen, wie Tee, Kakao und den exotischeren Pflanzen Kolabaum, Mate und Guaraná. Seine natürliche Rolle ist wohl die eines Insektizids; es tötet relativ unspezifisch zahlreiche Insektenarten, die sich von den Pflanzen ernähren wollen. Außerdem wurde beobachtet, dass sich im Boden in der unmittelbaren Nähe von Kaffeekeimlingen besonders viel Koffein findet, es scheint hier die Keimung anderer Kaffeesamen zu verhindern, damit die Pflanzen nicht zu dicht stehen und sich gegenseitig Konkurrenz machen.

Erstmals isoliert und benannt wurde Koffein durch den deutschen Chemiker Friedlieb Ferdinand Runge 1820, der sich auf Anregung Goethes mit der wirksamen Substanz im Kaffee beschäftigte. Chemisch zählt Koffein zu den Methylxanthinen und ist eng mit Theobromin im Kakao (s. Kap. 9) und Theophyllin, einer Begleitsubstanz im Tee (s. Kap. 10) verwandt. Diese drei Stoffe unterscheiden sich aber in ihrer Wirkung auf den Körper (Tab. 8.3).

Tab. 8.3 Die Wirkung der drei wichtigsten Methylxanthine. (Adam und Forth 2001)

Substanz	Zentralnervensystem	Herz	Bronchien-/Blutgefäßerweiterung	Skelettmuskulatur	Nieren
Koffein	+++	+	+	+++	+
Theophyllin	+++	+++	+++	++	+++
Theobromin	–	++	++	+	++

Koffein wird praktisch vollständig vom Körper aufgenommen und passiert ungehindert die Blut-Hirn-Schranke. Seine Wirkung wurde erst in den 1970er-Jahren durch die Entdeckung der Adenosinrezeptoren und ihrer Rolle im Zentralnervensystem sowie bei der Regulation von Herz-Kreislauf-Funktionen und Immunreaktionen aufgeklärt. Koffein besetzt diese Rezeptoren, die eine Überanstrengung des Gehirns verhindern sollen, und blockiert sie. Das körpereigene Adenosin, das eigentlich eine Dämpfung der Nervensignale bewirken soll, kann nicht mehr andocken, die Nervenbahnen arbeiten auch bei steigender Anstrengung und damit steigender Adenosinkonzentration weiter. Koffein und Theophyllin sind also Antagonisten der Adenosinrezeptoren. Darauf beruht ihre Wirkung als Wachmacher und als Stimulans. Beim Genuss von Koffein verschwindet die Müdigkeit, es kommt zu einem gemütsaufhellenden Effekt, die Lernfähigkeit und der Bewegungsdrang nehmen zu. Zusätzlich aktiviert Koffein die Adenylcyclase, was die Konzentration von zyklischem Adenosinmonophosphat (cAMP) ansteigen lässt. Dieses Molekül spielt beim Signaltransfer der Zelle eine wichtige Rolle.

Koffein wirkt relativ lange im Organismus; bei gesunden Erwachsenen beträgt die Halbwertszeit 5 Stunden. Dies ist auch der Grund, warum viele Menschen schlecht einschlafen können, wenn sie abends noch Kaffee trinken. Das Koffein aus dem Tee wirkt aufgrund der Begleitsubstanzen leicht anders. Die Resorption im Körper ist verzögert, die Spitzenkonzentration im Blut wird erst später erreicht. Auch für Koffein aus Guaraná und dem Kolasamen werden leicht veränderte Wirkungen diskutiert. Aus toxikologischer Sicht ist Koffein jedenfalls relativ ungefährlich, die tödliche Dosis für Erwachsene wird mit 5–10 g angegeben, das wären 5–10 l Espresso. Da kommt es bereits weit vorher zu nachteiligen Wirkungen wie schlechte Laune, depressive Stimmung, motorische Unruhe, Kopfschmerzen, Übelkeit und Erbrechen. Deshalb kommt auch extremer Missbrauch nur selten vor. Trotzdem scheint es eine Koffeinsucht zu geben, wenn täglich mehr als 1,5–1,8 g Koffein getrunken werden. Es soll tatsächlich Menschen geben, die bis zu 50 Tassen Kaffee am Tag trinken, wie von Voltaire überliefert.

Zu den in Tab. 8.3 aufgeführten positiven Effekten der Methylxanthine zählt auch die Anregung der Herzmuskulatur, weswegen Herzkranke besser zu entkoffeiniertem Kaffee oder Tee greifen sollten. Bei ihnen kann die Steigerung der Herzfrequenz zu unangenehmen Begleiterscheinungen führen. Die verbesserte Durchblutung der Niere, v. a. durch Theophyllin, ist im Hinblick auf die wichtige Rolle des Organs beim Abbau von Genuss- und Arzneimitteln positiv zu sehen: Schadstoffe werden rascher aus dem Körper entfernt. Die bronchospasmolytischen Effekte der Methylxanthine treten erst ab sehr hohen Dosen (600–800 mg) auf. Koffein wird aufgrund seiner positiven Effekte auch als Arzneimittel eingesetzt. So erhöht es die schmerzmindernde Wirkung von Acetylsalicylsäure (Aspirin®) und Paracetamol und wurde früher als Kreislauf- und Atemstimulans, bei Herzschwäche, Kopfschmerzen, Neuralgien, Asthma und Pollenallergie verschrieben. Die neuerdings propagierte positive Wirkung auf den Haarwuchs, was zu zahlreichen koffeinenthaltenden Haarpflegeprodukten führte, ist dagegen noch umstritten.

Kaffee enthält neben den genannten Inhaltsstoffen noch 5,5–7,6 % Chlorogensäure, die sich durch das Rösten auf ein Zehntel des ursprünglichen Werts verringert. Sie ist v. a. für die nachteiligen Wirkungen des Kaffeekonsums verantwortlich: Unwohlsein, Irritationen bei magenempfindlichen Konsumenten, harntreibende Wirkung.

Ist Koffein ein Aphrodisiakum?

Dieses Gerücht gibt es seit der Einführung des Kaffees in Europa und es wurde immer wieder aufgewärmt. Um das Jahr 1700 prägte jemand in Deutschland den Spruch „Coffeum wirft die Jungfrau um". Und wenn sie ihn heute nach einem Essen noch auf eine Tasse Kaffee mit hochnimmt, dann hat das häufig etwas mit Sex zu tun. Sicher macht Kaffee munter und steigert den Bewegungsdrang, Eigenschaften, die dem Sex auf jeden Fall guttun. Aber ob Koffein als Substanz die Libido steigert, ist bisher nicht nachgewiesen. Nach wissenschaftlichen Untersuchungen seien Kaffeetrinker sexuell aktiver und der Kaffee erhöhe die Beweglichkeit und Geschwindigkeit der Spermien. Aber ob das schon zu einem besseren Sexleben führt? Immerhin verhindert ein starker Kaffee die Müdigkeit und die ist mit Sicherheit ein Lustkiller. Und er erhöht die Durchblutung, auch die der Geschlechtsorgane. Indirekt ließen sich also schon Verbindungen schaffen. Ob der Energiedrink Sexergy mit seinen 32 mg Koffein je 100 ml sein Versprechen erfüllen kann, sei aber stark bezweifelt.

Der höchste Koffeingehalt findet sich bei den natürlichen Quellen in Kaffee, vorzugsweise natürlich in Espresso (Tab. 8.4). Schwarzer Tee und Mate haben schon einen deutlich geringeren Gehalt, bei Kakao und Guaraná sind es noch einmal um den Faktor zehn weniger. Hier schwankt der Koffeingehalt

Tab. 8.4 Koffeingehalt verschiedener Getränke und anderer koffeinhaltiger Lebensmittel. (Adam und Forth 2001; Wikipedia)

Getränk	Einheit	mg/Einheit	mg/l
Kaffee	140 ml (Tasse)	67–112	480–800
Espresso	50 ml (Tasse)	50–60	1000–1200
Schwarzer Tee	140 ml (Tasse)	20–50	160–400
Mate	100 ml	20–25	200–250
Kakao	150 ml (Tasse)	2–6	10–32
Guaraná	100 ml	1	10
Cola	100 ml	10–40	100–400
Energiedrinks	100 ml	30–160	300–1600
Scho-Ka-Kola	100 g	200	2000

naturgemäß sehr stark. Er hängt einmal von der Kaffeeart ab, Robusta hat höhere Gehalte als Arabica, aber auch von Sorte und Aufwuchsbedingungen und v. a. natürlich der Zubereitungsart. Ein amerikanischer Kaffee ist sehr viel schwächer als ein brasilianischer und ein ostfriesischer Tee kann durchaus die Koffeingehalte eines normalen Kaffees enthalten. Grüner Tee gilt als weniger koffeinreich, aber eine japanische Zubereitung kann die Herzfrequenz eines Europäers beschleunigen. Die verschiedenen Cola-Getränke liegen auf dem Niveau von schwarzem Tee, sind also aus dieser Sicht kaum bedenklich.

Der Koffeingehalt von zubereiteten Getränken und anderen Lebensmitteln muss nicht auf der Packung angegeben werden. Nur für Erfrischungsgetränke besteht nach der Fruchtsaft- und Erfrischungsgetränkeverordnung (FrSaftErfrischGetrV) vom 24. Mai 2004 ein Höchstwert von 32 mg Koffein pro 100 ml. Aber in Red Bull Shots ist eine deutlich höhere Menge an Koffein (133 mg pro 100 ml) enthalten, weil es sich hier laut Zulassung um ein Nahrungsergänzungsmittel handelt, was den hohen Koffeingehalt erlaubt. Der Übershot aus der Tschechischen Republik hat sogar 331 mg Koffein je 100 ml.

Nach der Europäischen Behörde für Lebensmittelsicherheit (EFSA) ist eine Koffeinaufnahme von bis zu 400 mg pro Tag, das sind vier Tassen starker Kaffee, für gesunde Erwachsene unbedenklich, während der Schwangerschaft gelten 200 mg pro Tag als unschädlich.

8.5 Der Treibstoff der Industrialisierung

Im 17. Jahrhundert verbreiteten sich gleich drei neue, exotische Heißgetränke in Europa: Kakao, Tee und Kaffee. Das waren damals zunächst gesuchte

Luxusprodukte, die so teuer waren, dass sie sich nur eine dünne Oberschicht leisten konnte. In der Rückschau ist uns heute gar nicht mehr bewusst, dass es eine Zeit gab, als Morgenkaffee oder -tee überhaupt noch nicht bekannt waren. Das Frühstück bestand früher entweder aus mit Wasser angerührtem Getreidebrei, dem Mus, oder aus Biersuppe. Dazu wurde Bier aufgekocht, reichlich Brot und etwas Salz hinzugefügt. Bei wohlhabenderen Haushalten kamen noch Eier und Butter hinzu. Wie weit verbreitet und beliebt die Biersuppe selbst in Adelskreisen war, zeigt eine Briefstelle der sehr bodenständigen Herzogin Elisabeth Charlotte von Orléans, Liselotte von der Pfalz genannt, die ab 1671 am Hof von Versailles lebte, wo damals alles zu haben war, egal zu welchem Preis:

> Tee kommt mir vor wie Heu und Mist, Kaffee wie Ruß und Feigbohnen und Schokolade ist mir zu süß, kann also keines leiden, Schokolade tut mir weh im Magen. Was ich aber wohl essen möchte, wäre eine gute Kalteschale oder eine gute Biersuppe, das tut mir nicht weh im Magen (Schivelbusch 2005).

Der erste geröstete Kaffee in großem Stil kam um 1670 nach Deutschland, wo er sich wegen der fehlenden Kolonien und des dadurch bedingten hohen Preises langsamer als in anderen Ländern durchsetzte. Anfang des 18. Jahrhunderts fasste der Kaffee erstmals in den norddeutschen Städten beim Bürgertum Fuß und änderte dort die Gewohnheiten. Es entstand der bürgerliche Nachmittagskaffee und daraus das Kaffeekränzchen von reichen Damen, die es sich leisten konnten. Sie trafen sich zu Hause, frönten dem Kaffee und tauschten Neuigkeiten aus (Kaffeeklatsch), spielten oder musizierten gemeinsam.

Der Kaffeekonsum breitete sich dann seit Mitte des 18. Jahrhunderts langsam auch auf dem Land aus. In Süddeutschland dauerte es länger, bis sich der Kaffee durchsetzte, weil der Haustrunk, dünner Wein, der aus der Vergärung von Trester und Traubenresten stammte, und Most, vergorener Obstsaft, sehr beliebt waren. Um das Jahr 1850 ist Kaffee endgültig überall zum Volksgetränk geworden.

Die Industrialisierung förderte den Kaffeekonsum. Während für die Bürger echter Bohnenkaffee anfangs exklusiver Luxus war, tranken ihn jetzt die Industriearbeiter als Nahrungsersatz, wenn auch in viel dünnerer Form oder gleich in Surrogaten (Kaffeeersatz). Bei ihnen köchelte er den ganzen Tag auf dem Herd, in den dann Brotbrocken eingeweicht wurden. Damit wurde die jahrhundertealte Biersuppe auf den Kaffee übertragen, worüber die höheren Stände die Nase rümpften. Es machte aber die Menschen warm, satt und hielt wach. Fabrikarbeiter tranken zudem ihren dünnen Kaffee, um ihre Konzentration zu stärken.

Kaffee war der große Wachmacher, das Koffein regte an, putschte in Maßen auf und versprach ein längeres Durchhalten. Sowohl für Menschen, die eintönige Industriearbeit an den Fließbändern und in Heimarbeit leisteten, als auch für jene, die zunehmend in Büros statt in Fabriken arbeiteten, war Kaffee ein geradezu ideales Getränk. Da nach Benjamin Franklin Zeit Geld ist, wurde der Kaffee unmittelbar zum Treibstoff der Industrialisierung. Der Frühstückskaffee machte sofort wach und fit und es ging bald nicht mehr ohne mehrere Tassen Kaffee am Tag. Zahlreiche weitere Erfindungen veränderten die Kaffeekultur. So erfand der Japaner Dr. Sartori Kato 1901 den löslichen Kaffee, der 1938 durch die Firma Nestlé nach Deutschland gelangte. Der Bremer Ludwig Roselius entzog 1905 dem Kaffee das Koffein, es entstand Kaffee HAG. Und drei Jahre später entwickelte die Dresdner Hausfrau Melitta Bentz den Kaffeefilter.

Wie vollständig der Kaffeekonsum in die moderne Gesellschaft integriert wurde, zeigt die weltweite Kaffeeproduktion. Waren es 1750 noch 600.000 Sack zu je 60 kg, so wurden 1850 schon 4 Mio. Sack, 1950 36 Mio. Sack und 2011 148 Mio. Sack Kaffee produziert (Jura GmbH 2016). Heute (2017) sind es 159 Mio. Sack (Statista 2018)

Kaffee begleitete die Menschen auch durch die moderne Geschichte und beeinflusst bis heute das Lebensgefühl (Abb. 8.3). In Deutschland wurde echter Bohnenkaffee zu einem Symbol für Wiederaufbau und Wirtschaftswunder nach dem Zweiten Weltkrieg und durch den wachsenden Wohlstand verschwanden die Kaffeesurrogate. Wer Kaffee trank, konnte sich jetzt Bohnenkaffee leisten und das nicht nur zum Frühstück, sondern auch im Büro und zum Kaffeekränzchen am Nachmittag.

Heute trinken alle Bohnenkaffee, auch die an ihren Arbeitsplatz hastenden Städter mit einem Becher Kaffee „to go" in der Hand. So gesehen, hat der Kaffee die wesentliche Rolle, die er in der Industrialisierung spielte, beibehalten. Auch heute noch brauchen wir eine Droge, die uns wachmacht und hilft, den Tag zu überstehen und dabei geistig klar zu bleiben. Deshalb ist Kaffee immer noch das Lieblingsgetränk der westlichen Welt: Rund 160 l trinken die Bundesbürger im Durchschnitt – und somit mehr als Trinkwasser oder Bier. Zudem ist Deutschland Weltmeister im Entkoffeinieren. Das dabei anfallende Koffein wird Lebensmitteln wie Cola-Getränken und Energydrinks zugesetzt.

Abb. 8.3 **a** Rohkaffee aus Brasilien; **b** die traditionelle Art des langsamen Röstens in einem kleinen Betrieb; **c** so wurde früher Kaffee verkauft: frisch geröstet und offen, gemahlen wird nur auf Wunsch des Kunden

8.6 Anbau und Verarbeitung

Die Kaffeepflanze ist anspruchsvoll, was die Witterungs- und Bodenbedingungen angeht. Kaffeesträucher benötigen ein ausgeglichenes Klima ohne allzu große Temperaturschwankungen, sie mögen keine direkte Sonneneinstrahlung und keine extreme Hitze. Am besten sollten die Temperaturen zwischen

18 und 25 °C liegen und 30 °C nicht überschreiten. Deshalb wird Kaffee in den Tropen meist in den Hochländern angebaut: Arabica-Kaffee wächst am besten in Höhen zwischen 600–1200 m, Robusta-Kaffee zwischen 300 und 800 m. Begrenzt wird der Anbau durch die Wärmebedürftigkeit der Pflanze. Es sollten 13 °C möglichst nicht unterschritten werden, Temperaturen unter 0 °C sind für die Pflanze tödlich. Der Wasserbedarf ist enorm, es muss für Arabica-Kaffee jährlich mindestens 1500–2000 mm regnen. Unterhalb dieses Werts muss bewässert werden, unter 800 mm im Jahr ist kein Kaffeeanbau mehr möglich. Robusta-Kaffee braucht noch deutlich mehr Regen. Als Schutz vor Wind und praller Sonne werden im traditionellen Kaffeeanbau Hecken und Schattenbäume gepflanzt. Der Boden sollte tiefgründig, locker und durchlässig sein und möglichst neutral bis leicht sauer reagieren.

Kaffee wird meistens durch Samen vermehrt, sie haben bereits acht Wochen nach der Reife die höchste Keimfähigkeit, die dann schnell abnimmt. Die Samen werden in spezielle Keimbeete ausgesät, nach ein paar Wochen umgepflanzt und weiter kultiviert. Erst nach rund acht Monaten werden die jungen Kaffeepflanzen in Reihen mit 1–4 m Abstand in die Plantage gesetzt (Abb. 8.1). Ihre Höhe wird auf 1,5–3 m beschnitten, um die Ernte zu erleichtern. Bis zur ersten Ernte dauert es beim Arabica-Kaffee vier Jahre. Mit rund zehn Jahren erreichen die Kaffeepflanzen ihren optimalen Ertrag, es können dann bis zu 1,25 kg Kaffeebohnen je Strauch geerntet werden. Nach 15–20 Jahren nimmt die Produktivität ab und die Sträucher werden im intensiven Kaffeeanbau gerodet, obwohl die Pflanzen 50–60 Jahre, manchmal sogar noch älter, werden können.

Beim Anbau von Kaffee unter Schattenbäumen bleibt ein Teil des natürlichen Lebensraums und damit eine höhere Artenvielfalt erhalten. Allerdings ist die Reifezeit länger und es gibt natürlich aufgrund des größeren Abstands der Kaffeesträucher weniger Ertrag je Fläche. Deshalb gingen viele Bauern angesichts fallender Weltmarktpreise dazu über, neue Kaffeesorten in der prallen Sonne anzubauen. Dies erhöht die Produktivität, aber auch die Probleme (s. Box).

In den meisten Anbauländern wird einmal im Jahr geerntet, nördlich des Äquators von Juli bis Dezember, südlich davon von April bis August. Die Ernte dauert rund drei Monate, weil auch die Früchte am selben Strauch zu unterschiedlichen Zeiten reif werden (Abb. 8.1b). Deshalb ergibt sich eine bessere Qualität, wenn nur die jeweils reifen Früchte von Hand gepflückt werden. Aber das ist teuer und mit modernen Maschinen wird heute, v. a. in Brasilien, die gesamte Plantage in einigen Tagen geerntet. Nachsortieren verbessert die Qualität etwas. In Mittelamerika ist der Kaffeeanbau meist in der Hand von Kleinbauern, die i. d. R. qualitativ hochwertigeren Kaffee produzieren (s. Box). Der Rohkaffeeertrag betrug 2014 nach Angaben der FAO im Weltdurchschnitt 838 kg/ha, mit einer riesigen Spanne von 25 kg/ha (Surinam) bis 2436 kg/ha (Sierra Leone; FAOSTAT 2017). Neue Plantagen in Brasilien ergeben bis zu 4200 kg/ha.

Intensiver Kaffeeanbau ist nicht nachhaltig!

Durch die allgemeine Intensivierung der Landwirtschaft in den letzten 50 Jahren, aber auch durch die Kaffeekrise der 2000er-Jahre wurde der Kaffeeanbau vielerorts technisiert. Man ging dazu über, das Land auszuräumen, den Schattenstrauch Kaffee in sonnenüberfluteten („sun grown") Plantagen anzubauen, intensiv mit Mineraldünger und chemischem Pflanzenschutz zu arbeiten. Eine Maßnahme war die Folge der anderen. Sonnenanbau und Düngung machten die Plantage sehr viel ertragreicher, aber auch anfälliger gegen Krankheiten und Schädlinge. Der fehlende Schutz durch Bäume und Sträucher führte zu einem Verlust an Biodiversität, aber auch an Nützlingen und natürlichen Gegenspielern. Bei tropischem Starkregen wird die Bodenkrume von den hängigen Plantagen weggespült. Zu diesen ökologischen Problemen kommt die Preisunsicherheit für die Anbauer.

Der mit Abstand größte Kaffeeproduzent ist heute mit rund 3 Mio. t im Jahr Brasilien (Abb. 8.4), gefolgt von Vietnam, das aber nur noch die Hälfte davon produziert. Ebenfalls große Produzenten sind Indonesien und Kolumbien. Alle anderen Kaffeehersteller produzieren jeweils 60.000–400.000 t. Die größten davon sind Indien, Honduras, Äthiopien, Peru, Guatemala und Mexiko. Nach Schätzungen von Fairtrade Deutschland (o.J.) arbeiten heute weltweit etwa 25 Mio. Menschen im Anbau, in der Verarbeitung und im Vertrieb von Kaffee, zusammen mit ihren Familienangehörigen leben rund 100 Mio. Menschen vom Kaffee. Die größten Kaffeeverbraucher sind die USA, Brasilien und Deutschland; dann folgen mit weitem Abstand Italien, Japan und Frankreich. Im Durchschnitt konsumierte 2015 jeder Deutsche 7,2 kg Kaffee. Das entspricht knapp zwei Tassen Kaffee täglich.

Wie könnte es besser gehen?

Durch eine teilweise Rückkehr zu traditionellen Methoden, zumindest bei den Kleinbauern, lautet die Antwort. Kaffee sollte unter Schattenspendern (Avocado-, Grapefruitbäumen oder Bananenstauden) angebaut werden, möglichst zusammen mit Ananas, Knollen- und Hülsenfrüchten. Dadurch entsteht eine größere Palette an Export- und Nahrungsmitteln und die Abhängigkeit der Kaffeebauern verringert sich. Es wird durch die Mischkultur weniger Mineraldünger und chemischer Pflanzenschutz benötigt. Die Bauern müssten dann für bessere Qualitäten angemessene Garantiepreise bekommen. Sie sollten regelmäßig geschult und der Bau von Schulen, Krankenhäusern etc. in der Region gefördert werden. Ein solches ökologisch und soziokulturell nachhaltiges System kann aber nicht mit einem Verbraucherpreis von 4,99 € je Pfund Kaffee etabliert werden und auch ein paar Cent mehr reichen dafür nicht.

Die geernteten Kaffeefrüchte (Kaffeekirschen) müssen aufwendig verarbeitet werden. Im Wesentlichen geht es darum, die beiden Kaffeesamen (Bohnen) aus dem Fruchtfleisch zu lösen und zu trocknen, um sie transportfähig zu machen. Hierzu sind die äußere Fruchthaut und das Fruchtfleisch, eine dünne, schleimige Schicht aus Pulpe, die Pergamenthaut und dann noch das Silberhäutchen zu entfernen, damit nur die beiden Bohnen übrigbleiben.

Dazu gibt es zwei Methoden: Nass- und Trockenaufbereitung. Letztere kommt v. a. bei Robusta-Sorten und dem äthiopischen und brasilianischen Arabica-Kaffee zum Einsatz. Dabei werden die Kaffeebohnen durch Lagern in der Sonne bis auf 12 % Wassergehalt getrocknet und Fruchthaut und Fruchtfleisch mechanisch abgeschält. Dies dauert zwar drei bis fünf Wochen und benötigt riesige Flächen, ist technisch aber einfach und kostengünstig. Die Nassaufbereitung verläuft deutlich schneller, erfordert aber mehr Aufwand. Dabei werden die geernteten Kaffeekirschen nass vorgereinigt und

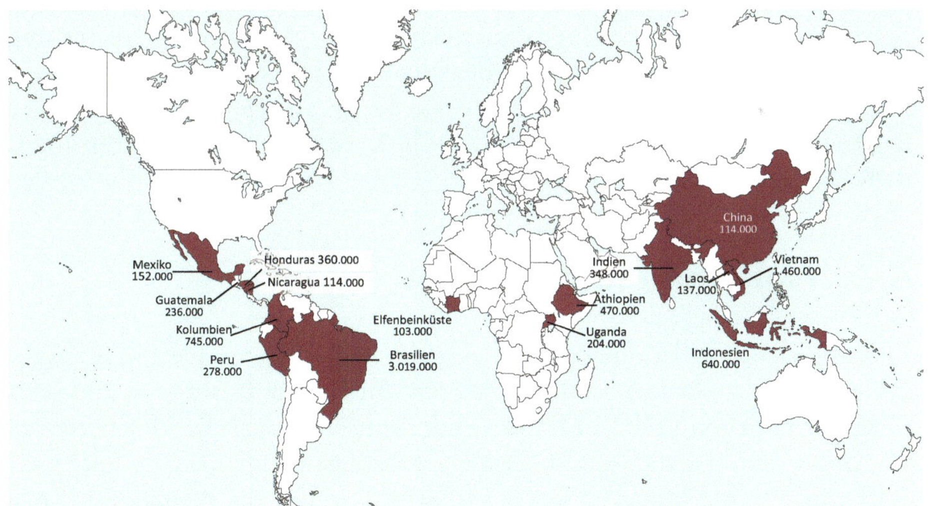

Abb. 8.4 Die größten Kaffeeerzeuger weltweit 2016 (>100.000 t Jahresproduktion, alle Zahlen gerundet. Daten: FAOSTAT 2017, Kartengrundlage: http://www.maproom.org/outline/world/mn.php)

durch Schwemmen vorsortiert. Fruchthaut und Pulpe werden maschinell abgequetscht, Pergamenthäutchen und daran anhaftender Schleim bleiben zunächst an den Kaffeebohnen haften. In großen Behältern findet eine Fermentation statt. Durch bakterielle Gärung wird der Schleim flüssig und mit dem Pergamenthäutchen zusammen abgewaschen. Das ist dasselbe Verfahren wie bei Kakao. Die Fermentation dauert 12–36 Stunden, danach werden die Bohnen gewaschen und zum Versand getrocknet. Die Nassaufbereitung benötigt viel Wasser, bis zu 150 l/kg Rohkaffee; sie verläuft aber auch schneller und die Qualität ist eine andere. Die trockenen Kaffeesamen werden in Säcke verpackt und mit Schiffen in die Verbraucherländer transportiert.

Dort findet der letzte Schritt, das Rösten, statt. Die dabei ablaufenden chemischen Prozesse erzeugen erst das typische Kaffeearoma und die erwünschten Farb- und Geschmacksstoffe. Sie sind auch entscheidend für die Bekömmlichkeit des Kaffees und den Preis. Je länger die Röstung, umso teurer die Herstellung. Die großen Kaffeehersteller arbeiten kontinuierlich; der Kaffee wird in rotierenden Trommeln mit innenliegendem Transportsystem bei bis zu 800 °C innerhalb von 90 Sekunden geröstet (Industrieröstung). Dies ist das billigste Verfahren; es werden aber auch unerwünschte Stoffe wie Melanoidin und Acrylamid produziert. Das Ergebnis ist eine eher säuerlich schmeckende Tasse Kaffee, die wegen dem höheren Chlorogensäuregehalt nicht magenfreundlich ist. Die kleinen Kaffeeröstereien, die in den letzten Jahren in großer Zahl entstanden sind, betreiben eine Chargenröstung in mehr oder weniger großen Trommeln (s. Abb. 8.3b) bei niedrigeren Temperaturen von 60 °C bis maximal 200 °C. Das Verfahren dauert dann 15–25 Minuten. Bei dieser langsamen Röstung hat die Bohne viel der ungünstigen Chlorogensäure verloren und an Aroma gewonnen. Nur die feinen Fruchtsäuren, die zum Charakter des Kaffees beitragen, bleiben erhalten. Guter Kaffee aus Langzeitröstung ist daher bekömmlicher und aromatischer.

8.7 Weltweite Kaffeekrisen

Die europäischen Nationen begannen schon im 17. Jahrhundert in ihren Kolonien Kaffee anzubauen, um den Abfluss von Kapital zu stoppen und selbst Geld zu verdienen (Tab. 8.2). Dabei konzentrierten sich die Holländer und Engländer zunächst auf ihre asiatischen Besitzungen. Doch 1867 erreichte der Kaffeerost, ein schädlicher Pilz aus Ostafrika, Ceylon, das heutige Sri Lanka, und verwüstete in 20 Jahren sämtliche Plantagen (Miedaner 2017). Der Rost wütete Jahr für Jahr so heftig, dass sich der Kaffeeanbau wirtschaftlich nicht mehr lohnte; die Engländer stiegen auf den Anbau von Tee um. Die Krankheit verbreitete sich dann rasch in ganz Südostasien und machte überall den Kaffeeanbau unrentabel. Durch den Pilz wird die befallene Pflanze völlig entblättert, die noch gebildeten Bohnen haben eine sehr schlechte Qualität. Der Baum treibt zwar noch mehrmals aus, aber auf die Dauer hält er den Befall nicht durch und stirbt ab.

Durch diesen Totalverlust verlagerte sich der Kaffeeanbau von Südostasien nach Südamerika, später auch nach Afrika. Deshalb stammen heute nur noch 12 % der weltweiten Kaffeeproduktion aus den traditionellen asiatischen Gebieten; eine Ausnahme ist Vietnam, das als zweitgrößter Kaffeeerzeuger der Welt heute allein 19 % der Welternte produziert – aber das ist eine moderne Entwicklung.

Die nächste Kaffeekrise hatte zunächst rein ökonomische Ursachen. Seit 1962 wurde der Kaffeeweltmarkt, ähnlich wie damals beim Öl, durch ein internationales Abkommen zwischen Erzeuger und Konsumenten mit Quoten reguliert, um eine Überproduktion und damit einen Preisverfall zu vermeiden. Die USA unterstützten das Abkommen, damit sich verarmte mittel- und südamerikanische Kaffeebauern nicht kommunistischen Bewegungen anschlossen. Mit der Liberalisierung des Welthandels wurde 1989 das Abkommen jedoch gekündigt, Kaffeeanbau und -export freigegeben. Als Folge stieg der Kaffeeanbau, weil er für viele sich entwickelnde Länder das teuerste Exportgut darstellte. Hinzu kam eine massive Förderung der Weltbank für Kaffeeanbau in Vietnam und ein Einstieg afrikanischer Länder in den Export. Durch Überproduktion brach 2001 der Kaffeeweltmarktpreis völlig zusammen. Für die Kaffeeproduzenten hatte diese Kaffeekrise weitreichende Folgen. Erst fünf Jahre später, in denen viele Kleinbauern ihren Anbau aufgeben mussten und damit ihre Existenzgrundlage verloren hatten, stieg der Weltmarktpreis wieder an.

Die sinkenden Preise hatten aber auch biologische Folgen. Denn 1970 kam der Kaffeerost, über ein Jahrhundert nach den verheerenden Schäden, die er in Sri Lanka angerichtet hatte, auch nach Südamerika. Dort hielt ihn zunächst eine Front aus aufgeschlossenen Bauern, staatlichen Forschungsinstituten und der chemischen Industrie in Schach. Durch die sinkenden Preise und drastischen Kürzungen in den Staatshaushalten brach jedoch die Abwehr zusammen. Die Bauern hatten kein Geld mehr, um Pflanzenschutzmittel zu kaufen, staatliche Institute wurden geschlossen. Im Jahr 2012 begann eine bisher nicht dagewesene Krankheitsepidemie, die in ganz Mittelamerika die Kaffeeernte um 16 % verringerte, in einzelnen Ländern, wie San Salvador, sogar um über 50 %. Die Rostepidemie verbreitete sich bis nach Peru. Die Folgen der verringerten Kaffeeernte waren schrecklich: Kleinbauern verarmten, Hunderttausende von Landarbeitern wurden arbeitslos, die Situation der Menschen verschlimmerte sich so sehr, dass die Vereinten Nationen in Guatemala und Honduras mit Lebensmittelhilfen eingreifen mussten. Aufgrund des Klimawandels wird der Rost immer früher kommen, stärkere Epidemien auslösen und sich zukünftig auch in höheren Lagen ausbreiten, wo es ihm bisher zu kühl war.

Die Zukunft des Kaffeeanbaus ist nicht sehr vielversprechend. Eine Studie der Arbeitsgruppe von Christian Bunn, Humboldt-Universität Berlin, zeigt, dass möglicherweise schon in 30 Jahren die Hälfte der Anbauflächen, v. a. in den Tieflagen, verschwunden sein wird (Bunn et al. 2015). Insbesondere die geschätzte Arabica-Bohne leidet durch steigende Temperaturen und könnte von der hitzetoleranteren Robusta verdrängt werden, die aber auch weniger aromatisch ist und schlechter bezahlt wird. Dies trifft zunächst wieder die Kleinbauern. Stark schwankende Temperaturen, so ein Ergebnis dieser Studie, verringern aber auch die Ernte des Robusta-Kaffees. Es wird also nicht einfacher für die Kaffeebauern.

8.8 Besserer Kaffee durch Züchtung

Die Pflanzenzüchtung führt bei allen Kulturpflanzen zu Sorten, die mehr Ertrag liefern, widerstandsfähiger gegen Krankheiten und Schädlinge sind und eine bessere Qualität haben. Sie wird häufig durch Privatfirmen betrieben, die sich aus dem Verkauf der Sorten finanzieren. Bei Kaffee funktioniert das so aus zwei Gründen nicht. Zum einen dauert es fünf bis zehn Jahre, bis der Zyklus einer Kaffeepflanze von der Aussaat bis zur ersten vollen Ernte beendet ist, und zum anderen nutzen die Bauern einen Kaffeebaum 20 Jahre und länger, sodass hier mit neuen Sorten wenig Gewinn zu machen ist. Hinzu kommt, dass sich die Kleinbauern, die weltweit den meisten Kaffee produzieren, sowieso nur neue Pflanzen leisten können, wenn sie einen günstigen Kredit bekommen. Deshalb ist die Züchtung des Kaffeebaums trotz seiner enormen weltweiten Bedeutung wenig entwickelt (Montagnon et al. 2012). Bisher gab es nur in Brasilien und Kolumbien eine intensive, staatlich finanzierte Kaffeezüchtung, einige internationale Organisationen, wie die staatliche französische Entwicklungshilfeorganisation CIRAD, unterstützen die Kaffeezüchtung. Allerdings kümmern sich die industriellen Aufkäufer praktisch nicht um den Namen von Sorten. Ihnen ist nur die Kaffeeart – Arabica oder Robusta – wichtig und ansonsten kennen sie innerhalb des Arabica-Kaffees nur Herkunftsbezeichnungen wie „Kolumbianisch mild“, „Brasilianisch natürlich“ oder „Andere mild“.

Als man in den 1950er-Jahren mit Kaffeezüchtung begann, ging es zunächst nur um Ertrag und Widerstandsfähigkeit gegen zwei wichtige Pilzkrankheiten des Kaffees, den Kaffeerost und die Kaffeekirschenkrankheit. Um den Anbau zu erleichtern, kreuzte man Zwerggene in die Pflanzen ein, die zu einem gestauchten Wuchs führten, und selektierte Kaffeepflanzen, die in der prallen Sonne wachsen und fruchten konnten. So wird heute v. a. in Brasilien auf großen Plantagen Kaffee sehr günstig erzeugt.

Etwas überraschend für ein Genussmittel ist, dass bisher nur wenig auf Geschmack gezüchtet wurde, das ist erst eine neuere Errungenschaft. Aber Geschmack ist auch das komplizierteste Zuchtziel von allen und bei Kaffee noch einmal ein Stück komplizierter als bei anderen Pflanzen, denn der Geschmack einer Tasse Kaffee wird nur zu einem kleinen Teil von der Sorte bestimmt. Stattdessen wird er von zahlreichen äußeren Faktoren beeinflusst:

- Kaffeeart: Arabica besser als Robusta
- Höhenlage: je höher, desto besser
- Temperatur: niedrig besser als hoch
- Schattierung besser als offene Sonne (außer in großen Höhenlagen)
- Aufbereitung: nass ergibt anderen Geschmack als trocken
- Röstung: je langsamer und niedriger die Temperatur, desto besser

Noch schwieriger wird die Qualitätszüchtung dadurch, dass grüner Kaffee völlig andere Aromakomponenten besitzt als gerösteter Kaffee. Konnten Forscher bei frisch geerntetem Kaffee 300 flüchtige Bestandteile nachweisen, waren es bei geröstetem Kaffee 850, denn ein großer Teil der Aromen entsteht erst durch die Maillard-Reaktion während der Röstung.

Und dann hat sich, nicht ganz überraschend, herausgestellt, dass bei Kaffeesorten mit überragender Qualität i. d. R. die Produktionsmenge gering ist. Und so könnte Kaffee in Zukunft wieder zu einem Zweiklassengetränk werden wie zu Beginn seiner Einführung in Europa: Wirklich guter Kaffee aus Arabica-Bohnen wird dann zum Genuss für wenige und nur spezielle Röstereien mit einem hochwertigen Qualitätskonzept und entsprechend hohem Preis können ihn anbieten (s. Box). Der Industriekaffee, der von riesigen Röstereien im Zehntausend-Tonnen-Maßstab produziert wird, dominiert dann weiterhin den Markt. Und in Zukunft könnte er mehr und mehr aus Robusta-Bohnen bestehen, die günstiger zu produzieren sind und dem Klimawandel besser trotzen.

Abb. 8.5 Teurer Kaffee, hier im *Vordergrund* zwei Kaffeesorten aus Südamerika, die biologisch erzeugt auf speziellen Plantagen gewachsen sind, von Hand gepflückt und besonders langsam geröstet wurden, ist deutlich aromatischer als sog. Industriekaffee (im *Hintergrund*)

Ist teurer Kaffee besser?

Die Antwort ist eindeutig ein Ja, einfach weil hohe Qualität sehr viel aufwendiger zu produzieren ist (Abb. 8.5). Und das wird bei kaum einem anderen Produkt deutlicher als bei Kaffee. Es beginnt mit einem umweltschonenden Anbau in Höhenlagen unter Schattenbäumen. Diese traditionelle Anbaumethode ergibt 500–1000 kg/ha Rohkaffee. Bei modernem Anbau auf großen Plantagen in der Sonne erntet man dagegen durchschnittlich 2300–3400 kg/ha. Wichtig ist auch die Ernte der reifen Kaffeekirschen von Hand, da sie an einem Strauch nie gleichzeitig reifen. Bei einer maschinellen Ernte landen so vollreife, aber auch halb- und unreife Früchte im Erntegut, die anschließend wieder ausgelesen werden, was aber nie vollständig gelingt. Die handwerkliche Röstung in kleinen Trommelröstern mit niedrigerer Temperatur und längerer Dauer (Abb. 8.3) führt zu deutlich besserer Qualität und Verträglichkeit des Kaffees.

Literatur

Adam O, Forth W (2001) Coffein – Umgang mit einem Genussmittel, das auch pharmakologische Wirkungen entfalten kann. Dtsch Arztebl 98:A2816–A2818

Bunn C, Läderach P, Rivera OO, Kirschke D (2015) A bitter cup: climate change profile of global production of Arabica and Robusta coffee. Clim Change 129:89–101

Fairtrade Deutschland (o. J.) Kaffee. https://www.fairtrade-deutschland.de/produkte-de/kaffee/hintergrund-fairtrade-kaffee.html. Zugegriffen: 28. April 2018

FAOSTAT (2017) Production. Crops. Coffee, green. http://www.fao.org/faostat/en/#data/QC. Zugegriffen: 28. April 2018

Miedaner T (2017) Pflanzenkrankheiten, die die Welt beweg(t)en. Springer, Heidelberg

Montagnon C, Marraccini P, Bertrand B (2012) Breeding for coffee quality. In: Oberthür T, Läderach P, Cock JH (Hrsg) Specialty coffee: managing quality. IPNI, Penang, S 89–117

Schivelbusch W (2005) Das Paradies, der Geschmack und die Vernunft. Eine Geschichte der Genussmittel, 6. Aufl. S. Fischer, Frankfurt/Main

WIKIPEDIA (2017) Stichworte: Kaffee, Kaffee (Pflanze), Coffein. https://de.wikipedia.org/wiki/Wikipedia:Hauptseite. Zugegriffen: 28. April 2018

Statistiken zum Kaffeekonsum 1750 bis heute

Statista (2018) Erntemenge von Kaffee weltweit in den Jahren 2003 bis 2017. https://de.statista.com/statistik/daten/studie/12508/umfrage/weltweite-produktionsmenge-von-kaffee-seit-2003/. Zugegriffen: 28. April 2018

Jura GmbH (2016) Die Geschichte des Kaffees in 4 Akten. https://de.jura.com/de/kaffeewelt/geschichte-des-kaffees. Zugegriffen: 28. April 2018

Weiterführende Literatur

Anonym (o. J.) Die Herkunft von Kaffee. https://www.coffeecircle.com/de/e/kaffee-herkunft. Zugegriffen: 28. April 2018

Deutscher Kaffeeverband (o. J.) Kaffeewissen. http://kaffeeverband.de/kaffeewissen. Zugegriffen: 28. April 2018

Heimler A (2001) Kaffee und Tabak aus kultur- und sozialgeschichtlicher Sicht – Gesellschaftliche Integration dieser Drogen im 17./18. Jahrhundert. Diplomarbeit, Bad Blankenburg; überarbeitet 2006. http://www.drogenkult.net/?file=text012&view=5. Zugegriffen: 28. April 2018

Tchibo (2016) Kaffeereport. https://www.tchibo.com/servlet/cb/1164680/data/-/Kaffeereport2016.pdf. Zugegriffen: 28. April 2018

Teuteberg H-J (1999) Kaffee. In: Hengartner T, Merki CM (Hrsg) Genussmittel – Ein kulturgeschichtliches Handbuch. Campus, Frankfurt am Main, S 81–115

9

Schokolade – Speise der Götter

Kein zweites Mal hat die Natur eine solche Fülle der wertvollsten Nährstoffe auf einem so kleinen Raum zusammengedrängt wie gerade bei der Kakaobohne.
Alexander von Humboldt, zitiert nach Roth 2005

Den Inkas, Mayas und Azteken war Schokolade als rituelles Getränk bekannt, das nur den Mächtigen vorbehalten war. Sie kultivierten bereits den aus Brasilien stammenden Kakaobaum, dem Linné in seiner botanischen Systematik den lateinischen Gattungsnamen *Theobroma* gab, also Speise der Götter („theos" für Gott, „broma" für Speise). Als Geschenk der Götter bezeichneten auch die mittelamerikanischen Völker diese Frucht oder vielmehr das, was man daraus machen konnte.

9.1 Herkunft und Botanik

Kakao oder „Cacao" bezeichnet die Samen des Kakaobaums und gleichzeitig das Getränk, das mit Kakaopulver hergestellt wird. Eine ähnliche Doppelbedeutung hat das Wort Schokolade, das bei der Einführung in Europa im 16. Jahrhundert ausschließlich ein Getränk aus Kakao bezeichnete, heute jedoch eher für die feste Darreichungsform als Tafel verwendet wird.

T. Miedaner, *Genusspflanzen*, https://doi.org/10.1007/978-3-662-56602-2_9

Criollo, Forastero, Trinitario – geheimnisvolle Chiffren

Hunderte von Sorten des Kakaobaums stammen von wenigen Unterarten (ssp.): Criollo (ssp. *cacao*), was einheimisch heißt, findet sich natürlicherweise nördlich und westlich der Anden, v. a. in Venezuela, und gilt als die feinste Variante. Er ist aber sehr anfällig gegen Krankheiten und Schädlinge und verschwindet immer mehr. Forastero (spp. *sphaerocarpum*) heißt fremd, er kommt aus dem Amazonasbecken, ist robuster und liefert höhere Erträge. Deshalb macht er heute 95 % des weltweit gehandelten Kakaos aus. Trinitario schließlich bedeutet vom Himmel gesandt; es ist eine Kreuzung aus Criollo und Forastero, die im 18. Jahrhundert auf Trinidad entstanden ist. Dann gibt es noch Arriba, der Name, unter dem der ecuadorianische Edelkakao der Sorte *Nacional* vermarktet wird, der mit Criollo verwandt ist, und Amelonado (melonenförmig) aus dem östlichen Amazonasbecken. Diese Herkünfte ergeben bei ihrer Verarbeitung typische Aromen und Düfte. Allerdings sind die von den örtlichen Kakaobauern geernteten Mengen in vielen Ländern Mischungen bzw. Kreuzungen verschiedener Formen.

Die Samen befinden sich in den Schoten des Kakaobaumes (Abb. 9.1). Dabei handelt es sich, genau wie bei Kaffee, botanisch nicht um Bohnen, denn so werden nur die Früchte der Hülsenblütler (Leguminosen) bezeichnet.

Der Kakaobaum (*Theobroma cacao*) gehört zu den Malvengewächsen; es gibt noch etwa 20 weitere Arten, von denen einige (z. B. *T. grandiflorum*) auch zur lokalen Kakaoherstellung verwendet werden. *Theobroma cacao* stammt aus den Regenwäldern des westlichen Amazonasbeckens aus den Grenzgebieten von Brasilien, Kolumbien und Peru (Abb. 9.2). Hier wächst Wildkakao in kleinen Baumgruppen im Regenwald und findet sich heute von Französisch-Guyana bis Bolivien. Schon vor Ankunft der Europäer wurde er über das nördliche Amazonasgebiet nach Venezuela, Panama und in das südliche Mexiko verbreitet. Er passte sich durch natürliche Auslese an die veränderten Umweltbedingungen an. Das fällt ihm leicht, da der Kakaobaum Fremdbefruchter ist und dadurch jede Blüte zu neuen Kombinationen von Genen führt. Es gibt keine Hinweise, dass die Einwohner Amazoniens den Baum bereits kultivierten; sie nutzten ihn wohl nur als Sammelfrucht. Diese wilden Bestände bestehen heute noch und es ist leicht, sie in Kultur zu nehmen, da sich Wild- und Kulturformen kaum unterscheiden. Sie lassen sich kreuzen und viele der heute angebauten Kakaobäume sind Hybriden zwischen verschiedenen Herkünften (s. Box).

Der Baum wird bis zu 15 m hoch, aber in Kultur meist auf drei bis vier Meter gestutzt, um die Ernte zu erleichtern. Er benötigt Temperaturen von 24 bis 28 °C, 1000–6000 mm Jahresniederschlag, guten, nährstoffreichen Boden und eigentlich auch den Schatten des Waldes. Dazu nutzt man klassischerweise bei jungen Bäumen Bananen oder Mais und bei größer gewach-

Abb. 9.1 **a** Kakaobäume in der Plantage Punta Cana in der Dominikanischen Republik (WIKIMEDIA COMMONS: CT Cooper); **b** Kakaoblüten, die direkt am Stamm des Baums ansetzen (Kauliflorie; WIKIMEDIA COMMONS: Daderot); **c** entsprechend hängen auch die Kakaofrüchte unterschiedlicher Reifestadien direkt am Baumstamm (WIKIMEDIA COMMONS: Medicaster); **d** geöffnete reife Kakaofrucht mit Pulpe und Samen (WIKIMEDIA COMMONS: Anagoria); **e** das vorläufige Endprodukt: rohe Kakaobohnen

senen Pflanzen Guaven-, Mangobäume, Kokos- oder Ölpalmen. Neben der Beschattung bieten diese Bäume einen Schutz vor Windbruch und reduzieren die Größe des Kakaobaums. Dieses Prinzip wurde schon von den Maya angewandt, später nannten die Spanier die Schattenbäume „madres de cacao" (Kakaomütter). Wegen dieser Ansprüche ist der Kakaobaum eine tropische Frucht. Im vierten Jahr nach der Keimung macht der Kakaobaum erstmals Früchte, den vollen Ertrag bringt er häufig erst nach zehn Jahren. Er kann dann aber auch bis zu 50 Jahre beerntet werden.

Wie sehr viele tropische Gewächse trägt der Kakaobaum das ganze Jahr über gleichzeitig Blätter, Knospen, Blüten und Früchte. Als botanische Besonderheit bilden sich die Blüten und Früchte direkt am Stamm (Kauliflorie; Abb. 9.1). Die Blüten werden von speziellen kleinen Fliegen bestäubt, die

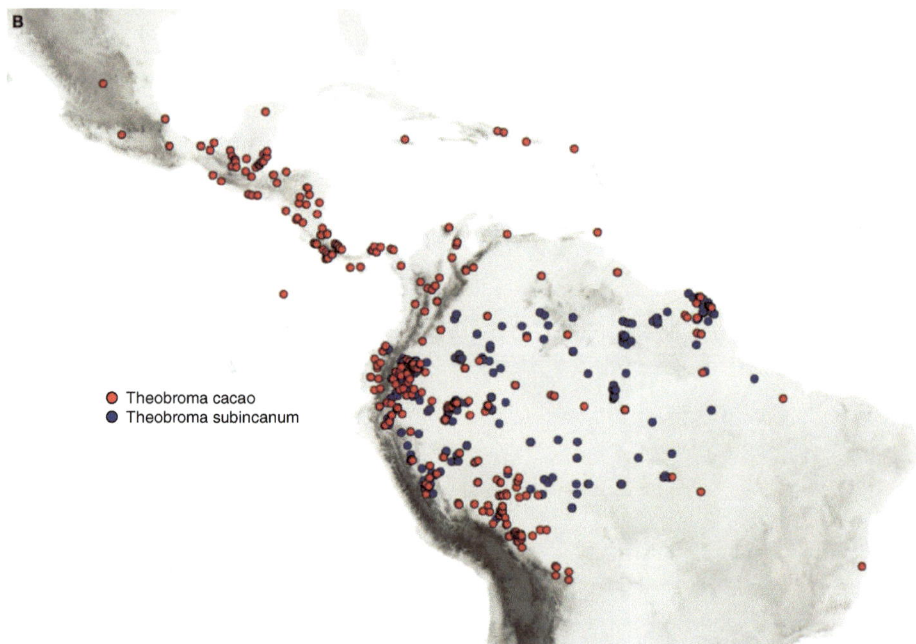

Abb. 9.2 Herkunft des wilden Kakaobaums (*Theobroma cacao, rot*) und eines nahen Verwandten (*blau*) nach georeferenzierten Daten seines wilden Vorkommens; eventuell sind auch einige kultivierte Vorkommen enthalten. (Richardson et al. 2015)

auch in den Herkunftsländern nicht sehr häufig sind. Aus Tausenden von Blüten entstehen nur wenige Früchte. Die Bestäubungsleistung ist ein ertragsbegrenzender Faktor. Erhöht man sie von 10 auf 40 % kann sich der Ertrag verdoppeln. Wenn die natürlichen Bestäuber in Kakaoplantagen fehlen, müssen die Blüten von Hand bestäubt werden, was sehr arbeitsaufwendig und zeitintensiv ist. Die Früchte können verschiedenfarbig sein, von hellem Gelb über das bekannte dunkle Orange, das gerne in Botanischen Gärten gezeigt wird, und hellbraun, blaugrau bis hin zu kräftigem Lila (Abb. 9.1). Sie reifen ja nach Sorte und Klima fünf bis acht Monate lang und hängen, wie viele tropische Früchten, das ganze Jahr über in verschiedenen Reifestadien am Baum. Die große, etwa 500 g schwere Frucht enthält einen dicken, fleischigen Teil (Pulpe) und 30–50 Samen, die in Reihen in die Pulpe eingebettet sind. Sie öffnet sich bei der Reife nicht von allein, erst wenn sie verletzt wird, fallen die Samen heraus. Dies besorgen in der Natur zahlreiche Regenwaldtiere, die hinter der fruchtig-süß schmeckenden Pulpe her sind. Diese verzehren sie mit Genuss und spucken die darin enthaltenen weißen Kakaosamen schnell wieder aus, weil sie so sehr bitter und sauer schmecken. Dies ist auch der biologische

Tab. 9.1 Inhaltsstoffe des Kakaosamens. (WIKIPEDIA: Kakao)

Inhaltsstoff	Anteil (%)
Kakaobutter	54,0
Eiweiß	11,5
Zellulose	9,0
Stärke und Pentosane	7,5
Gerbstoffe	6,0
Mineralstoffe und Salze	2,6
Organische Säuren	2,0
Theobromin	1,2
Zucker	1,0
Koffein	0,2

Sinn des Ganzen. Nur wenn die Samen aus der Frucht herausgepult und auf den Boden gespuckt werden, entstehen neue Bäume.

Kakao ist ein sehr nährstoffhaltiges Genussmittel. Dies liegt an dem hohen Fettanteil (Kakaobutter), der mehr als die Hälfte des Samens ausmacht (Tab. 9.1).

Der Kakaoanbau ist sehr arbeitsintensiv und erfordert ständige Aufmerksamkeit und Pflege. Die großen Kakaoschoten werden mit Macheten oder Stöcken von den Bäumen geschlagen. Es braucht eine ganze Jahresernte eines Baums, um ein halbes Kilogramm Kakao zu produzieren. Kakao ist eine sehr empfindliche Pflanze, die schnell auf Wetterveränderungen reagiert und anfällig für Trockenheit, aber auch Krankheiten und Schädlinge ist.

9.2 Trank der Azteken

Die Geschichte des Worts Kakao zeigt schon die unterschiedliche Verwendung über die Jahrtausende und die Vermengung zwischen der Bezeichnung von Frucht und daraus hergestellter Getränke. Kakao gelangte aus einer indigenen mexikanischen Sprache, vielleicht der der Olmeken, in die Mayasprache („ka-ka-wa“) und von dort zu den Azteken („cachuatl“), die damit sowohl den Samen (Kakaokern) als auch ein Getränk auf der Basis von Kakao bezeichneten (Kakaowasser). Der spanische Seefahrer Cortés übernahm den Begriff als „cacao“. Später adaptierten die Spanier für das Kakaogetränk ein anderes aztekisches Wort, „xocoatl“, das sie zur „chocolate“ machten, eventuell verwechselten sie es mit dem Maya-Wort „chocol ha“ für heißes Wasser, denn das benötigt man zur Herstellung des Getränks. Im Deutschen wurde daraus „chocolade“, bis sich im 20. Jahrhundert die eingedeutschte Schreibweise

Schokolade durchsetzte. Und damit meinen wir heute nur noch in seltenen Fällen das Getränk.

Die Azteken machten die Spanier mit dem Kakao bekannt, sie waren aber nicht die ersten, die ihn nutzten (Hirst 2016). In Mittelamerika wurde die Frucht des Kakaobaums wohl schon seit über 3000 Jahren genossen. Zumindest fanden amerikanische Forscher in der kleinen Ortschaft Puerto Escondido (Honduras) Gefäßscherben, an denen sie Theobromin nachwiesen, eine Substanz, die in Mittelamerika nur in Kakao vorkommt (Henderson et al. 2007). Sie datierten ihren Fund auf 1100 v. Chr. Aus der Form der Gefäße schlossen sie, dass daraus aber keine flüssige Schokolade getrunken wurde, sondern Chicha, ein alkoholisches Getränk, das durch Fermentation der Pulpe entsteht. Und es gibt noch ältere Funde, an denen Theobromin nachgewiesen wurde. Etwa in Paso de la Amada im südlichen Mexiko (1900–1500 v. Chr.) oder in einer Fundstätte der Olmeken in Veracruz (1650–1500 v. Chr.). Auch aus Honduras stammt ein früher Fund (1150 v. Chr.). Dabei bleibt aber immer unklar, in welcher Form der Kakao genossen wurde.

Während der spanischen Eroberung war Kakao in ganz Mittelamerika bekannt und wurde als heißes oder kaltes Getränk serviert, meist gemischt mit Chili, Vanille oder anderen scharfen Gewürzen, manchmal auch mit Honig gesüßt, denn Kakao selbst ist sehr bitter. Die Zubereitung glich einer Zeremonie, ähnlich der Teezeremonie in Japan, und das Getränk gab es nur zu Hochzeiten und anderen Festtagen. Bei den Azteken war es zeitweise sogar nur dem Adel, Kriegern und Händlern vorbehalten. Sie verarbeiteten den Kakao und vermahlten die fermentierten Samen zu einer Paste, die frisch verwendet oder getrocknet werden konnte.

Obwohl den Azteken der Kakao sehr wichtig war, hatten sie keine eigenen Anbaugebiete. Sie handelten ihn von südlich siedelnden Maya in der Chontalpa-Region. Schließlich eroberte der Aztekenherrscher Ahuitzolts (1486–1502) kurzerhand das pazifische Küstengebiet zwischen dem heutigen Mexiko und Guatemala, um die Kakaoversorgung sicherzustellen. Schließlich galten sowohl bei den Maya als auch den Azteken Kakaosamen als Zahlungsmittel, sie hatten einen sehr hohen Handelswert. Auch für religiöse Zeremonien wurde Kakao verwendet. Vielleicht hatten die damaligen Bewohner Mittelamerikas schon die leicht psychogenen Wirkungen des Kakaos erkannt. Kakaobaum und -frucht finden sich jedenfalls in vielen Darstellungen der Azteken.

9.3 Der lange Weg zur Tafel

Kolumbus kam auf seiner vierten Reise 1502 erstmals mit Kakaobohnen in Berührung, hielt sie aber für eine Art Mandeln. Erst Hernán Cortés erkannte bei seiner Eroberung des Aztekenreichs 1519, dass ihm „braunes Gold" in die Hände gefallen war. Am Hof Moctezumas, der schokoladensüchtig gewesen war und angeblich 50 Tassen am Tag trank, lernte er den Genuss von Xocolatl kennen. Das Getränk war damals nur dem Herrscher vorbehalten und wurde in einem feierlichen Zug von ehrfurchtsvollen jungen Frauen in speziellen, lackierten Schalen serviert. Cortés brachte 1528 den ersten Kakao und die für die Zubereitung des exotischen Getränks notwendigen Geräte mit an den spanischen Hof. Durch die Erzählungen von den rituellen Gebräuchen Moctezumas galt Schokolade fortan als elitär und erotisch. Dominikanische Priester brachten 1544 eine Gruppe Kekchi-Mayas nach Spanien, die vor den Augen des Thronfolgers, Prinz Philipp, Schokolade zubereiteten. Die Bohnen kamen wahrscheinlich aus Guatemala, eine hellbraune Variante, die heute sehr gesucht ist. Die Spanier nannten sie Criollo (einheimisch). Die erste kommerzielle Schiffsladung Kakao, von der wir wissen, verließ im Jahr 1585 Veracruz in Richtung des spanischen Sevilla.

Doch zunächst fand Kakao in Europa keinen Anklang, er war einfach zu bitter. Erst als man in Spanien darauf kam, die rohen Kakaosamen über Feuer zu rösten, die Hülsen abzulösen und die Kerne zu zerreiben, war man auf dem richtigen Weg. Das Pulver wurde langsam geschmolzen und mit Zucker, getrocknetem Mark von Vanilleschoten und Zimt veredelt. Dann musste man das Ganze wiederum fein mahlen, bis alles gut miteinander verbunden war, und die so gewonnene Kakaomasse konnte man dann in heißes Wasser geben. Dabei musste das Getränk aber immer wieder schaumig gerührt werden, damit Fett und feste Bestandteile in der Suspension verblieben. Überhaupt war das Getränk aufgrund des hohen Fettgehalts schwer verdaulich, der Kakao konnte damals nur relativ grob gemahlen werden und schmeckte sandig. Aber das Wesentliche für die spanische Oberschicht war, dass Kakao exotisch war, schwer zuzubereiten, sündhaft teuer und angeblich aphrodisierend.

Flüssige Schokolade wurde in der ersten Hälfte des 17. Jahrhunderts das absolute In-Getränk des Adels. Es hieß damals schon Chocolade und blieb zunächst ein Monopol der Spanier, die in ihren Kolonien den direkten Zugriff zum Rohstoff hatten. Sie förderten auch den Kakaoanbau in ihren Kolonien, zunächst wegen des Werts der Kakaosamen als Zahlungsmittel, dann aber auch, um den steigenden, wenn auch noch bescheidenen, Konsum im Mutterland zu befriedigen. Dem restlichen Europa blieb die flüssige Schokolade unbekannt, lediglich in den spanischen Besitzungen Italiens und der Niederlande fand man sie. Als die spanische Habsburgerin Anna 1615 Ludwig XIII, den Vater des Sonnenkönigs, heiratete, kam die Schokolade an den französischen Hof und wurde auch hier rasch zum Symbol von Luxus und Reichtum.

Im Rokoko wurde die Schokolade als Getränk des Adels vorzugsweise im Bett, oft noch im Negligé, genossen (Abb. 9.3), um den Beginn des Tags zu inszenieren. Dafür gab es spezielle Dienstboten, die die Kunst des Schokolademachens beherrschten (Abb. 9.3). In den Bildern des Rokokos ist das Ensemble von Boudoir und Schokolade sehr beliebt und hat bewusst erotischen Charakter.

Unter Ludwig XIV., der selbst süchtig nach Schokolade war, nimmt der Luxus, der mit Schokolade verbunden wird, kein Ende mehr. Es werden sündhaft teure Porzellanservice mit einer eigenen Kannenform entworfen und wer wirklich reich ist, leistet sich einen Mohren, einen schwarzen Sklavenjungen, zur Zubereitung des Getränks und um es zu servieren. Spätere Schokoladenhersteller machten sich dieses Klischee zunutze. Jeder kennt noch den Sarotti-Mohr (Abb. 9.4), der 2004 aus Gründen der „political correctness" zum hellhäutigen Magier mutiert ist, und in Österreich ist der Meinl-Mohr allgemeines

Abb. 9.3 Darstellung des Schokoladetrinkens im Rokoko als Privileg des Adels. **a** Liotard, Das Schokoladenmädchen, **b** Pietro Longhi, Morgenschokolade. (WIKIPEDIA COMMONS)

Abb. 9.4 Der Sarotti-Mohr, wie ihn der Künstler Prof. Julius Gipkens um 1920 entwarf; die Symbolfigur wurden 2004 stark abgewandelt, sodass der ehemalige Sarotti-Mohr zum hellen Magier mutierte. (http://www.sarotti.de/marke/mohr)

Kulturgut geworden. In beiden Fällen stand der Mohr für das Fremdländische, Exotische, das aber im Hinblick auf die von ihm beworbenen Genussmittel positiv besetzt war.

Der Kulturwissenschaftler Wolfgang Schivelbusch (2005) hebt bei diesem Werdegang der Schokolade den Kontrast zum Kaffee hervor. Während Kaffee das Getränk der bürgerlichen Gesellschaft gewesen sei, der wachmacht, motiviert und den Geist anregt, war die flüssige Schokolade ein Getränk des Adels, die „das allmorgendliche Erwachen einer untätigen Klasse zum gepflegten Nichtstun" unterstützte. Deshalb hält er die Schokolade für ein katholisch-aristokratisches, den Kaffee aber für ein protestantisch-bürgerliches Getränk.

In Deutschland wurde Schokolade erstmal nur als Medizin und Stärkungsmittel in Apotheken verkauft, was auch durch den hohen Preis bedingt war. Ein Text, der aus dem 17. Jahrhundert stammt, umgibt sie mit exotischem Reiz und erwähnt beiläufig auch die aphrodisische Wirkung:

> Es stärcket nemlich der Cacao den Magen, macht Lebensgeister hurtig, verdünnt die Säfte und Geblüht, hilft zur Venus-Lust, stärcket das Haupt, lindert Schmerzen und ist sein Lob sowohl zur Nahrung wie als Medicament nicht genug fast zu beschreiben (WIKIPEDIA: Kakao [Getränk]).

In Bremen gründete der Niederländer Jan Jantz von Huesden 1673 eine Kaffeestube, die auch Schokolade anbot. Aufgrund ihres hohen Preises, der noch durch Zölle und Steuern auf das Luxusgut hochgetrieben wurde, blieb die Schokolade aber ein exotisches Getränk, das Adel und dem gehobenen Bürgertum vorenthalten war. Friedrich der Große selbst galt ebenso als Schokoladenliebhaber wie Goethe und Schiller. In Berlin sah man das Getränk aber immer noch eher als Stärkungs- und Gesundheitsmittel denn als Genuss.

Natürlich hat der Kakaoanbau auch eine koloniale Vergangenheit, wie die Assoziation zum Mohren verdeutlicht (Abb. 9.4). Als die Schokolade beliebter wurde, bemühten sich die europäischen Nationen, den Kakaobaum möglichst in ihren Einflusssphären anzubauen, um das Geld im Land zu halten bzw. über den Verkaufserlös und horrende Steuern selbst Geld zu verdienen. Die Spanier breiteten den Kakaoanbau bis in die Karibik aus und schon um 1700 war Trinidad ein Hauptanbaugebiet – bis 1725 die Bestände durch Klima, schlechten Anbau und wegen ihrer genetischen Einheitlichkeit zusammenbrachen. Deshalb wurde *Forastero*-Material aus Brasilien und Venezuela eingeführt und mehrere spontane Kreuzungen zwischen mindestens drei verschiedenen Herkünften führten schließlich zum Sortentyp *Trinitario*. Die Holländer verschifften Kakao aus Venezuela bereits 1560 erstmals nach Südostasien; 200 Jahre später initiierten sie den Kakaoanbau in Malaysia. Die Briten führten 1798 Kakaobäume in Indien ein und später auch in das heutige Sri Lanka. Von dort verbreitete sich der Kakaoanbau nach Singapur, zu den Fiji-Inseln, Samao bis nach Australien (Queensland).

Als in Europa in der zweiten Hälfte des 18. Jahrhunderts eine erste Schokoladenfabrik entstand und danach die Amerikaner auf das süße Produkt aufmerksam wurden, explodierte der Bedarf. Die Portugiesen führten 1822 den Kakao in Afrika ein und auch die Spanier brachten mehrfach Kakao aus Südamerika nach Westafrika. Die weitere Verbreitung des Kakaos war durch ein ständiges Auf und Ab gekennzeichnet, das meist durch Pflanzenkrankheiten verursacht war. So verlagerte sich die Produktion von Mittelamerika nach Venezuela, dann nach Ecuador, schließlich nach Brasilien und von dort nach Westafrika. Jedes Mal, wenn die Produktion in einer Region zusammenbrach, begann man woanders wieder von Neuem. Hier rächte es sich, dass überall nur wenige, oft sogar noch miteinander verwandte Kakaoherkünfte standen, die genetische Vielfalt war einfach zu gering, um mit den Krankheiten Schritt zu halten. So beruht in Westafrika auch heute noch die Züchtung von krankheitsresistentem Kakao auf nicht mehr als zehn wilden Bäumen, die in den 1940er-Jahren im Amazonasgebiet gesammelt wurden.

Doch zurück zu den wesentlichen Absatzmärkten in Europa. Im 19. Jahrhundert machten gleich mehrere Erfindungen die Schokolade bekömmlicher. Den Anfang machte 1823 der Holländer van Houten. Er entwickelte eine Methode zur Entfettung des Kakaos durch eine schwere, hydraulische Presse und behandelte den Kakao mit Alkalisalzen. Damit entstand Kakaopulver, das sich besser mit Wasser mischte, einen milderen Geschmack hatte und leichter verdaulich war. Denn durch die Alkalisierung werden die im Rohkakao vorhandenen Säuren neutralisiert.

Die anfallende Kakaobutter mischte der Engländer Joseph Storrs Fry mit entöltem Kakaopulver und produzierte den ersten Schokoriegel. Jetzt war die Geschichte der flüssigen Schokolade zu Ende. Sie wurde zu einem Frühstücksgetränk für Kinder; Genuss versprach allein die feste Schokolade. Aber sie war damals noch nicht wirklich ein Genuss, sondern hart, spröde und immer noch ziemlich bitter.

Der Welschschweizer Daniel Peter gab 1875 erstmals Milch und Zucker in das Gemisch, der angenehm milde Geschmack der Milchschokolade war erfunden und der Mythos der Schweizer Schokolade begann. Der Trick dabei war, dass Peter Milchpulver zugab. Seine Vorgänger hatten alle mit flüssiger Milch gearbeitet und das führte nicht zum Erfolg, weil sich die Kakaobutter nicht mit etwas mischen lässt, das Wasser enthält. Jetzt war die Erfolgsformel gefunden: entfettetes Kakaopulver, wohl dosierte Kakaobutter, Milchpulver und viel Zucker. Peter gründete vier Jahre später zusammen mit Henri Nestlé den gleichnamigen Weltkonzern, der noch heute Schokolade verkauft.

Die Krönung der Schokoladeherstellung erfand 1879 der Schweizer Rudolf Lindt durch die Methode des Conchierens. Dabei wird in einem muschelförmigen Behälter (lateinisch „concha" für Muschel) das Kakaopulver mit den Zutaten gründlich geknetet, gemischt, durchlüftet und schließlich verflüssigt. Es entsteht dadurch eine besonders feine, dickflüssige Masse von hoher Qualität. Die Wärme und Sauerstoffzufuhr beim Rühren führt zum Abbau unerwünschter Geruchs- und Geschmacksstoffe. Zucker und fettfreies Milchpulver werden vollständig mit Kakaobutter umhüllt, das ergibt das cremige Mundgefühl und den feinen Schmelz der Schokolade. Das Conchieren konnte damals mehrere Tage dauern. Noch heute gilt die Schweizer Schokolade als die beste der Welt, obwohl inzwischen natürlich auch die anderen Marken conchieren.

Bis zum Ersten Weltkrieg blieb die Tafelschokolade ein Luxus für die Reichen, erst im Krieg entdeckte man die Tafeln als konzentrierten Energiespender für Soldaten, der Hunger auf Schokolade war geweckt. Zum billigen Massenprodukt wurde sie aber erst mit dem allgemeinen Wohlstand nach dem Zweiten Weltkrieg. Zur relativen Preissenkung trugen natürlich auch die Mechanisierung der Verarbeitung, eine Steigerung der Realeinkommen und die Ausdehnung des Kakaoanbaus bei. Außerdem wird in der Milchschokolade nur wenig Kakaopulver verwendet, es sind als Mindestgehalte nur 2,5 % fettfreie Kakaomasse und 22,5 % Kakaobutter gesetzlich vorgeschrieben.

9.4 Kakao – Nahrung oder Droge?

In Mittel- und Südamerika war Kakao nie ein Alltagsgetränk, sondern diente zu rituellen Zwecken und wurde eher als Droge gehandelt. Auch heute gilt Kakao noch als Wachmacher. Außerdem soll er stimmungsaufhellend wirken oder sogar euphorische Gefühle auslösen und eine schärfere Wahrnehmung gewährleisten, manche halten ihn sogar für aphrodisierend. Tatsache ist, dass es Schokoladensüchtige („chocoholics") gibt, die täglich zwei, drei oder gar fünf Tafeln Schokolade essen. Da ist es kein Wunder, dass nach einer amerikanischen Untersuchung die Hälfte aller Menschen (49 %), die Heißhunger auf Nahrungsmittel entwickeln, Schokolade als Grund angeben. An zweiter Stelle folgen mit weitem Abstand etwas Süßes (16 %) oder Backwaren (11 %). Und es entspricht auch dem Alltagswissen, dass die Schokoladensüchtigen v. a. Frauen sind. Angeblich sollen 40 % der Frauen und nur 15 % der Männer wenigstens gelegentlich Heißhunger auf Schokolade entwickeln. Die Frage ist nur, was ist dran an der Schokoladensucht? Gibt es sie überhaupt aus medizinischer Sicht?

Versierte Chemiker können in Schokolade, ähnlich wie in anderen Genussmitteln, Hunderte von Substanzen entdecken, von denen einige im Verdacht stehen, psychoaktiv zu sein (s. Box). Dabei gilt generell, dass Kakaopulver die höchsten Gehalte enthält, gefolgt von Bitterschokolade und Milchschokolade. In der Bitterschokolade überwiegt die Wirkung der Methylxanthine des Kakaos, v. a. Theobromin. In der Milchschokolade regt der reichlich vorhandene Zucker die Serotoninbildung im Gehirn an, was sich positiv auf die Stimmung auswirkt und von der fettreichen Kakaomasse unterstützt wird. Zusätzlich sind noch die natürlichen Exorphine der Milch enthalten. Weiße Schokolade enthält nur Zucker und Kakaobutter.

Bei der Fermentation der Kakaobohnen entwickeln sich biogene Amine und Aldehyde, die besonders reaktionsfreudig sind. Die hohen Temperaturen beim anschließenden Rösten führen zu Maillard-Produkten. Beim nachfolgenden Conchieren wird die Schokoladenmasse intensiv in milder Wärme verrieben, was zusammen mit dem Zucker ideale Bedingungen für die Bildung psychogener Substanzen schafft. Zusammen mit den Bestandteilen der Milcheiweiße entwickeln sich neben dem Aroma auch wirksame Exorphine. Dies sind kurze Ketten aus Aminosäuren, die sich in natürlichen Eiweißen befinden und durch die Verdauungsenzyme aufgeschlossen werden. Sie kommen beispielsweise in Getreide, Milch, Kakao, Kaffee vor. Exorphine können an Opioidrezeptoren andocken. Ihr Name kommt von der Ähnlichkeit mit den vom Körper selbst produzierten Endorphinen, beide wirken ähnlich wie Morphin (s. Kap. 6).

Psychoaktive Substanzen in Schokolade

Theobromin (1–2,5 %) und Koffein (0,2 %) sind Methylxanthine, die für den bitteren Geschmack und die aufputschende Wirkung verantwortlich sind. Theobromin stimuliert, ähnlich wie Koffein, das Nervensystem und erweitert die Blutgefäße. Es wirkt milder und gleichmäßiger als Koffein.

Thyramin, Tryptamin und andere biogene Amine können in das Amphetamin Dimethyltryptamin (DMT) umgewandelt werden, wirken also aufputschend und stimulierend.

Phenylethylamin (PEA) dominiert mengenmäßig und ist strukturell mit dem Neurotransmitter Dopamin sowie den Halluzinogenen Amphetamin und Ecstasy verwandt. Ein Defizit wird als eine mögliche Ursache der Depression diskutiert.

Anandamide sind körpereigene Botenstoffe, die im Gehirn gebildet werden und an denselben Rezeptoren im Gehirn andocken wie Cannabinoide (s. Kap. 5), was zu Hochgefühl und Euphorie führt.

Salsolinol ist ein Alkaloid, dessen Wirkung auf das Gehirn ähnlich eines Antidepressivum sein soll. Es wird dadurch mehr Dopamin (Glückshormon) ausgeschüttet und dieser Stoff lässt Freude, Ausgelassenheit und gute Laune empfinden. Salsolinol ist in der Schokolade mit bis zu 25 mg/kg enthalten.

Tryptophan wird im Körper in Serotonin umgewandelt. Serotonin ist ein Antistressneurotransmitter und hellt die Stimmung auf (Glückshormon). Außerdem reguliert Serotonin z. B. den Schlaf-Wach-Rhythmus, die Körpertemperatur und das Schmerzempfinden.

Am meisten beachtet wurden in der Vergangenheit Theobromin und Koffein, beide machen 99 % des Alkaloidgehalts der Schokolade aus. Die Wirkung von Theobromin entspricht anfänglich weitestgehend der von Koffein, hält aber wesentlich länger an, da Gerbstoffe (Tannine) die Aufnahme des Stoffs im Darm verzögern. Die Gehalte der beiden in ihrer Struktur sehr ähnlichen Alkaloide schwanken stark, je nach Sorte und Herkunft des Kakaos. Ein Teelöffel reines Kakaopulver (4 g) entspricht 40–100 mg Theobromin und 8 mg Koffein. Der Wirkstoffgehalt kann aber bis zu einem Theobromingehalt von 400 mg pro Teelöffel gehen. Vergleicht man die Dosis mit der von Koffein, so ist wichtig, dass Theobromin bei gleicher Menge schwächer wirkt.

Interessant sind auch die biogenen Amine, die in großer Zahl in Kakao enthalten sind. So führen Serotonin und Tryptamin unter Umständen zur Bildung des Amphetamins Dimethyltryptamin (DMT). Dazu kommt das Phenylethylamin, ebenfalls ein Ausgangsstoff für Halluzinogene. Allerdings sind die Mengen dieser Substanzen im Kakao so gering, dass davon niemand unmittelbar high wird. Sie könnten aber das Lebensgefühl erhöhen. Dasselbe gilt auch für die Anandamide und Salsolinol (s. Box). Daneben enthält Schokolade auch Dopamin und Serotonin, die jedoch die Blut-Hirn-Schranke nicht überwinden. Die reichlich enthaltenen Polyphenole werden bei der

Schokoladenherstellung zerstört und das ebenfalls in hoher Dosis vorhandene Magnesium kann auch aus anderen Nahrungsquellen bezogen werden.

Es ist unbestritten, dass sich alle diese Substanzen und noch viele andere in Schokolade finden lassen. Der wissenschaftliche Streit geht nur darum, ob ausreichende Mengen dieser Stoffe in einer normalen Tafel Schokolade enthalten sind, um wirklich die an den Reinsubstanzen erforschten Wirkungen zu entfalten. Natürlich könnte es auch zu Wechselwirkungen zwischen einzelnen Stoffen kommen, die sich dann gegenseitig verstärken.

Kakao als Partydroge?

In Berlin und in anderen großen Städten dieser Welt gibt es eine neue Droge: Kakao. Auf der Party-Reihe „Lucid" zum Beispiel wird den Gästen hochkonzentriertes, bitteres Kakaopulver aus Bali in das Getränk gemischt. Es soll die Hör-Erfahrung bei elektronischer Musik oder Hip-Hop verstärken. Die Gründe für den lustvollen Konsum: Kakao erhöht den Serotonin-Spiegel im Blut, stimuliert die Ausschüttung von Endorphinen, die Glücksgefühle auslösen, die Hirnfunktion wird leicht erhöht und das enthaltene Magnesium lockert die Muskulatur. Und der hier verwendete Kakao enthält von allem sehr viel größere Mengen als das herkömmliche Kakaopulver aus dem Supermarkt. Illegal ist er trotzdem nicht (FOCUS 2016).

Wahrscheinlich gibt es gar keine einheitliche Erklärung für die positive Wirkung der Schokolade. Es ist einfach ein Genuss, Schokolade im Mund schmelzen zu lassen, der alle Sinne gleichzeitig anspricht und durch den hohen Nährstoffgehalt auch ein Sättigungsgefühl gibt. Schokolade wirkt stimmungsaufhellend, mild aufputschend und vielleicht sogar aphrodisierend, wenn man nur intensiv daran glaubt. So ist es vielleicht kein Wunder, dass man schokoladensüchtig werden kann. Und was die Süßwarenhersteller nicht müde werden zu betonen: Man wird nicht von der Schokolade dick, sondern vom Zucker. Eine Umfrage unter US-College-Studenten, die Yuker 1997 veröffentlichte, ergab u. a. folgende Bewertung von Schokolade, die vielleicht mehr erklärt als alle Wissenschaft: „[...] beruhigend, erotisch, himmlisch, köstlich, unwiderstehlich, geheimnisvoll, gefährlich, großartig, sättigend, sexy, sündhaft" [zitiert nach Dillinger et al. 2000].

9.5 Anbau von Kakao

Der Kakaobaum stammt aus dem tropischen Regenwald und das bestimmt seine Bedürfnisse. Deshalb wächst er auch nur rund um den Äquator, Fachleute sprechen von der 20-20-Zone, d. h. zwischen 20° nördlicher und 20° südlicher Breite. Vermehrt wird er meist durch Samen, aber auch Stecklinge und die Entnahme von Knospen ist möglich. In modernen Farmen der Elfenbeinküste und Indonesiens werden im Reagenzglas gezogene Pflänzchen verwendet, die absolut genetisch identisch sind (Klone). Dabei werden 1000–1200 Bäume je Hektar gepflanzt, bei guter Nährstoffversorgung können es auch dreimal so viele Bäume sein.

Heute kommen fast 70 % der globalen Kakaoproduktion aus Westafrika; Hauptproduzenten sind die Elfenbeinküste und Ghana (Abb. 9.5). Die meiste Arbeit wird von Kleinbauern geleistet, die nur wenige Kenntnisse und gar keine Hilfsmittel haben. Deshalb ist die Produktivität recht gering. Der durchschnittliche Ertrag beträgt 450 kg/ha, Spitzenerträge bis zu 3000 kg/ha sind bei entsprechender Düngung und Pflanzenschutz möglich. Weil letzteres meist fehlt, sind die weltweiten Erträge so bescheiden und die Qualität hat noch längst nicht das Optimum erreicht. Eine Steigerung der Produktion war bisher nur durch Ausdehnung der Anbauflächen möglich. An dritter Stelle steht mit einem Anteil von 12 % inzwischen Indonesien. Nur 16 % der weltweiten Kakaoernte stammt noch aus Mittel- und Südamerika, den eigentlichen Ursprungsregionen des Kakaos. Dafür kommen von hier die besten Qualitäten.

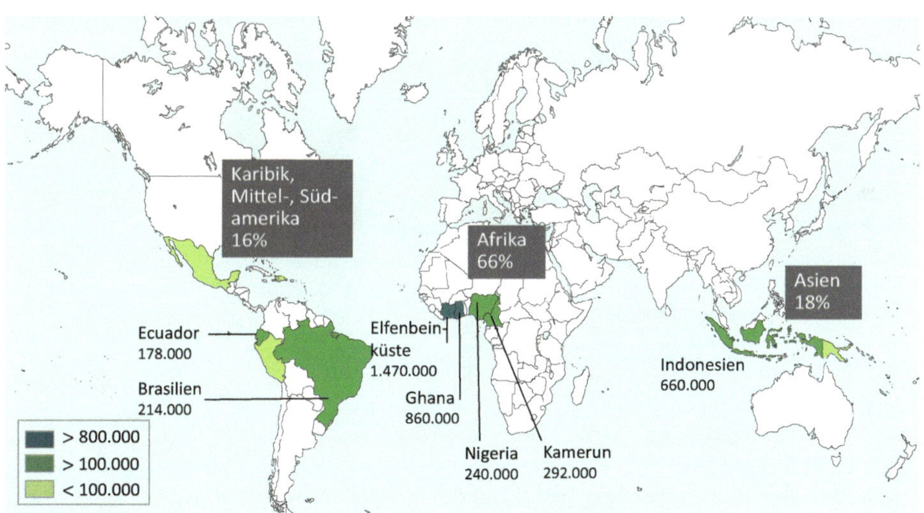

Abb. 9.5 Die wichtigsten Herkunftsländer des Kakao 2016. (Jahresproduktion in Tonnen, gerundet; Daten: FAOSTAT 2017; Kartengrundlage: http://www.maproom.org/outline/world/mn.php)

Der wilde Kakaobaum kommt im Regenwald meist einzeln lebend vor. Deshalb ist sehr empfindlich gegen Schädlinge. Seit dem 17. Jahrhundert sind desaströse Ausfälle berichtet, wo alle Bäume einer Region vernichtet wurden. In den letzten Jahrzehnten machen v. a. Pilze und Viren den Kakaobäumen zu schaffen. So erlebte Brasilien von 1989 bis 1999 einen Produktionsausfall von 70 % durch einen mikroskopisch kleinen Pilz, *Moniliophthora perniciosa*, der die sog. Hexenbesenkrankheit verursacht. Verluste ähnlicher Größenordnung machte derselbe Pilz schon in den 1920er-Jahren in Ecuador. Molekulare Untersuchungen zeigten, dass die Kakaobäume in Westafrika sich genetisch sehr ähnlich sind, weshalb die Schadpilze leichtes Spiel haben. Die erste Ernte erfolgt je nach Region von April bis Juni, eine zweite Ernte im Oktober.

9.6 Ein komplizierter Herstellungsprozess

Kakaosamen sind zwar auch roh essbar, zum eigentlichen Produkt werden sie aber erst durch einen komplizierten Prozess der mehrstufigen Fermentation, des Röstens und der anschließenden Auftrennung der Bestandteile (Ritter Sport o. J., s. Abb. 9.6).

Die Fermentation folgt unmittelbar nach der Ernte in den Produktionsländern. Üblicherweise werden die Kakaofrüchte von Hand mit Macheten

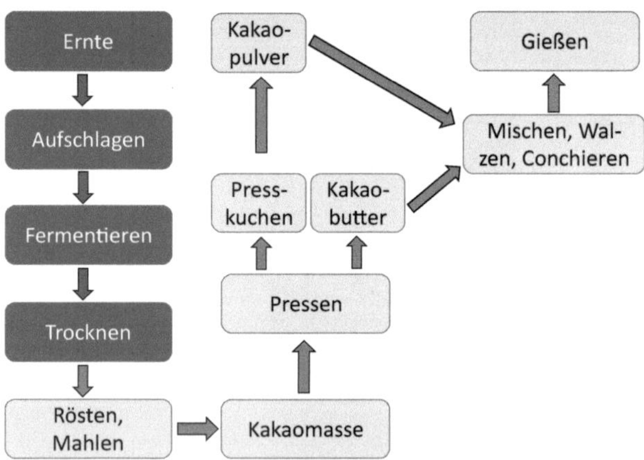

Abb. 9.6 Herstellungsprozess von Schokolade bzw. den Grundbestandteilen Kakaomasse, Kakaobutter und Kakaopulver. *Dunkelgrau* Herstellerländer; *hellgrau* Verbraucherländer

geöffnet und das Fruchtfleisch mit den Kakaosamen aus den Schalen gepult. Dann wird die feuchte Masse mit den Samen auf großen Blättern, z. B. von Bananen, ausgebreitet und mit ihnen bedeckt (Haufenfermentation). Neben dieser klassischen Methode wird die Fermentation heute auch in großen Holzkisten durchgeführt (Kastenfermentation). Dadurch werden die Kakaosamen nicht so leicht von Schädlingen befallen.

Der Prozess dauert, je nach Kakaosorte, zwei bis sieben Tage. Dabei läuft im Prinzip ein Gärprozess ab, der durch die in den Tropen allgegenwärtigen Hefen durchgeführt wird. Genau wie bei der Gärung von Traubensaft entsteht bei der Fermentation der süßen Pulpe Alkohol und Kohlendioxid, beides lässt man unter der Tropensonne verdampfen. Bei diesem Prozess verflüssigt sich das Fruchtfleisch und trennt sich vom Samen. Die Samen beginnen zunächst zu keimen und setzen fruchteigene Enzyme frei, die später geschmacksentscheidend sind. Es entstehen Temperaturen von 45–50 °C, die keimenden Kakaosamen sterben dadurch ab. Dabei werden die Zellwände im Samen zerstört, der Zellsaft mindert den bitteren Geschmack der Bohnen und es entstehen durch die freiwerdenden Enzyme weitere Vorstufen der späteren Aromen. Außerdem erhalten die Samen jetzt ihre braune Färbung. Nach der Fermentation enthalten die Samen noch bis zu 60 % Wasser. Um lager- und transportfähig zu werden, müssen sie deshalb getrocknet werden, meist ein bis zwei Wochen lang einfach auf Matten, Planen oder Dächern in der tropischen Sonne. Dadurch verringert sich der Wassergehalt auf 5–7 %. Außerdem werden auch Aroma und Farbe weiterentwickelt.

Die weitere Verarbeitung des Kakaos erfolgt meist in den Verbraucherländern in Europa und Nordamerika (Abb. 9.6). Dabei werden die getrockneten Samen gereinigt, thermisch vorbehandelt, um Mikroorganismen zu beseitigen, und anschließend bei 100–150 °C geröstet. Je wertvoller die Sorte ist, umso tiefer ist die Temperatur und umso länger dauert der Röstprozess. Kakao, der zur Industrieschokolade bestimmt ist, wird bei hohen Temperaturen in 10–20 min geröstet; wertvolle Kakaosorten werden bei 100–115 °C über eine Stunde lang geröstet. Beim Rösten entstehen die dunkelbraune Farbe und der Großteil des typischen Aromas; Hunderte von Stoffen sind jetzt im Produkt nachweisbar, die für den Geschmack der Schokolade wichtig sind. Dann werden die Samen zu Kernsplittern, sog „nibs“, gebrochen und geschält, durch eine alkalische Lösung veredelt und zermahlen. Dabei wird durch die Reibungswärme die gesamte Kakaomasse flüssig, der Fettanteil, die Kakaobutter, wird abgetrennt, es entsteht das Kakaopulver.

Kakaoerzeugnisse

Kakaomasse entsteht durch Mahlen der gereinigten, gerösteten und gebrochenen Kakaosamen. Die dickflüssige Masse enthält 50–60 % Fettanteil (Kakaobutter), der sich nach Abkühlen verfestigt.

Kakaobutter ist das aus der Kakaomasse herausgepresste Fett, das der Tafelbutter gleicht. Es ist ein sehr wertvolles Fett und wichtiger Bestandteil der Tafelschokolade, sie enthält dadurch Glanz und Schmelz.

Kakaopulver: Nach dem Abpressen der Kakaobutter aus der Kakaomasse bleibt ein etwa 10–20 % Fett enthaltender Kakaokuchen übrig. Dieser wird zerkleinert und zu Pulver verarbeitet.

Zur Herstellung von Schokolade wird die entfettete Kakaomasse, das Kakaopulver, mit einem geringerem Anteil Kakaobutter, Zucker und den weiteren Zutaten, häufig Milchpulver, Vanille, im Kneter bei 40 °C zehn Minuten lang vermengt und zwischen Walzen mit Zwischenräumen von etwa 15–25 Tausendstel Millimeter gewalzt, um die noch groben Kakaokörner zu brechen und eine feine Struktur der Masse zu erzeugen. Durch die Druck- und Scherkräfte sowie die entstehenden Temperaturen verformt sich der Zucker und kann Aromastoffe an- und einlagern.

Ein großes Geheimnis machen die Schokoladenhersteller aus dem nachfolgenden Prozess des Conchierens, bei dem die Schokolademasse auf bis zu 90 °C erwärmt und gerührt wird. Früher wurden für Schokoladen Conchierzeiten von bis zu 72, manchmal auch 90 Stunden verwendet. Heute erzielt man in modernen Maschinen ähnliche Ergebnisse mit einer kürzeren Zeit von 12 bis 24 Stunden. Besonders hochwertige Schokolade wird auch heute noch zwischen 30 und 54 Stunden conchiert, besonders billige Schokolade unter Zusatz von Sojalecithin nur noch 2–3 Stunden.

Dabei gilt: Je feiner gewalzt und je länger conchiert wird, umso besser wird die Schokoladenqualität. Beides ist v. a. für den zarten Schmelz der Schokolade verantwortlich. Die flüssige Schokoladenmasse wird in Formen gegossen und gekühlt. Dadurch entstehen die gängigen Schokoladentafeln, aber auch Weihnachtsmänner und Osterhasen.

Schokolade lässt sich heute in großer Vielfalt kaufen. Das Entscheidende ist der Kakaogehalt. Die Kakaoverordnung schreibt vor: Schokolade muss, je nach Typ, mindestens 25–35 % Gesamtkakaobestandteile (entfettete Kakaomasse und Kakaobutter) enthalten. Kakaofremde pflanzliche Fette wie Palmöl oder Sheabutter sind neuerdings in der EU bis maximal 5 % erlaubt. Der vorgeschriebene Mindestgehalt an fettfreier Kakaomasse beträgt 2,5–14 %. Er schwankt von einer typischen Milchschokolade mit 14 % Kakaomasse bis zu Spezialsorten mit 85 % (Tab. 9.2). Je höher der Anteil, desto dunkler und bit-

Tab. 9.2 Mittlere Zusammensetzung von Schokoladensorten (pro 100 g). (Roth 2005, diverse Quellen)

Typ	Menge (g)			
	Zucker	Kakaobutter	Kakaomasse	Milchpulver
Spezialschokolade	15	–	85	–
Bitterschokolade	40	–	60	–
Zartbitterschokolade	47	4	48	–
Milchschokolade	48	16	14	22
Weiße Schokolade	46	28	–	26

terer wird die Schokolade, desto weniger Zucker hat sie, aber nicht unbedingt weniger Kalorien. Der Energiegehalt pro Tafel (100 g) ist nämlich für alle Zubereitungsarten ähnlich und liegt zwischen 510 und 570 kcal. Halb- oder Zartbitterschokolade enthält etwa 50 % Kakaomasse, ab etwa 60 % spricht man von Bitterschokolade – genau festgelegt ist das nicht. Kenner bevorzugen meist einen Gehalt um die 70 %.

Wenn 40 % des Kakaoanteils aus Edelkakao stammt, darf sich auch die Schokolade edel nennen. Edelkakaos – die Sorten Criollo, Trinitario, Arriba – werden v. a. in Venezuela, Ecuador und in der Karibik angebaut. Diese machen nur etwa 5 % der jährlichen Weltkakaoernte aus. Wenn besonderer Eindruck erweckt werden soll, steht neben dem Herkunftsland oft noch die Plantage auf der edlen Tafel.

Schokolade verkosten wie Wein

Inzwischen gibt es „chocoholics", die extrem auf Qualität achten und die Schokoladen bewerten wie teuren französischen Wein, manche Schokoladen nennen sich auch Grand Cru. Das liest sich dann beispielsweise so:

> *[...] diese Schokolade sorgfältig gegossen, seidenmatt und etwas dunkel im Schein. Sie bricht mit glatten, mal geraden, mal splittrigen Kanten. Einen oberflächlich wie leicht ätherischen Duft verströmt diese Schokolade, dunkel und dezent, darunter den blumigen, parfümiert jasminigen Duft der Kakaos Ecuadors mit zusätzlichen Andeutungen von Fruchtfleisch wie Aprikose. Im Mund ein dezenter, dunkler Auftakt. Dunkel ohne dabei anzubittern. Zunehmend cremige Entfaltung des Schmelzes. Aromatisch rund, mit viel weniger dominanter Blume, mit Nuss. Die Creme tritt hier milchiger, dünner, feinflüssiger auf als bei anderen Bitterschokoladen. Spürbare Kakaobutterprägung, gut für den Schmelz, dem Aroma hätte etwas weniger noch besser getan. Am Gaumen eine leicht metallische Note. Frucht: nur als Andeutung. Mild, cremig, hin zu einem ebenso milden, zartherben Abgang (Berger 2017).*

9.7 Bitterer Kakao

Schon beim ersten kleinen Kakaoboom in Europa, als in der zweiten Hälfte des 17. Jahrhunderts in den großen Städten Schokoladenhäuser entstanden, begann man nach neuen Kakaoquellen zu suchen. Prospektoren und Abenteurer schwärmten in Südamerika aus und fanden eine dunklere, bitterere Variante des Kakaobaums, den sie „forastero" nannten, den Fremden. Später fanden Jesuiten den Original-Forastero im Amazonasbecken und hier waren die wilden Bäume in erstaunlicher Vielfalt verbreitet. Auch in Venezuela und Equador wurden die Spanier fündig.

Heute ist Schokolade ein Alltagsgenussmittel. Kaum einer kann sich dieser süßen Verführung entziehen. Das Gemisch aus (wenig) Kakaomasse, viel Milch und noch mehr Zucker, das die Milchschokolade ausmacht, scheint unwiderstehlich zu sein. Der durchschnittliche Pro-Kopf-Verbrauch von Schokoladenprodukten lag 2015 in Deutschland bei 11,5 kg. Und damit sind wir zusammen mit der Schweiz (10,8 kg) die Nummer Eins in der Welt. In den USA wird zwar nur die Hälfte der Schokoladenmenge pro Kopf gegessen, absolut gesehen verarbeiten sie aber genauso viel Kakao wie wir, rund eine halbe Million Tonnen je Jahr. Dasselbe Volumen schaffen die Brasilianer und Niederländer, womit rund die Hälfte der weltweiten Kakaoproduktion nur in diesen wenigen Ländern hergestellt wird; die Schweizer verarbeiten, trotz des guten Rufs ihre Schokoladen, nur rund 1 % der Weltkakaoproduktion.

In Westafrika, wo knapp zwei Drittel der Welternte erzeugt werden, wird der Kakao von Kleinbauern produziert, die meisten besitzen nur 2–5 Hektar Anbaufläche. In Brasilien dagegen erfolgt die Kakaoproduktion in riesigen Plantagen, was zu höherem Einsatz von Mineraldünger und Pflanzenschutzmittel führt. Kakao ist immer noch eine wesentliche Grundlage des Lebensunterhalts von rund 6,5 Mio. Bauern; zusammen mit deren Familien leben nach Angaben von Südwind e. V. (2009) 40–50 Mio. Menschen weltweit vom Kakaoanbau.

Das Hauptproblem für die Kakaobauern ist der stark schwankende Weltmarktpreis und der geringe Anteil, den sie am Wert ihres Produkts erhalten. Die Kleinbauernfamilien in Westafrika leben weit unter der international definierten Armutsgrenze von 1,25 US-Dollar je Person und Tag. Lange Zeit galt der Anbau von Kakao in Westafrika als Garant für ein sicheres Einkommen. Heute erhalten die Kakaobauern nur noch etwa 6 % des Preises, den die Konsumenten in Deutschland für eine Tafel Schokolade ausgeben. In den 1980er-Jahren war nach Angaben von Südwind e. V. (2009) ihr Anteil mit 16 % noch fast dreimal so hoch. Und dabei stiegen die Umsätze der Schokoladenfirmen in derselben Zeit rasant an.

Dies führt dazu, dass die Lebensbedingungen für die Kleinbauern immer schwieriger werden. Unabhängige Berichte bestätigen inakzeptable Formen von Kinderarbeit, wie gefährliche Tätigkeiten oder Arbeiten, die zu Lasten eines Schulbesuchs gehen, weil kein Geld da ist, um erwachsene Helfer zu bezahlen. Deshalb geben immer mehr Kleinbauern auf oder finden keine Nachfolger, weil die Jungen in die Stadt ziehen. Daraus ergibt sich das Paradox, dass weltweit die Nachfrage nach Kakao stark zunimmt, die Erträge in den wichtigsten Anbauländern aber zurückgehen. Durch das fehlende Kapital sind die Plantagen vernachlässigt und überaltert. Die Pflanzen werden krankheitsanfälliger, Erträge und Qualitäten sinken, es ist kaum Geld für Dünger und Pflanzenschutzmittel da. Hinzu kommt eine komplizierte Lieferkette für Kakao, an der viele verdienen wollen; es ist häufig schwierig, den Ursprung des Kakaos zurückzuverfolgen.

Wenige internationale Konzerne haben die Verarbeitung von Kakao und die Produktion von Schokolade unter sich aufgeteilt, Cargill (USA) und Barry Callebaut (Schweiz) verkaufen heute 60 % der Weltproduktion. Das zahlt sich aus. Geschätzte 100 Mrd. US-Dollar beträgt der jährliche Nettoumsatz der Schokoladenindustrie. Auch die großen Supermarktketten spielen im Markt eine Rolle und entwickeln eigene Schokoladenkreationen. Spekulanten und Hedgefonds investieren im Kakaohandel und setzen auf wechselnde Kakaopreise. Im Durchschnitt wird heute jeder Sack Kakao bis zu 65-mal gehandelt, bevor er in die Schokoladenfabrik kommt. Nur eine höhere Verdienstspanne der Bauern, wie sie von den zahlreichen Fair-Trade-Organisationen versprochen wird, und damit höhere Schokoladenpreise können hier Abhilfe schaffen und dazu führen, dass wir unsere Speise der Götter wirklich genießen können.

Literatur

Berger S (2017) Der Schokoladen-Geschmacksführer. http://de.chclt.net. Zugegriffen: 28. April 2018

Dillinger TL, Barriga P, Escarcega S, Jimenez M, Lowe DS, Grivetti LE (2000) Food of the gods: cure for humanity? A cultural history of the medicinal and ritual uses of chocolate. J Nutr 130:2057S–2072S

FAOSTAT (2017) Crops. Production. Cacao. http://www.fao.org/faostat/en/#data/QC. Zugegriffen: 28. April 2018

FOCUS (2016) Von einnehmen bis Schnupfen. Neue Party-Droge erobert die Szene: Kakao. http://www.focus.de/gesundheit/ratgeber/psychologie/sucht/von-einnehmen-bis-schnupfen-neue-party-droge-erobert-die-szene-kakao_id_5536383.html. Zugegriffen: 28. April 2018

Henderson JS, Joyce RA, Hall GR, Hurst WJ, McGovern PE (2007) Chemical and archaeological evidence for the earliest cacao beverages. Proc Natl Acad Sci Usa 104:18937–18940

Hirst KK (2016) Chocolate domestication. The history of the domestication of chocolate. https://www.thoughtco.com/chocolate-domestication-history-170561. Zugegriffen: 28. April 2018

Richardson JE, Whitlock BA, Meerow AW, Madriñán S (2015) The age of chocolate: a diversification history of *Theobroma* and Malvaceae. Front Ecol Evol. https://doi.org/10.3389/fevo.2015.00120

Ritter Sport (o. J.) Alles über Schokolade – Schokoladengeschichte; Anbau & Herstellung. http://www.ritter-sport.de/de/schokoladengeschichte/; http://www.ritter-sport.de/de/anbau-herstellung/index.html. Zugegriffen: 28. April 2018

Roth K (2005) Von Vollmilch bis Bitter, edelste Polymorphie. Chem Unserer Zeit 39:416–428

Schivelbusch W (2005) Das Paradies, der Geschmack und die Vernunft. Eine Geschichte der Genussmittel, 6. Aufl. S. Fischer, Frankfurt/Main

Südwind e. V. (2009) Die dunklen Seiten der Schokolade – Große Preisschwankungen und schlechte Arbeitsbedingungen der Kleinbauern. Kurzfassung. https://suedwind-institut.de/files/Suedwind/Publikationen/2009/2009-09%20Die%20dunklen%20Seiten%20der%20Schokolade_Kurzfassung.pdf. Zugegriffen: 28. April 2018

WIKIPEDIA (2017) Stichworte: Kakaobaum. Kakao (Getränk), Schokolade. https://de.wikipedia.org/wiki/Wikipedia:Hauptseite. Zugegriffen: 28. April 2018

Yuker HE (1997) Perceived attributes of chocolate. In: Szogyi A (Hrsg) Chocolate: food of the gods. Greenwood Press, Westport, S 35–43

Weiterführende Literatur

Bruinsma K, Taren DL (1999) Chocolate: food or drug? J Am Diet Assoc 99:1249–1256

Buford B (2007) Extreme chocolate – the quest for the perfect bean. New yorker, 29.10.2007. http://www.newyorker.com/magazine/2007/10/29/extreme-chocolate. Zugegriffen: 28. April 2018

Homborg K, Homborg A (o. J.) Deutschlands größtes Schoko-Magazin. http://www.theobroma-cacao.de/wissen/uebersicht-wissen/. Zugegriffen: 28. April 2018

Martínez-Pinilla E, Oñatibia-Astibia A, Franco R (2015) The relevance of theobromine for the beneficial effects of cocoa consumption. Front Pharmacol 6:art. 30

Matissek R (1997) Evaluation of xanthine derivatives in chocolate – nutritional and chemical aspects. Z Lebensm Unters Forsch A 205:175–184

Parker G, Parker I, Brotchie H (2006) Mood state effects of chocolate. Rev J Affect Disord 92:149–159

Pfiffner A (1999) Kakao. In: Hengartner T, Merki CM (Hrsg) Genussmittel – Ein kulturgeschichtliches Handbuch. Campus, Frankfurt am Main, S 117–140

Powis TG, Hurst WJ, Rodriguez M, Blake M, Cheetham D, Coe MD, Hodgson JG (2007) Oldest chocolate in the New World. Antiquity 81:314

Thomas E, van Zonneveld M, Loo J, Hodgkin T, Galluzzi G, van Etten J (2012) Present spatial diversity patterns of *Theobroma cacoa* L. in the neotropics reflect genetic differentiation in Pleistocene refugia followed by human-influenced dispersal. PLoS ONE 7:e47676

Zhang D, Motilal L (2016) Origin, dispersal, and current global distribution of cacao genetic diversity. In: Bailey BA, Meinhard LW (Hrsg) Cacao diseases. Springer, Switzerland, S 3–31

10

Tee – das Getränk der Kaiser

Tee weckt den guten Geist und weise Gedanken. Er erfrischt das Gemüt. Bist du niedergeschlagen, so wird Dich Tee ermuntern.
Spruch des mythischen chinesischen Kaisers Shennong; https://www.aphorismen.de/zitat/87001

Tee ist das ideale Genussmittel: Er ist anregend, aber nicht süchtig machend, steigert das Wohlbefinden und fördert die Konzentration. Er ist heute nach Wasser das meist konsumierte Getränk, was natürlich auch an der Vorliebe der Chinesen und Inder für den Tee liegt.

10.1 Die Erfindung des Tees

Wie bei vielen Genussmitteln liegt auch beim Tee die genaue Entstehung im Dunkeln. Blätter bestimmter Kräuter in Wasser zu kochen und den Sud zu trinken, ist eigentlich eine nahe liegende Erfindung. So ist es durchaus vorstellbar, dass schon in der Steinzeit Menschen Kräutertee tranken, zumal er unbestritten Heilwirkung haben kann. Das Besondere am Tee ist also nicht seine Zubereitungsart, sondern die Pflanze, der Teestrauch. Und da gibt es im Wesentlichen zwei Legenden, die indische und die chinesische (Royal Nature o. J.).

In Indien geht die Erfindung des Tees auf den Prinzen Dharma, dritter Sohn des Königs Kosjuwo, zurück. Um in China den Buddhismus zu lehren, wollte er neun Jahre lang nicht schlafen. Am Ende des dritten Jahres rettete ihn nur ein wilder Teestrauch davor, einzuschlafen. Er hatte ein paar Teeblätter

T. Miedaner, *Genusspflanzen*, https://doi.org/10.1007/978-3-662-56602-2_10

gepflückt und gekaut. Sofort war seine Müdigkeit verflogen und durch die Teeblätter konnte er die restlichen sechs Jahre wach bleiben.

Auch in China wurde der Tee von höchster Stelle erfunden, vom amtierenden Kaiser persönlich. An einem Frühlingsabend des Jahres 2737 v. Chr. kochte der (mythische) chinesische Kaiser Shennong unter einem Baum Wasser ab, als per Zufall ein leichter Wind drei Blätter ins Wasser wehte. Das Wasser verfärbte sich daraufhin hellgrün und der Kaiser roch einen angenehmen Duft, der aus dem Kessel aufstieg. Er fand das neue Getränk schmackhaft und fühlte sich erfrischt und belebt. Der Baum war, wie der Zufall es wollte, ein wilder Teebaum. Der begeisterte Ausspruch des Kaisers wurde legendär (s. Kapitelanfang).

Sicher ist jedenfalls, dass China das Mutterland des Tees ist (Abb. 10.1). Wann genau mit seinem Anbau begonnen wurde, lässt sich nicht mehr rekonstruieren. Jedenfalls wird im Jahr 221 v. Chr. unter der Qin-Dynastie von einer Teesteuer berichtet; wahrscheinlich ist die Teezubereitung aber wesentlich älter. Wie auch anfangs der Kaffee wurde Tee damals eher als Medizin und Stärkungsmittel gesehen. Rund 500 Jahre später, 350 n. Chr. wurde Tee erstmals in dem Wörterbuch von Kuo Po als „tu" erwähnt und als ein „Getränk aus gekochten Blättern" beschrieben. Nomaden aus Zentralasien trieben 476 n. Chr. Tauschhandel mit Tee entlang der Großen Mauer. Schon 552 n. Chr. brachten buddhistische Mönche die Teezubereitung nach Japan, wo sich allmählich eine Teezeremonie mit fast religiöser Bedeutung entwickelte. In China erlebte der Tee während der Tang Dynastie (620–907 n. Chr.) seine große Zeit. Damals wurde pulverisierter Tee mit Wasser gekocht, bis es sich färbte, dann kam eine Prise Salz hinzu (Schule des gesalzenen Pulvertees). In diesem Umfeld entstand auch 780 das erste uns bekannte Fachbuch *Das klassische Buch vom Tee*

Abb. 10.1 Wohl kaum ein anderes Genussmittel hat so eine so große kulturelle Vielfalt hervorgebracht wie Tee. **a** Teehaus in Beijing (WIKIMEDIA COMMONS: Luo Shaoyang); **b** Teehaus in den kaiserlichen Gärten von Nanjing (WIKIMEDIA COMMONS: Gisling)

(Cha Ching) von Lu Yu. Es behandelt in zehn Kapiteln die Herkunft und Kultivierung der Teepflanze, Anbaugebiete, Teeherstellung, Methoden und Utensilien der Teezubereitung. Sein Beginn ist zu einem klassischen Spruch geworden: „Tee ist ein segenspendender Baum des Südens". Daraus schließen manche, dass der Tee gar nicht in China, sondern in Indien erfunden wurde. In der nachfolgenden Sung-Dynastie (960–1279 n. Chr.) entstand in neuen Provinzen die Tradition der blumigen Tees. Dabei wurde wiederum Teepulver mit heißem Wasser aufgegossen, jetzt aber mit Bambusbesen schaumig geschlagen (Schule der geschäumten Jade). Die Oberschicht übernahm verstärkt das Teetrinken. In der nachfolgenden Yuan-Dynastie verbreitete sich schließlich der Teegenuss in der gesamten Bevölkerung. Während der langen Herrschaft der Ming-Dynastie (1368–1644) wurde die Fermentation der Teeblätter entdeckt, was die Produktion ganz neuer Teesorten wie Oolong und v. a. Schwarzen Tee ermöglichte. Auch die Teezubereitung änderte sich, jetzt wurden ganze Teeblätter verwendet (Schule des duftenden Blattes).

Die chinesische Teezeremonie wurde jedoch nie so stark verfeinert wie in Japan, wo sie sich mit Gongschlagen und Weihrauchbrennen über Stunden erstreckte und quasireligiöse Züge annahm. Das Wort Tee stammt aus China und leitet sich von „tu", „te" ab. Daneben gibt es noch die ebenfalls chinesische Bezeichnung „cha", die heute in China, Japan, Indien und anderen Ländern verwendet wird.

10.2 Herkunft, Botanik und Inhaltsstoffe

Es gibt weltweit nur eine Pflanzenart, aus der echter Tee hergestellt wird, der Teestrauch *Camellia sinensis* (Abb. 10.2). Mit dieser Artbezeichnung wollte der große Botaniker Carl von Linné die Rolle der Chinesen bei der Teekultivierung würdigen. Sie zählt heute aber nicht mehr zu einer eigenen Gattung *Thea* wie bei Linné, sondern zur Gattung der Kamelien (*Camellia*), die zur Familie der Teestrauchgewächse (*Theaceae*) gehört. Man unterscheidet vier Unterarten:

- *C. sinensis* var. *sinensis*, China-Tee ist die am weitesten verbreitete Teeform aus dem Hochland Südchinas. Sie wächst dort bis zu 2500 m Höhe und kann sogar kurze Fröste und längere Trockenperioden ertragen. Der Teestrauch wird 6–8 m hoch und kann 120–140 Jahre alt werden. Er ergibt beim Aufbrühen eine leichte, helle Farbe mit viel Aroma.
- *C. sinensis* var. *assamica*, Assam-Tee, wurde erst 1830 in Assam entdeckt und ist v. a. in der Ebene verbreitet. Er wächst baumartig und kann 18–

Abb. 10.2 **a** Blätter der Teepflanze (WIKIMEDIA COMMONS: Axel Boldt); **b** eine Blüte, die die Verwandtschaft mit den Kamelien zeigt (WIKIMEDIA COMMONS: Reji Jacob at ml.wikipedia); **c** Teegarten in Malabar, Indonesien (WIKIMEDIA COMMONS: Daniel Julie); **d** bei hochwertigen Teesorten werden nur die Knospe und die darunterliegenden zwei Blätter geerntet (WIKIMEDIA COMMONS: Sathis)

20 m hoch werden. Sein Ursprung ist bis heute nicht geklärt; es wird die Region zwischen Burma, Bangladesch und Assam vermutet. Hier findet sich der Baum auch wild. Assam-Tee verträgt keine niedrigen Temperaturen und keine Staunässe, braucht aber regelmäßige Niederschläge und hohe Luftfeuchtigkeit. Er führt zu einem kräftigen, dunklen Tee.

- *C. sinensis* var. *dehungensis* aus dem Süden Yunnans
- *C. sinensis* var. *pubilimba* aus Südost-China

Auf dem Weltmarkt bedeutend sind nur die beiden erstgenannten Formen. Durch Kreuzung zwischen den Unterarten *sinensis* und *assamica* wurde Hybrid-Tee erzeugt. Er liefert einen aromatischeren Tee als der reine Assam-Tee, ist auch weniger kälteempfindlich, wächst schneller und ist damit ertragreicher als der China-Tee. Hybrid-Tee dient heute in den meisten Anbaugebieten als Grundlage der Teegewinnung.

Wegen der jahrtausendelangen Kultivierung des Teestrauchs in ausgedehnten Teegärten (Abb. 10.2) ist sein ursprüngliches Verbreitungsgebiet nicht mehr genau zu bestimmen. Die vier Unterarten kommen heute vom südlichen Japan und Korea über Südchina bis ins nördliche Indien sowie in Laos, Myanmar, Thailand und Vietnam wild vor. Der Teestrauch wächst hier bevorzugt in immergrünen Lorbeerwäldern im Monsunklima mit feuchten, heißen Sommern und relativ trockenen, kühlen Wintern, weiter im Norden auch in Gebieten mit Frösten.

Tee wirkt einerseits beruhigend, andererseits anregend und fördert die Konzentration. Für diese Wirkung sind Koffein, früher auch Tein oder Thein genannt, und Gerbstoffe verantwortlich. Das Koffein im Tee ist chemisch identisch mit dem im Kaffee enthaltenen Koffein (s. Kap. 9); durch andere Begleitstoffe, v. a. die Gerbstoffe (Tannine), wirkt es aber im Tee nicht so aufputschend und nicht so plötzlich. Tee entfaltet seine Wirkung nach und nach, sie hält länger an und klingt auch langsamer ab. Das Koffein löst sich schneller in heißem Wasser als die Gerbstoffe. Deshalb wirkt ein kurzer Aufguss (1,5–2 min) anregend; bei längerem Aufguss (3–5 min) wird der Tee bitterer und wirkt beruhigend.

Außer bis zu 4 % Koffein finden sich im Tee Theophyllin und Theobromin sowie Flavanole, die bei der Fermentation des Tees zu Theaflavinen und Thearubigenen oxidiert werden. Sie sind im Wesentlichen für die Farbe und den Geschmack des Teeaufgusses verantwortlich.

Insgesamt wurden im Tee über 300 flüchtige Aromastoffe nachgewiesen, dazu gehören auch Flavonole und ihre Glykoside, wie Kämpferol und Myricetin, oligomere Proanthocyanidine, Theanin und Theaspriane, die für das erdige Aroma verantwortlich sind. Alle diese Begleitstoffe werden für unterschiedliche gesundheitliche Wirkungen des Tees verantwortlich gemacht, obwohl sie sich keineswegs nur in Tee befinden (s. Box). Außerdem enthält (schwarzer) Tee Aluminium- und Magnesiumverbindungen sowie erhebliche Mengen Fluoride, die Karies und Osteoporose vorbeugen sollen. Aufgrund des höheren Gerbstoffgehalts wirkt Schwarzer Tee günstig bei leichtem Durchfall und verdorbenem Magen, auch soll er eine bakterienhemmende Wirkung auf Durchfallerreger haben.

Inhaltsstoffe und Gesundheit

Catechine gehören zu den Flavanoiden, haben ein hohes antioxidatives Potenzial (Radikalfänger) und verhindern Zahnfleischerkrankungen. Sie finden sich v. a. in Grüntee; wichtigster Vertreter ist das Epigallocatechingallat (EGCG), das ein Drittel der Trockenmasse von grünem Tee ausmacht und vielfältige Wirkungen hat. Bei Fermentation zu Schwarzem Tee wandeln sich die Catechine zu Theaflavinen, die den Cholesterinspiegel senken und eine stark antibakterielle Wirkung besitzen.

Theanin ist eine Aminosäure, die nicht in Proteine eingebaut wird; sie wird bei der Fermentation teilweise abgebaut und wirkt auf das Zentralnervensystem (Verminderung von Stressreaktionen).

Theophyllin ist vom Xanthin abgeleitet und wird gegen Bronchialasthma eingesetzt; es ist harntreibend und steigert die Herzleistung und ist auch in Kaffee, Kolanüssen und Guaraná enthalten.

Theobromin ist verwandt mit Koffein und hat eine anregende Wirkung auf das Nervensystem; es ist der wichtigste Bestandteil von Kakao.

In Grünem Tee ist der Koffeingehalt mit durchschnittlich 2,2 % etwa nur halb so hoch wie in Schwarzem Tee, der Polyphenolgehalt ist aber deutlich höher. Diese Stoffe sind Radikalfänger, denen eine krebsvorbeugende Wirkung zugesprochen wird. Außerdem soll er vor Herz-Kreislauf-Erkrankungen wie Arteriosklerose schützen. Allerdings müssen dazu zwischen vier und zehn Tassen je Tag getrunken werden und die Wirkung ist medizinisch umstritten.

10.3 Die Europäer entdecken den Tee

Die Niederländer waren die Ersten, die Tee nach Europa brachten und daraus ein lukratives Monopolgeschäft machten. Sie gründeten die Vereinigte Ostindische Kompanie 1602, holten Tee aus Japan und China über ihre Besitzungen auf Java nach Hause und blieben über 50 Jahre die einzigen Importeure. Damals waren das ausschließlich Grüntees.

Ein zweiter Weg, mit dem der Tee nach Europa kam, war die östliche Route auf dem Landweg. Der russische Gesandte in China, Wassilij Storkow, schickte 1618 erstmals 200 Kisten Tee über den Karawanenhandelsweg als Geschenk für den Zaren in die Heimat.

Im Jahr 1644 erhielten die Engländer die ersten 100 Pfund Tee aus den Niederlanden und damit begann eine unvergleichliche Liebesgeschichte. Nirgends in Europa wurde der Tee so beliebt, ja sogar politisch bedeutend wie in England. Thomas Garrington gehörte zu den Ersten, der 1657 in seinem Coffee Shop in London Tee ausschenkte. Früher wegen der extrem hohen Preise nur für den Adel erschwinglich, war der Tee von den Kunden der Kaffeehäuser sehr geschätzt und diese wurden in Teehäuser umbenannt. Ein Jahr später erschienen die ersten Flugblätter, die den Tee als Gesundheitsmittel priesen und 1662 wurde die Teestunde offiziell am Hof des Königs Karl II. eingeführt. Damit wurde Tee endgültig gesellschaftsfähig und 1669 stiegen die Engländer selbst in das lukrative Geschäft ein. Ihre *East India Company* hatte für fast 200 Jahre, bis 1833, das Monopol für britische Teeimporte. Wie wichtig der

Tee für die Briten war, zeigt auch die Geschichte des Opiums (s. Kap. 6), das sie zur Bezahlung des Tees verwendeten.

Die Briten brachten den Tee auch nach Nordamerika, wo er bald auf dem dritten Platz aller Importgüter stand. Als jedoch die britische Krone die Teeeinfuhr in die Kolonien mit hohen Steuern belegte, gab es Widerstand und bei der berühmten *Boston Tea Party* warfen am 16. Dezember 1773 als Indianer verkleidete Freimaurer 342 Kisten Tee über Bord. Dieser Akt des Aufstands war der Beginn des amerikanischen Unabhängigkeitskriegs, mit dem sich die junge USA von Großbritannien lösten.

Doch den Briten genügte es nicht, einfach Tee aus China zu importieren. Sie hatten ja in Indien auch Möglichkeiten, Tee anzupflanzen. Ihnen fehlten aber Know-how und die Pflanzen. So schickten sie den britischen Botaniker Robert Fortune 1848 nach China. Als chinesischer Kaufmann verkleidet, erkundete er die Anbau- und Verarbeitungsmethoden und schmuggelte über drei Jahren hinweg über 20.000 Stecklinge und Sämlinge von Teepflanzen nach Indien. Es gelang ihm sogar, chinesische Teebauern nach Indien zu verpflichten. Sie organisierten den Aufbau der ersten Teeplantagen und der späteren Teeproduktion. Fortune entdeckte als erster Europäer, dass Grüner und Schwarzer Tee von derselben Pflanze stammten und sich nur im Fermentationsprozess unterschieden. Daraufhin produzierten die Engländer in ihren Kolonien, zur Unterscheidung vom chinesischen Konkurrenten, nur Schwarztee. Deshalb enthält Englischer Tee bis heute immer noch zu großen Anteilen kräftigen, würzigen Assam-Tee.

In Deutschland waren es zuerst die Ostfriesen, die ab der Mitte des 17. Jahrhunderts den Tee schätzen lernten. Der preußische König Friedrich II. wollte dann 1778 den Teekonsum verbieten. Der damalige merkantilistische Staat hatte wenig Einnahmen und noch weniger Erlöse aus dem Export. Der „alte Fritz" blieb zwar erfolglos mit seinen Verboten, er belegte Tee aber, ähnlich wie Kaffee, mit hohen Zöllen. Die Teesteuer wurde erst in der Bundesrepublik Deutschland 1993 wieder abgeschafft. Insgesamt blieb Deutschland Entwicklungsland für Tee.

Die Fertigstellung des Suezkanals 1869 verkürzte den Weg zu den Teeanbaugebieten um rund 7000 km. Jetzt konnten Dampfschiffe diese Route befahren und beendeten das Zeitalter der Teeclipper, spezieller Schnellsegler für den Teetransport. Modern, wenn auch unbeabsichtigt, war 1908 die Erfindung des Teebeutels. Der Teehändler Thomas Sullivan in New York füllte den Tee in kleine Seidenbeutel, um seine Proben an reiche Kunden zu schicken. Diese tauchten die kleinen Beutel einfach in kochendes Wasser, weil sie glaubten, dass dies von dem Teehändler so gedacht war. Heute ist Tee mit einer jährlichen Weltproduktion von 3,5 Mio. t das populärste zubereitete Getränk der Welt.

10.4 Anbau und Verarbeitung

Ähnlich wie Kaffee wird auch der Teestrauch in Plantagen angebaut (Abb. 10.2). Er lässt sich aus Samen oder Stecklingen anziehen, meist werden heute letztere verwendet, die dann genetisch identisch mit der Ausgangspflanze sind. Sie werden von besonders kräftigen und ertragreichen Mutterpflanzen geschnitten, bewurzelt und in Jungpflanzenanlagen rund neun Monate gepflegt, bevor sie ausgepflanzt werden. Je Hektar benötigt man 12.000–13.000 Stecklinge. Nach dem Auspflanzen muss der Strauch drei bis sechs Jahre weiterwachsen, bis er zum ersten Mal geerntet werden kann. Dabei wird nach der alten Pflückerregel „two leaves and the bud“ vorgegangen, es werden also die beiden jüngsten Blätter und die Blattknospe gemeinsam geerntet (Abb. 10.2).

In Regionen mit Jahreszeiten, etwa in Assam, orientiert man sich zur Ernte an der Blütezeit („flush“). Die erste Ernte im Frühjahr liefert mit ihren sehr kleinen Blättern die höchste Qualität („first flush“). Die zweite Ernte findet dann im Mai statt („second flush“). Alle weiteren Ernten haben geringere Qualität und sind preiswerter. In Teeanbaugebieten in Äquatornähe, wo es keine Jahreszeiten gibt, wie in Kenya und Sri Lanka, wird alle vierzehn Tage geerntet.

Je jünger die Teeblätter sind, umso besser ist die Qualität des Tees (Abb. 10.2), aber natürlich ist dann auch die Erntemenge am geringsten. Daher werden die Blätter für Qualitätstee immer noch von Hand gepflückt. Dabei richtet sich die Qualität des Tees nach der Stellung der Blätter am Zweig. Die Knospen an der Spitze heißen „Flowery Orange Pekoe“, das darunter stehende Blatt „Orange Pekoe“, das dritte Blatt „Pekoe“, die weiteren Blätter gehen i. d. R. nicht in den Export. „Pekoe“ kommt aus der chinesischen Sprache und heißt dort weißer Flaum; gemeint ist der Flaum der jungen Teeknospen. „Orange“ symbolisiert das niederländische Königshaus Oranien und ist eine Hommage an dieses Land, weil es der erste Teeexporteur war. Für Kenner bedeutet es so viel wie königlich. Werden die obersten Blätter getrennt geerntet, dann führt dies zu teuren Spitzentees. Daneben gibt es noch zahlreiche andere Qualitätsbezeichnungen bei hochwertigem Tee, die inzwischen fast zu einer Geheimwissenschaft geworden sind (s. Box).

Qualitätsbezeichnungen beim traditionellen Aufbereitungsverfahren

Blatttees:

- FOP – Flowery Orange Pekoe: einfache Gradierung für indische Tees
- GFOP – Golden Flowery Orange Pekoe
- OP – Orange Pekoe
- P – Pekoe, als Ceylontee auch BOPI (kugelförmiges Blatt)
- TGFOP – Tippy Golden Flowery Orange Pekoe; Hauptgrad für Darjeeling und Assam
- FTGFOP1 – Finest Tippy Golden Flowery Orange Pekoe 1; v. a. Darjeeling; gleichmäßiges Blatt, „tippy" ist feinste Gradierung

Kleinblättrige Tees:

- BOP – Broken Orange Pekoe
- BOPF – Broken Orange Pekoe Fannings
- BP – Broken Pekoe (geschnitten)
- BPS – Broken Pekoe Souchong
- FBOP – Flowery Broken Orange Pekoe
- FBOPF – Flowery Broken Orange Pekoe Fannings
- OF – Orange Fannings
- PF – Pekoe Fannings

[Quelle: WIKIPEDIA: Tee]

Eine geschickte Pflückerin erntet 20–30 kg Teeblätter je Tag, was etwa 5–7 kg Schwarzen Tee ergibt. Der Teestrauch kann nach zehn bis vierzehn Tagen wieder beerntet werden. Die Handernte macht 44 % der Herstellungskosten von Tee aus und ist damit ein wesentlicher Preisfaktor. Ein Hektar ergibt durchschnittlich 1500 kg aufgussfertigen Tee. Ein Teestrauch kann 30–50 Jahre beerntet werden; manche chinesischen Sorten werden bis zu 100 Jahre alt.

Die chinesische Legende zur Entstehung des Tees zeigt die ganz ursprüngliche Methode der Teezubereitung: Es werden frische Teeblätter vom Strauch gezupft und in heißes Wasser gelegt. Da aber frische Teeblätter nicht lagerfähig sind, von allein oxidieren oder verderben, ist das heute keine Option mehr. Stattdessen müssen die Teeblätter aufwendig verarbeitet und anschließend getrocknet werden, um eine gute Haltbarkeit zu erreichen.

Die Verarbeitung erfolgt traditionellerweise in fünf Stufen: Anwelken, Rollen, Oxidation (Fermentation), Trocknung, Sortierung. Das Anwelken erfolgt heute meist in speziellen Anlagen bei erhöhter Temperatur, früher trocknete man den Tee einfach in der Sonne. Die Teeblätter müssen gleichmäßig gewelkt werden, da die dabei ablaufenden chemischen Reaktionen entscheidend für die Qualität des Tees sind. Die Stärke des Anwelkens wirkt sich auf den Grad der späteren Oxidation aus: Je kürzer die Anwelkzeit, umso stärker kann nachher die Oxidation stattfinden. Das Rollen erfolgt heute maschinell, dabei werden die Zellen der Blätter aufgebrochen und ätherische Öle freigesetzt, sie bestimmen maßgeblich Farbe und Aroma des Tees. Bei der Oxidation reagiert der Zellsaft bei hoher Luftfeuchtigkeit und einer Starttemperatur von genau 22 °C mit dem Luftsauerstoff. Dies beginnt schon beim Welken und erreicht jetzt innerhalb von 2–5 Stunden seinen Höhepunkt. Die Oxidation wird vielfach noch Fermentation genannt, obwohl dabei – im Gegensatz zur Kaffee- und Kakaoherstellung – keinerlei bakterielle Vorgänge beteiligt sind.

Dabei verfärbt sich der Tee allmählich kupferrot, er erhält sein typisches Aroma und der bittere Geschmack der frischen Teeblätter verliert sich. Erreicht der Tee eine Temperatur von 29 °C wird der Oxidationsprozess sofort in Heißlufttrocknern mit bis zu 95 °C abgebrochen. Dadurch trocknet der Zellsaft und gibt dem Tee seine schwarze Farbe. Nach 20–25 min Trocknung beginnt die Sortierung über Siebe. Aus der Größe des Teeblatts bzw. seiner Bruchstücke ergeben sich die einzelnen Gradierungen (s. Box), die den Preis mitbestimmen.

Neben dieser traditionellen Methode gibt es heute für die Herstellung von Schwarzem Tee noch die CTC-Methode, das heißt „crushing" (Zerbrechen) – „tearing" (Zerreißen) – „curling" (Rollen). Dabei werden die Teeblätter nach dem Welken maschinell zerrissen und gleichzeitig gerollt. Diese sehr viel einfachere Verarbeitungsmethode ergibt höhere Erträge. Für Tees, die später in Teebeuteln verkauft werden, ist diese Schnellmethode heute Standard. Aufgrund des hohen Eigenbedarfs wird sie in Indien bereits an über der Hälfte der Ernte angewandt.

Grüner Tee wird nicht oxidiert, deshalb erhalten die Blätter eine dunkelgrüne Farbe (Abb. 10.3). Die Oxidation wird durch kurzzeitige Hitzezufuhr unterbunden, die die pflanzeneigenen Enzyme ausschaltet. Im Anschluss werden die Teeblätter gerollt und in Heißlufttrocknern für 20–30 min bei 80–85 °C erhitzt. Entsprechend dem Grad der Oxidation unterscheidet man folgende Formen, die jeweils auch unterschiedliche Tassenfarben ergeben (Abb. 10.4):

- Grüner Tee erhält keine gewollte Oxidation; man erhitzt ihn sofort nach dem Welken, um die pflanzeneigenen Enzyme zu inaktivieren. Farbe, Aroma und Gerbstoffe bleiben erhalten.
- Weißer Tee wird ebenfalls nicht oxidiert. Junge Triebe werden geerntet, gewelkt und rasch getrocknet; er wird auch nicht gerollt, sondern verbleibt als ganzes Blatt. Die Härchen an der Blattunterseite der jüngsten Teeblätter er-

Abb. 10.3 Teesorten im Vergleich (im Uhrzeigersinn): Sencha/Japan (Grüntee), Asatsuyu/China (Grüntee), Teemischung „Arabische Nacht" (Schwarz- und Grüntee mit Rosenblüten), Earl-Grey-Grüntee, Gunpowder, Orange FTGFOP/Assam (Schwarztee)

geben eine weiß-silberne Farbe. Weißer Tee erfordert besonders sorgfältiges Pflücken, seine Herstellung ist nur mit den besten Sorten möglich.
- Gelber Tee wird nach einem lange geheim gehaltenen Verfahren nur schwach oxidiert. Seit der Ming-Dynastie war dieser Tee dem chinesischen Kaiser vorbehalten; er wird heute noch nur in geringen Mengen produziert.
- Oolong wurde während der Ming-Dynastie entwickelt. Er wird teilweise oxidiert. Anders als beim Schwarzen Tee werden die Zellwände nicht komplett aufgebrochen, sondern nur die Blattränder angerissen, der austretende Zellsaft reagiert mit Luftsauerstoff. Die Oxidation wird durch Erhitzen gestoppt.
- Schwarzer Tee (in Ostasien „Roter Tee") wird komplett oxidiert (s. o.)

Abb. 10.4 Tee mit unterschiedlichem Oxidationsgrad (von *links* nach *rechts*): Grüner Tee (Bancha/Japan), Gelber Tee (Kekecha/China), Oolong-Tee (Kwai flower/China), Schwarzer Tee. (Assam Sonipur Bio FOP/Indien). (WIKIMEDIA COMMONS: Haneburger)

- Pu-erh-Tee ist eine chinesische Spezialität aus der Stadt Pu'er in Yunnan; er durchläuft nach der Ernte einen speziellen Reifungsprozess, an dem verschiedene Pilze beteiligt sind und erhält dadurch seine dunkle, rötliche Farbe und einen kräftigen, erdigen Geschmack.

Schwarze und Grüne Tees können aromatisiert werden, sei es durch künstliche Aromen (z. B. Vanille, Erdbeere, Wildkirsche), das ist die billigste Variante, oder durch natürliche Aromen aus Blütenblättern (Rose, Sonnenblume), Früchten (Zitronen-, Orangenschalen). Eine besondere Spezialität ist Earl Grey (Abb. 10.3), der durch das feine, duftig-bittere Öl der Bergamotte-Frucht, einer Zitrusvariante, leicht aromatisiert wird. Das Verfahren wurde um 1850 erfunden und sollte ursprünglich den Tee auf den langen Schiffsreisen davor bewahren, Fisch-, Teer- oder andere üble Gerüche anzunehmen.

10.5 Die wichtigsten Anbaugebiete

In Europa werden die Teesorten nach ihren Anbaugebieten benannt. Der größte Teeproduzent (2016) ist China, gefolgt von Indien (Abb. 10.5). Danach kommen mit weitem Abstand Kenia, Sri Lanka, Vietnam und die Türkei. Während China, Indien und Sri Lanka Spitzentees für den Export produzieren, verbrauchen die Türkei und Iran den Tee v. a. im eigenen Land.

Assam in Ostindien produziert heute mit rund 350.000 t jährlich ein Viertel der indischen Teeernte. Es ist das größte Teeanbaugebiet der Erde. Die Niederschläge von 2000–3000 mm jährlich verteilen sich sehr unregelmäßig und sind besonders heftig während der Monsunzeit von April bis September. In Assam wird v. a. dunkler und malzig schmeckender Tee hergestellt.

Darjeelings stammen aus dem gleichnamigen Distrikt im nordöstlichen Indien. Der feine Duft und das harmonische Aroma entstehen durch feuchtheiße Sommer und trockene, kühle Winter. Tee wächst hier in Höhen zwischen 1000 und 2000 m. Während der Pflückzeiten herrscht eine intensive Sonneneinstrahlung mit kühlen Nächten. Die einzelnen, rund 100 Teegärten von Darjeeling an den Ausläufern des Himalaya produzieren nur 16.500 t jährlich. Geerntet wird von April bis Oktober.

Die meisten Teegärten auf Ceylon, heute Sri Lanka, mit ihrem milden subtropischen Klima liegen zwischen 900 und 2400 m hoch im Südwesten der Insel. Der Teeanbau begann hier als Folge der Zerstörung der Kaffeeplantagen durch den Kaffeerost (s. Kap. 8). In den heißen, feuchten Ebenen und Gebirgsläufen wird der Tee das ganze Jahr über geerntet. Charakteristisch ist eine leuchtend orangefarbene bis rötliche Tassenfarbe.

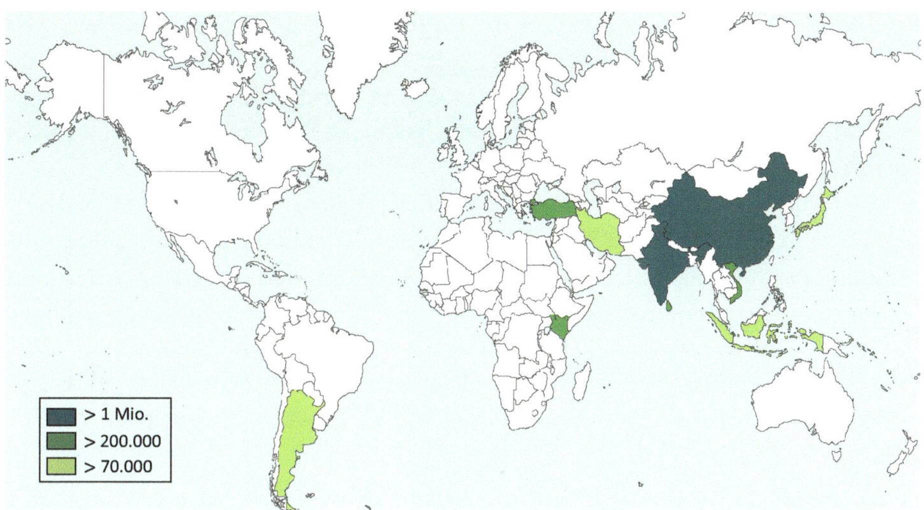

Abb. 10.5 Die wichtigsten teeproduzierenden Länder 2016; Zahlenangaben in Tonnen/Jahr. (FAOSTAT 2017; Kartengrundlage: http://www.maproom.org/outline/world/mn.php)

In China wird in 18 Provinzen die größte Vielfalt hochwertiger Tees produziert, viele Tees werden noch von Hand hergestellt. Der größte Teil besteht aus grünen Tees für den heimischen Markt, Schwarztees und Oolongs gehen meist in den Export. Die besten Tees werden von Mitte April bis Mitte Mai gepflückt. Die zweite Ernte erfolgt im Frühsommer, manchmal noch eine dritte Ernte im Herbst.

In Japan produzieren rund 600.000 Teebauern v. a. Grünen Tee auf den Inseln Kyushu, Shikoku und Honshu. Die sehr kleinräumigen Teegärten liegen oft in der Nähe von Flüssen und Seen, das Klima ist überhaupt sehr regenreich. Als der beste und teuerste Tee Japans gilt Gyokuro (Tautropfen). Er wird produziert, indem die Teesträucher ab Anfang Mai für drei Wochen schattiert werden. Dadurch sammeln die Blätter mehr Chlorophyll und reichern weniger Gerbstoffe an. Im Alltag Japans trinkt man meist Sencha.

Vietnam hat sich zum fünfgrößten Teeproduzenten aufgeschwungen. Traditionell wird hier Grüntee produziert, gern angereichert mit natürlichen Blüten. So ist der Lotus- und Jasmintee sehr bekannt, es gibt auch Chrysanthementee.

In Afrika ist Kenia mit über 400.000 t der drittgrößte Teeproduzent der Welt. Die dortigen Sorten werden mithilfe des CTC-Verfahrens hergestellt und als Kenia-Blends verkauft oder zum Mischen verwendet.

Indonesien gehört mit seinen Anbaugebieten auf Sumatra und Java zwar nicht zu den größten Produzenten, aber zu den großen Exporteuren. Indonesische Tees sind leicht im Geschmack und werden häufig in Mischungen verwendet, auch für Teebeutel. Anspruchsvollere Blatttees werden kaum hergestellt.

Der Teekonsum ist heute sehr ungleichmäßig über die Welt verteilt. An der Spitze liegt Kuwait mit 300 l, aber auch die Ostfriesen mit derselben großen Menge. Auch in Großbritannien, Irland, Russland, den USA und Südamerika (Paraguay, Uruguay, Argentinien) liegt der Teeverbrauch zwischen 200 und 300 l pro Jahr. Deutschland ist damit weit abgeschlagen, hier werden nur 27,5 l pro Kopf und Jahr getrunken, verteilt auf rund 75 % Schwarztee und 25 % Grüntee.

Literatur

FAOSTAT (2017) Production. Crops. Tea. http://www.fao.org/faostat/en/#data/QC. Zugegriffen: 28. April 2018

Royal Nature GmbH & Co KG (o. J.) Tee-Geschichte; Tee-Anbaugebiete. https://www.tea-exclusive.de. Zugegriffen: 28. April 2018

Schivelbusch W (2005) Das Paradies, der Geschmack und die Vernunft. Eine Geschichte der Genussmittel, 6. Aufl. S. Fischer, Frankfurt/Main

Wikipedia (2017) Stichwörter: Kamelie, Tee, Chinesische Teekultur. https://de.wikipedia.org/wiki/Tee. Zugegriffen: 28. April 2018

Weiterführende Literatur

Chen L, Zhou Z-X, Yang Y-J (2007) Genetic improvement and breeding of tea plant (*Camellia sinensis*) in China: from individual selection to hybridization and molecular breeding. Euphytica 154:239–248

Czaplicki P (o. J.) Teesorten.de – das Portal rund um den Tee. http://www.teesorten.de. Zugegriffen: 28. April 2018

Hobhouse H (2001) Sechs Pflanzen verändern die Welt. Chinarinde, Zuckerrohr, Tee, Baumwolle, Kartoffel, Kokastrauch, 4. Aufl. Klett-Cotta, Hamburg

Projektwerkstatt, Gesellschaft für kreative Ökonomie mbH GmbH (o. J.) Teekampagne – Teeproduktion & Teekunde. https://www.teekampagne.de/Darjeeling/Teeproduktion-Teekunde. Zugegriffen: 28. April 2018

Rothermund D (1999) Tee. In: Hengartner T, Merki CM (Hrsg) Genussmittel – Ein kulturgeschichtliches Handbuch. Campus, Frankfurt am Main, S 141–166

Teewelt (o. J.) Tee-Info Tee-Anbaugebiete. http://www.teewelt.at. Zugegriffen: 28. April 2018

11

Tabak – der heilige Rauch

In der Luft folgen wir mit den Augen dem Rauch
der zum Himmel aufsteigt, wohlriechend aufsteigt,
Das steigt angenehm zu Kopfe;
ganz sanft versetzt das eure Seele in festliche Stimmung.
Georges Bizet, Carmen

Tabak hat es mit der singenden (und auf der Bühne rauchenden!) Zigarrendreherin Carmen zum Opernstoff gebracht und ist heute das am meisten geschmähte, legale Genussmittel. Noch in den 1960er-Jahren wurde überall geraucht, in der Straßenbahn, im Büro, im Restaurant und ganz selbstverständlich im Film. Heute ist das aufgrund des unbestrittenen Krebsrisikos von Rauchern und den fast genauso schädlichen Auswirkungen des Passivrauchens auf Unbeteiligte undenkbar geworden. Dabei ist für die Gesundheitsschäden gar nicht das Nikotin, der süchtig machende Inhaltsstoff der Tabakpflanze, sondern die beim Verbrennen und Verschmauchen entstehenden krebserregenden Stoffe verantwortlich.

11.1 Herkunft, Botanik und Inhaltsstoffe

Tabak ist ein Nachtschattengewächs (*Solanaceae*), wie auch die mehr oder minder giftigen Pflanzen Kartoffel, Belladonna und Tollkirsche. Es gibt rund 75 Tabakarten, die v. a. in Südamerika, vereinzelt auch in Nordamerika und Australien, wild vorkommen. Für die Tabakproduktion werden weltweit nur zwei Arten genutzt (Abb. 11.1):

T. Miedaner, *Genusspflanzen*, https://doi.org/10.1007/978-3-662-56602-2_11

- Virginischer Tabak (*Nicotiana tabacum*)
- Bauerntabak (*N. rustica*)

Der Bauerntabak spielt aber nur noch lokal eine Rolle, etwa in Polen und Russland, wo er als selbstgedrehte Machorka zum Symbol für die ehemalige Sowjetunion geworden ist.

Die Tabakpflanze ist wärmeliebend, kann aber auch in wärmeren Lagen Deutschlands angebaut werden, klassische Gebiete sind Baden und die Südpfalz. Sie ist eine einjährige, krautige Pflanze und wird bis zu 3 m hoch. Die Samen sind winzig klein, rund 10.000 Samen wiegen nur ein Gramm.

Virginischer Tabak, im Folgenden nur noch Tabak genannt, stammt wohl aus Südamerika, aber über seine Herkunft ist nicht viel bekannt. Nach modernen genetischen Untersuchungen entstand *N. tabacum* in den Hochla-

Abb. 11.1 **a** Arbeit in der Tabakplantage (WIKIMEDIA COMMONS: PD-USGov-USDA); **b** Einzelpflanze des Bauerntabaks (*N. rustica*; WIKIMEDIA COMMONS: Aitlin); **c** Tabakblüte und Pflanzen des Virginischen Tabaks (*N. tabacum*)

gen der Anden, möglicherweise in Bolivien oder dem nördlichen Argentinien durch die spontane Kreuzung von zwei anderen Wildpflanzen, *N. sylvestris* und (wahrscheinlich) *N. tomentosiformis*. Der Bauerntabak entstand durch die natürliche Kreuzung zweier anderer Tabakarten (*N. paniculata* × *N. undulata*).

Auch die Entwicklung des Tabaks zur Kulturpflanze ist weitgehend ungeklärt. Bekannt ist nur, dass schon vor Ankunft des Kolumbus Tabak als spirituelle Substanz und Heilmittel von Brasilien bis ins südliche Kanada bekannt war. Einige Indianerstämme bauten gezielt Tabak für den Eigenbedarf oder den Handel an.

Qualitätsgruppen bei Tabak

Wie bei vielen Genussmitteln stehen auch beim Tabak nicht bestimmte Sorten im Vordergrund, sondern Qualitätsgruppen. Dies erleichtert den Handel und belastet die Warenkette nicht mit weiterer Komplexität.

Virginia-Tabak dominiert mit rund 50 % die Weltproduktion; er ist hell, wird über Heißluft getrocknet und ist Hauptbestandteil der American-blend-Zigarette.

Burley ist nur noch für 10 % der Weltproduktion zuständig, er gilt ebenfalls als hell, wird aber luftgetrocknet; ähnlich ist auch Maryland.

Dunkle Tabake machen 20 % der Produktion aus und dienen heute v. a. der Zigarrenproduktion.

Orienttabak ist schwer und aromatisch und wird pur nur noch in einigen Ländern geraucht; er macht etwa 15 % der Weltproduktion aus.

Für Zigaretten wird üblicherweise viel Virginia mit etwas Burley verschnitten und zur Harmonisierung dieser relativ schnell abbrennenden Mischung aromatische Orient- oder kräftige Würztabake beigegeben.

Der wichtigste Inhaltsstoff des Tabaks ist das Nikotin, ein farbloses Alkaloid (s. Box). Es dient der Pflanze als Schutz vor Fressfeinden, denn es ist für Insekten und Wirbeltiere ein starkes Nervengift. Eine Brühe aus Tabak wird teilweise heute noch in den Gärten zur Insektenvernichtung benutzt, kommerziell wurde in Gärtnereien Nikotin verräuchert, um die Pflanzen zuverlässig vor Insekten zu schützen. Dies wurde wegen der Giftigkeit für den Anwender 1970 verboten, obwohl Nikotin gut pflanzenverträglich und relativ schnell abbaubar ist. Heute werden u. a. Neonikotinoide verwendet, die in ihrer Struktur vom Nikotin abgeleitet sind und dieselben Rezeptoren besetzen. Versuche der Arbeitsgruppe von Ian Baldwin am Max-Planck-Institut für chemische Ökologie in Jena an amerikanischem Wildtabak (*N. attenuata*) zeigten, dass diese Pflanzen das Nikotin erst in größeren Mengen produzieren, wenn sie angegriffen werden (Beck 2005). Knabbern Säugetiere, wie Kaninchen, an den Blättern, so fährt die Pflanze ihre Nikotinproduktion als Antwort auf diese Schädigung rapide hoch. Allerdings können Insekten auch resistent gegen Nikotin werden. Das ist geradezu das Markenzeichen des Tabakschwärmers (*Manduca sexta*), eines Schmetterlings, der Tabakpflanzen zur Eiablage nutzt. Die Larven fressen die Blätter, speichern sogar das Nikotin in der blutähnlichen Hämolymphe und werden so selbst ungenießbar für ihre Feinde.

Alkaloide – Uralte Drogen der Menschheit

Manche Alkaloide kennt wirklich jeder: Nikotin, Morphin, Kokain, Solanin. Das sind alles giftige Substanzen, die von Tabak, Schlafmohn, Kokastrauch und Kartoffel gebildet werden, um sich selbst zu verteidigen. Pflanzen nutzen häufig solche Gifte, aber sie finden sich auch bei manchen Pilzen und Tieren. Über 10.000 mehr oder minder giftige Substanzen werden den Alkaloiden zugeordnet. Pilz- oder Pflanzenextrakte, die Alkaloide enthalten, werden seit Jahrtausenden konsumiert, da sie einfach gewonnen werden können. Sie wirken meist sehr spezifisch auf bestimmte Zentren des Nervensystems (Miedaner 2017).

Nikotin wird von der Tabakpflanze ausschließlich in der Wurzel gebildet und dann mit zunehmendem Wachstum in die Blätter verlagert. Dort kommt es in einer Konzentration von 0,6–2,9 % in der Trockenmasse vor und macht 95 % der Alkaloide der Tabakpflanze aus. Es gibt noch geringe Mengen von verwandten Verbindungen, wie Nornikotin, Anatabin und Anabasin.

Nikotin wurde erstmals 1828 durch zwei deutsche Chemiker, Karl Ludwig Reimann und Christian Wilhelm Posselt, in Heidelberg im Rahmen eines Wettbewerbs isoliert. Sie benannten die Substanz nach dem französischen Botschafter in Portugal, Jean Nicot, der 1560 die ersten Tabaksamen nach Frankreich schickte. Auch der französische Botaniker Jean Lièbeault benannte schon um 1570 die Tabakpflanze nach Nicot als *Nicotiana*; Linné übernahm die Bezeichnung dann in sein großes Werk von der Systematik der Pflanzen und sie hat heute noch Gültigkeit.

11.2 Warum macht Nikotin süchtig?

Jeder gewohnheitsmäßige Raucher merkt an sich selbst, dass Nikotin süchtig macht. Er ist nicht mehr in der Lage, über einen bestimmten Zeitraum hinweg auf seine Zigarette zu verzichten. Die Raucherpause oder die sprichwörtliche Zigarettenlänge sind ein Anzeichen dafür. Und seit dem Verbot des Rauchens in den meisten Gebäuden und Restaurants sieht man selbst bei klirrender Kälte Menschen mit einer Zigarette im Freien stehen. Und das, obwohl, objektiv gesehen, die Zigarette nicht einmal gut schmeckt. Wo liegt hier der Suchtfaktor?

Die Wirkung von Nikotin durch Rauchen tritt bereits nach 8–10 Sekunden ein, also praktisch mit dem ersten Zug. Es dringt durch die Zellmembran der Lungenbläschen in die Blutgefäße ein und wird durch den ganzen Körper gepumpt. Dabei gehört Nikotin zu den wenigen Substanzen, die ungehindert durch die Blut-Hirn-Schranke gelangen.

Nikotin beeinflusst die Weiterleitung elektrischer Impulse über den synaptischen Spalt. Das ist zunächst eine ähnliche Wirkung wie bei Kokain, die in Kap. 7 im Einzelnen erklärt wird. Dabei beeinflusst Nikotin aber einen anderen Neurotransmitter als Kokain, nämlich das Acetylcholin. Es bindet an spezifische Acetylcholinrezeptoren, die sog. nikotinergen Acetylcholin(nACh)-Rezeptoren, aufgrund einer räumlichen Ähnlichkeit des Nikotinmoleküls. Während aber das körpereigene Acetylcholin durch Enzyme bereits Millisekunden nach der Ausschüttung wieder abgebaut wird, bleibt Nikotin stabil und blockiert den Rezeptor lange. Dadurch bleibt die Empfängernervenzelle dauernd erregt. Da sich die nACh-Rezeptoren im gesamten zentralen und peripheren Nervensystem befinden, hat das erhebliche Auswirkungen. Herzfrequenz- und Blutdruckerhöhungen sowie Gefäßverengungen und Kopfschmerzen sind spürbarer Ausdruck von Störungen des vegetativen Nervensystems.

Aber diese Wirkung des Nikotins macht Raucher noch lange nicht glücklich. Dafür ist eine ganz andere Folge des Rauchens verantwortlich. Nikotin stimuliert nämlich indirekt auch das neuronale Belohnungssystem im Gehirn (s. Box „Das dopaminerge Lustzentrum im Gehirn" im Kap. 6). Solche Belohnungssysteme sorgen für Freude und Lust beim Essen, Trinken oder Sex, also Aktivitäten, die für das Überleben wichtig sind. Nikotin bindet bevorzugt an das mesolimbische System im Gehirn. Dieses schüttet bei Nikotinkonsum große Mengen Dopamin aus, das allgemein als Glückshormon gilt. Es führt beim Rauchen jeder Zigarette zu einem unmittelbaren Wohlgefühl. Schon beim ersten Zug wird der Raucher angeregt oder beruhigt, bleibt wachsam oder verliert Ängste, je nach seiner momentanen Lebenslage. Nikotin wird mit einer Halbwertszeit von 1–2 Stunden im Körper abgebaut, wobei es große individuelle Schwankungen gibt. Je nach Geschlecht, Alter, Tag-Nacht-Rhythmus, Schwangerschaft, Menstruationszyklus wird die Abbaugeschwindigkeit verändert. Grapefruitsaft und Menthol, das auch ohne Deklaration häufig Zigaretten zugesetzt wird, verlangsamen den Abbau.

Auch wenn die erste Zigarette kaum jemandem schmeckt und häufig Übelkeit und Durchfall verursacht, führt bereits sie unterschwellig zu einem positiven Signal. Durch weiteres Rauchen gewöhnt sich das Belohnungszentrum schon nach kurzer Zeit daran, dass es unbedingt Nikotin braucht, um Dopamin auszuschütten. Und der Raucher lernt genauso schnell, dass es ihm erst nach einer Zigarette wieder gut geht. Erschwerend kommt hinzu, dass chronisches Rauchen die Zahl der Dopaminrezeptoren im Gehirn vermindert, die Reizschwelle für die Aktivierung des Belohnungssystems erhöht sich, die Dosis muss steigen. Und schließlich wird nur noch geraucht, um Entzugserscheinungen zu entfliehen – die Sucht ist perfekt.

Neben Nikotin stimulieren auch Alkohol, Kokain, Opium und Heroin das Belohnungssystem. Dabei wird immer Dopamin ausgeschüttet und der Süchtige lernt, bestimmte Situationen mit dem künftigen Kick zu assoziieren. So genügt bei einem Raucher bereits der Anblick eines Feuerzeugs, um im Gehirn eine Dopaminausschüttung auszulösen. Auch deshalb ist es so schwer, sich das Rauchen abzugewöhnen. Bereits wenige Stunden nach der letzten Zigarette treten massive Entzugserscheinungen auf: Unruhe, Nervosität, Unkonzentriertheit, Reizbarkeit. Die Symptome können bis zu fünf Wochen lang andauern. Und außerdem wirkt Nikotin deutlich appetitzügelnd. Während der Entwöhnung nehmen ehemalige Raucher häufig an Körpergewicht zu. Rein chemisch ist schon wenige Tage nach Beendigung des Rauchens kein Nikotin im Körper aufzufinden und nach drei Wochen ist keine messbare Beeinflussung der Acetylcholinrezeptoren mehr nachweisbar. Die deutlich längere Zeit, die die Entwöhnung benötigt, ist ein Hinweis darauf, dass es sich beim Rauchen auch um eine psychische Abhängigkeit durch eingeprägte Verhaltensmuster handelt. Sie entwickeln sich im Lauf einer Raucherkarriere und sind oft noch Jahre nach dem körperlichen Entzug vorhanden. Die Rückfallwahrscheinlichkeit bei Rauchern, die ohne therapeutische Begleitung eine Entwöhnung versuchen, liegt bei 97 % innerhalb von sechs Monaten nach dem Rauchstopp. Diese Rückfallquote ist auch wegen der einfachen Verfügbarkeit von Tabak so hoch. Der Lernprozess kann nur durch extreme Selbstmotivation oder professionelle Verhaltenstherapien umgepolt werden. Deshalb findet man auch vor Lungenkliniken rauchende Patienten und deshalb helfen Nikotinersatzstoffe nicht bei der Entwöhnung. Mark Twain fasste das Dilemma in einem Bonmot zusammen: „Sich das Rauchen abzugewöhnen ist einfach. Ich habe es hunderte Male geschafft".

11.3 Der heilige Rauch der Indianer

Die Verbreitung des Tabaks in der Zeit vor Kolumbus ist weitgehend unerforscht. Aufgrund seines winzigen Samens braucht es bei archäologischen Ausgrabungen auch sehr viel Aufmerksamkeit, um ihn überhaupt zu entdecken. Der amerikanische Archäologe K. K. Hirst (o.J.) fasst die wichtigsten Erkenntnisse zusammen. Der bisher früheste Fund stammt aus den ältesten Schichten von Chiripa, einer Ausgrabungsstätte in der Nähe des Titicacasees im heutigen Bolivien. Dort fanden sich einige wenige Tabaksamen in einer Schicht, die auf 1500–1000 v. Chr. datiert wurde. Es gibt auch von den Maya nur indirekte Hinweise, dass in ihrer klassischen Periode (etwa 300–900 n. Chr.) Tabak genutzt wurde. So sind kleine, 10–13 cm lange Kürbisse überliefert, die eventuell zur Aufbewahrung von Schnupftabak dienten. Ähnliche Behältnisse finden sich aus Ton, die manchmal mit Zeichnungen von Tabakblättern geschmückt sind. Im Jahr 2012 wurde erstmals in einer kleinen Keramikflasche aus der Kislak-Sammlung (um 700 n. Chr.) mithilfe von Massenspektrometrie Nikotin gefunden.

Archäologisch lässt sich der Tabakgebrauch also kaum nachweisen und wenn, dann nur über das Zubehör, das man zum Tabakkonsum braucht. So sind wir auf die Berichte der ersten Europäer angewiesen. Wenn wir sie heute richtig interpretieren, war der Tabak für alle Indianervölker kein Genussmittel, sondern in erster Linie ein Mittel der Schamanen, um Erleuchtung zu erlangen und zu heilen, in zweiter Linie diente er als Ritual zum Stiften von Frieden, zum Besiegeln von Verträgen oder zum Empfang von Freunden. Bei fast allen amerikanischen Kulturen taucht Tabak in Mythen der Weltgründung auf und gilt als Geschenk der Götter, als heilige Pflanze. So sahen die Maya ihre Götter als Raucher an und interpretierten Sternschnuppen als weggeworfene Zigarrenstummel der Regen- und Donnergötter.

Für die Europäer war der Tabakgenuss zunächst etwas völlig Unverständliches, da die Art der Tabakaufnahme über ihren kulturellen Horizont ging und nicht sehr motivierend wirkte. Außerdem war ihnen natürlich die rasche Wirkung des Nikotins unbekannt. So schrieb der Mönch Romano Pane, den Kolumbus auf seiner zweiten Reise auf der Insel Hispaniola zurückließ, in seinem Bericht von 1496 immer noch etwas ungläubig:

> Immer wenn die Könige ihre Götter um Rat fragen wegen ihrer Kriege, wegen einer Steigerung des Fruchtertrages oder wegen Not, Gesundheit und Krankheit, schnupften sie in ihren Tempeln das Kraut in ihre Nasenlöcher. [...] Das Pulver ist von solcher Kraft, dass es einem völlig den Verstand raubt (WIKIPEDIA: Schnupftabak).

Einige Indianervölker spezialisierten sich auf den Tabakanbau, wie etwa die Tionontati, ein Irokesen-Volk, das von den Franzosen „nation de petun" genannt wurde, also Tabaknation. Sie verfügten über riesige Tabakfelder im östlichen Waldland Nordamerikas und handelten die Ernte zusammen mit ihren Nachbarn, den Huronen, über ganz Nordamerika. Sie nutzten im Wesentlichen den robusten Bauerntabak, manche Völker kultivierten teilweise andere Arten, die regional vorkamen. Die Crow, die ursprünglich sesshaft waren, dann aber mit Übernahme der Pferde wieder zu Nomaden wurden, bauten als einzige Pflanze überhaupt Tabak an. Dafür gab es eine eigene Tabakgesellschaft und nur deren Angehörige waren berechtigt, Tabak anzubauen und zu verarbeiten.

Die nordamerikanischen Indianer pflegten den Tabak in Pfeifen zu rauchen, die ursprünglich nur ein Rohr waren, der Kopf wurde erst später hinzugefügt. Die Pfeife, die bei Karl May als Friedenspfeife Karriere machte, war ein heiliges Gerät, das zwischen Häuptling und Göttern vermitteln sollte. Sie war Teil des Medizinbündels und wurde rituell über den Angehörigen der Gruppe geschwenkt, um Frieden, Glück oder Reichtum zu vermitteln. Auch bei Krankheiten setzte man die Pfeife zu Heilungszeremonien ein. Häufig wurde der Tabak nicht pur geraucht, sondern gestreckt oder mit anderen Kräutern vermischt, in Südamerika auch mit Kokablättern, um Trancezustände herbeizuführen. Einige kalifornische Indianervölker mischten Stechapfelblätter (*Datura*), eine Pflanze, die für ihre psychogenen Inhaltsstoffe bekannt ist, in die Pfeifen.

In Mittel- und Südamerika gab es, stets aus rituellen oder medizinischen Gründen, noch ganz andere Arten Tabak zu konsumieren. Die Maya schnupften ihn nicht nur, sondern rauchten auch zigarrenähnliche Gebilde, die zum Teil bis zu 75 cm lang waren. Dazu wurde der Tabak mit anderen Blättern umgeben. Außerdem nutzten sie Tabak auch zum Kauen und Trinken und als Heilmittel in Form eines Darmeinlaufs, was allerdings eher einer Rosskur gleichkommt. Viele südamerikanische Völker rauchten Tabak in Form von unterschiedlich großen Zigarren. Die Gruppen Südkaliforniens lutschten eine Mischung aus Tabak und Muschelkalk, ähnlich wie dies in Südamerika mit Kokablättern heute noch geschieht (s. Kap. 7), oder tranken Wasser mit Tabak. Die Creek verwendeten ein „schwarzes Getränk", das vermutlich Tabak enthielt. Manche Gruppen verbrannten auch nur den Tabak in offenen Feuern in Zusammenhang mit Ritualen.

11.4 Tabak in Europa und dem Rest der Welt

Schon bei seiner Ankunft in der Neuen Welt im Jahr 1492 wurde Christoph Columbus getrockneter Tabak gezeigt. Ihm und seinen Matrosen begegneten auf Kuba rauchende Einheimische. An der Beschreibung, die später von dieser Begegnung überliefert wurde, zeigt sich, dass die Spanier überhaupt nicht verstanden, was die indigenen Leute da machten. Es hieß laut Heimler (2001) „sie trügen in Blätter eingewickelte glühende Kohlen mit pflanzlichen Kräutern bei sich, *tabacos* genannt. An diesen *tabacos* sögen die Leute und tränken gewissermaßen den Rauch, den sie nach einer Weile wieder aushauchten". So soll unser Begriff Tabak entstanden sein. Nach einer anderen Hypothese leitet sich Tabak von dem antillischen Wort *tabacco* ab, das dort das zum Rauchen verwendete Rohr bezeichnet. Auf jeden Fall hat sich das spanische *tabaco* zusammen mit dem Genussmittel in alle Sprachen verbreitet.

Der Mönch und Geograph Romano Pane, der mehrfach nach Mittelamerika reiste, berichtete 1496 über den richtigen Gebrauch des Tabaks und die Pfeife als Rauchinstrument. Er brachte 1518 sogar Tabaksamen an den spanischen Hof, zu dem späteren Kaiser Karl V. Die erste Beschreibung der Pflanze lieferte der spanische Botaniker Franzisco Hernandez 1525. Eine weitaus größere Wirkung erzielte aber der Botschafter Frankreichs in Portugal, Jean Nicot de Villemain. Er sandte 1560 Samen nach Frankreich und pries die medizinischen Vorteile des Tabaks. Weil sich bei der Königin Frankreichs, Katharina von Medici, durch Schnupftabak ihre Kopfschmerzen linderten, förderte das Königspaar die Verwendung von Tabak für medizinische Zwecke. Der Schnupftabak hieß in Frankreich noch lange das Pulver der Königin, „poudre de la reine". Auch in England kannte man Tabak schon im 16. Jahrhundert.

Tabak sollte damals so gut wie gegen alle Krankheiten wirksam sein, ähnlich wie es auch für andere, exotische Genussmittel in ihrer Frühzeit propagiert wurde. Man legte Tabakblätter auf offene Wunden; bei Magenbeschwerden sollte man Tabaksaft trinken, was nicht ungefährlich ist. In einem Kräuterbuch aus dem Jahr 1656 heißt es über Tabak:

> Dieses Kraut reinigt Gaumen und Haupt, vertreibt die Schmerzen und Müdigkeit, stillt das Zahnweh, behütet den Menschen vor Pest, verjagt Läuse, heilet den Grind, Brand, alte Geschwüre, Schaden und Wunden (WIKIPEDIA: Tabak).

In der Frühzeit wurde Tabak in Frankreich offiziell nur durch Apotheker vertrieben. Solche Einschränkungen gab es bis ins 17. Jahrhundert in verschiedenen Staaten immer wieder. Dazu gehörten auch strenge Verbote, den Tabak anders als zu medizinischen Zwecken zu nutzen.

So früh der Tabak schon in Europa bekannt war, so früh gab es auch schon Bestrebungen Tabak anzubauen. Der Vorsteher der 1607 neugegründeten Siedlung Jamestown im Staat Virginia, John Rolfe, ließ nur drei Jahre später die bessere Tabakart *N. tabacum* aus Mittelamerika einschmuggeln und legte den Grundstein für den bis heute andauernden guten Ruf des Virginia-Tabaks. Er wurde zum Exportschlager und glich bis Ende des 18. Jahrhunderts die chronisch defizitäre Handelsbilanz der amerikanischen Kolonien aus. Interessanterweise wurde Jamestown auf dem Gebiet der Powhatan gegründet, einem Volk, das schon vor Erscheinen der ersten Siedler Bauerntabak (*N. rustica*; Abb. 11.1) anbaute und wahrscheinlich die Engländer damit vertraut machte.

König Jakob I. von England (Jakob IV. von Schottland) verfasste 1604 eine erste Antidrogenschrift, in der er den Tabakkonsum verdammte (*A Counterblaste to Tobacco*). Er wollte die Theorie in die Tat umsetzen und verhängte mit dem Tabakgesetz vom 17. Oktober 1604 Einfuhrzölle von 4000 %, was faktisch einem Importverbot gleichkam. Aber nur vier Jahre später führten überbordender Schmuggel und Korruption zu einer eleganteren Lösung. Es wurden die Steuern auf ein Normalmaß gesenkt und dafür ein staatliches Tabakmonopol eingerichtet. Nun floss ein Großteil der Einnahmen in den Staatshaushalt. Dies führte zu dem ehernen Grundsatz, der sich auch bei Tee und Kaffee bewährte: Wenn man einen Genuss schon nicht verbieten kann, soll man wenigstens davon profitieren.

Auch im Osmanischen Reich und anderen moslemischen Ländern verbreitete sich der Tabakgenuss (Heimler 2001). Sultan Murad IV. belegte den Genuss von Kaffee, Opium, Wein und Tabak mit Todesstrafen; er selbst starb aber am 8. Februar 1640 mit 29 Jahren an seiner Trunksucht. Auch in Russland verbot Zar Michael Fjodorowitsch Romanow ab 1633 den Tabak mit einem Rauch- und Handelsverbot. In beiden Ländern brachten die Maßnahmen aber keinen Erfolg und wurden bald wiedereingestellt. Wie in England erwies es sich als viel lukrativer, den Tabak mit Steuern zu belegen oder gleich ein staatliches Tabakmonopol zu erlassen.

Die Entdeckungsreisenden aus Europa machten die restliche Welt mit Tabak bekannt. Ende des 16. Jahrhunderts, Anfang des 17. Jahrhunderts gelangte er nach Südostasien, kurz darauf nach China und Japan, anschließend nach Afrika, um es schon 1620 nach Neuguinea, Tibet, Sibirien und bis zu den Inuit zu schaffen. Und überall wurden die Menschen abhängig vom Nikotin. In einer Schrift von 1719 heißt es, es seien „fast alle Theile der Welt mit einer allgemeinen Tobacksbegierde angefüllet" (Heimler 2001).

In Europa wurde Tabak durch die umherziehenden Soldaten im Dreißigjährigen Krieg bis in den letzten Winkel des Kontinents verbreitet. Im ländlichen Bereich konnte man ja einfach den Tabak selbst anbauen. So ist er schon in der zweiten Hälfte des 17. Jahrhunderts in Schweizer Bauerngärten im Berner Oberland bezeugt. Im Gegensatz zu den anderen Kolonialwaren Tee, Kaffee, Kakao und Zucker, die lange Zeit den Reichen vorbehalten blieben, konnte sich der Nikotingenuss wegen der relativ niedrigen Kosten viel rascher durchsetzen. Die Zugehörigkeit zu einer Schicht zeigte sich höchstens in der

Art des Genusses. In höheren Kreisen ging es im 16. und 17. Jahrhundert nur um das Schnupfen, das von Männern und Frauen praktiziert wurde. Casanova verschenkte gerne kunstvoll ziselierte Schnupftabakdosen. Später verbreitete es sich auch im Bürgertum (Abb. 11.2). Die Pfeife war dann bis zum Ende des 17. Jahrhunderts das wichtigste Mittel zum Rauchen. Sie blieb es auch für die ärmeren Schichten wie Soldaten, Studenten, Bauern. Ganz arme Leute kauten den Tabak, das war am billigsten. Übrigens setzte sich das Wort Rauchen erst im 17. Jahrhundert mit der Zeit durch. Vorher verwendete man allerhand Hilfskonstruktionen, wie Tabak trinken, Tabak saufen, den Genuss selbst nannte man auch trockene Trunkenheit, alles Analogien zum Alkohol. Rauchen war für die Europäer einfach etwas völlig Neues.

Die Zigarre kam durch die Soldaten Napoleons von Spanien nach Mitteleuropa. Im Jahr 1809 beschrieb der Brockhaus erstmals, dass die „fingerdicken Zylinder" anfingen, „in unseren Gegenden sehr gemein zu werden" (Lapp 2000). Im Lauf des 19. Jahrhunderts wurde die Zigarre populär und galt damals schon als Symbol für das bessere Bürgertum. Und sie war einfacher zu bedienen als eine Pfeife, wie in einem zeitgenössischen Text hervorgehoben wird:

Abb. 11.2 Schnupfende Damen von L. Boilly in Frankreich 1824. (WIKIMEDIA COMMONS)

> Die Pfeife ist eine schwerfällige Maschine [...] die Cigarre ist leicht zu behandeln [...] die Pfeife verhält sich zur Cigarre wie eine Dame im Reifrock zu einer nackten Schönheit (Springer 1850).

Die Zigarre, wie das Rauchen überhaupt, war damals eine ausnahmslos männliche Domäne, die in Clubs, beim Militär oder in der großbürgerlichen Wohnung in einem speziellen Herren- oder Raucherzimmer ausgeübt wurde. Damit Frauen mit dem Rauch nicht in Berührung kamen, trugen dort Männer einen speziellen Anzug, den Smoking von „smoke" (rauchen). Im politischen Rahmen wird die Zigarre mit den Freiheitsbestrebungen ab 1815 (Vormärz) zu einem revolutionären Erkennungszeichen. Karl Marx rauchte Zigarre und das spätere Zigarrenrauchen von Bertolt Brecht und Fidel Castro knüpfte an diese Tradition an.

Eine noch größere Beschleunigung des Genusses brachte die gebrauchsfertige Zigarette, die seit dem Anfang des 20. Jahrhunderts dominiert. Sie wurde nach einer guterzählten Geschichte von Arbeiterinnen der Tabakmanufakturen in Mexiko-Stadt, oder nach einer anderen Quelle im spanischen Sevilla, im 18. Jahrhundert erfunden. Die armen Frauen wickelten die Abfälle der Zigarrenproduktion in Papier und rauchten sie selbst oder verkauften sie als „papelitos". Sie kamen zu Beginn des 19. Jahrhunderts nach Frankreich und erhielten hier ihren heute noch üblichen Namen, „cigarette" als Verkleinerung von „cigare" (Zigarre). Im Osmanischen Reich und in Russland wurden Zigaretten erstmals von breiten Bevölkerungsschichten geraucht. Und im ersten Krimkrieg (1853–1856) verbreitete sich die Sitte auch unter den alliierten britischen, französischen und italienischen Soldaten. Sie wickelten den geschnittenen Tabak einfach in Zeitungspapier und das war wesentlich praktischer als umständlich Pfeifen zu stopfen oder Zigarren anzupaffen. In Deutschland wurde die erste Zigarettenfirma 1862 als Zweigstelle einer russischen Firma in Dresden gegründet. Die Gesamtproduktion stieg hier laut WIKIPEDIA von 60 Mio. Stück in den 1860er-Jahren auf 11,5 Mrd. im Jahr 1912.

Die Zigarette bedeutete zu der damaligen Zeit Moderne, Eleganz und hatte einen gewissen Hauch der Verruchtheit. Während die Zigarre jetzt zum Symbol für den behäbigen Genießer stand, entsprach die Zigarette der Schnelllebigkeit der Zeit. Eine Zigarettenlänge oder eine Zigarettenpause wurde zur Zeiteinheit, um kurz seine Arbeit zu unterbrechen. Der zunehmende Stress und der Leistungsdruck brauchten ein Ventil. Außerdem waren Zigaretten billig und auch für ärmere Schichten bezahlbar.

Während Pfeife und Zigarre immer mit Männlichkeit verbunden waren, konnten mit den schlanken, eleganten Zigaretten auch Frauen als Kunden erschlossen werden. Besonders emanzipierte Frauen in den 1920er-Jahren kultivierten das Zigarettenrauchen als Zeichen ihrer Unabhängigkeit, das durch die Verwendung einer Zigarettenspitze noch zusätzliche Eleganz erhielt. Auch mit der Appetitzügelung von Nikotin wurde mehr oder weniger unterschwellig geworben. In der Allgemeinbevölkerung dauerte es aber noch bis nach dem Zweiten Weltkrieg, dass rauchende Frauen zum Normalzustand wurden.

Zeitweise war Deutschland der größte Importeur von Tabak. Dabei rauchten in den 1930er-Jahren 80 % aller deutschen Männer (12,5 Zigaretten pro Tag) und 20 % aller Frauen (7,2 Zigaretten pro Tag; WIKIPEDIA: Geschichte des Tabakkonsums). In den USA als einem der wichtigsten Produktionsländer stieg der Konsum noch stärker als in Deutschland. Bereits 1881 begann man in Virginia mildere amerikanische Tabaksorten anzubauen. Dieser Tabak wurde mit einer neuen Methode getrocknet, nämlich mithilfe von Hitze, die durch Metallröhren geleitet wurde. Der Rauch dieser Tabaksorten entwickelte beim Abbrennen einen niedrigen pH-Wert, sodass er nicht mehr über die Mundschleimhaut, sondern durch Inhalieren über die Lunge aufgenommen wird; somit gelangte das Nikotin innerhalb weniger Sekunden ins Gehirn. Im Jahr 1913 kam die erste American-blend-Zigarette, Camel, in den USA auf den Markt. Sie bestand aus einer Mischung aus Virginia-, Burley- und türkischem Tabak und wurde damit zu einer der erfolgreichsten Marken der Welt. Als weitere Neuerung folgte in den USA 1954 die erste Filterzigarette. In Deutschland wurden die sog. Ami-Zigaretten erst nach dem Zweiten Weltkrieg bekannt, als sie bis zur Währungsreform inoffizielles Zahlungsmittel waren.

11.5 Anbau und Tabakgewinnung

Tabak ist eigentlich keine besonders anspruchsvolle Pflanze, allerdings ist seine Kultivierung sehr arbeitsintensiv, weil trotz Mechanisierung vieles von Hand gemacht werden muss. Die winzigen Tabaksamen werden heute mit Wasser vermengt und in Pflanzbeete gegossen. In kühlen Regionen wird die Tabakpflanze unter einem Glasdach oder unter einer Plastikfolie gezogen, denn sie verträgt keinerlei Frost. Nach rund acht Wochen, wenn die Pflänzchen etwa 15 cm Höhe erreicht haben, werden sie ins Feld gepflanzt. Man benötigt 16.000–20.000 Pflanzen je Hektar, dazu genügen rund 3 g Samen. Die Setzlinge werden in Industriestaaten durch Setzmaschinen, in vielen anderen Ländern per Hand in das Feld umgepflanzt. Kurz vor der Blüte, also etwa einen Monat nach dem Auspflanzen, werden die Pflanzen durch Entfernung der Triebspitzen getoppt oder gegeizt (Abb. 11.3). Das soll verhindern, dass die Pflanze blüht und dafür sorgen, dass möglichst alle Nährstoffe in die Blätter

Abb. 11.3 Die verschiedenen Blattetagen des Tabaks stellen unterschiedliche Qualitäten dar; das Entfernen der Triebspitzen (geizen) findet vor der Blüte statt. (Verändert nach http://diealdor.wikia.com/wiki/Datei:Tabakpflanze.jpg)

verlagert werden, was den Nikotingehalt erhöht. Auch die dann entstehenden Seitentriebe werden mechanisch oder chemisch entfernt. Rund zwei Monate später beginnt die Ernte. Dabei werden in mehreren Durchgängen von unten nach oben die jeweils reifen Blätter geerntet. Bei niedrigeren Qualitäten können auch die ganzen Pflanzen maschinell geschnitten werden.

Die Zahl der Blätter einer Tabakpflanze variiert je nach Tabaktyp: Tabakpflanzen, die dunkle Tabake erzeugen, sollten 10–16, Burley- oder Maryland-Tabakpflanzen 16–20 Blätter haben. Die Qualität verändert sich mit der Blattstellung. Die unteren Blätter (Sandblatt) enthalten weniger Nikotin und wurden früher nur als Um- und Deckblatt für Zigarren verwendet. Da heute leichtere Zigaretten bevorzugt werden, werden sie jetzt auch wieder für diesen Zweck eingesetzt. Nach oben hin, dem Haupt- und Obergut, steigen Nikotingehalt, Aroma und Duft an.

Die Ernte beginnt, wenn sich die unteren Blätter gelblich verfärben. Im Abstand von jeweils fünf bis sieben Tagen werden zwei weitere Blätter am frühen Vormittag geerntet, damit sie möglichst wenig Stärke enthalten. Danach werden die Blätter einige Stunden angewelkt, um sie zäher und widerstandsfähiger für die weitere Verarbeitung zu machen. Denn Löcher in den Blättern bedeuten einen deutlichen Verlust an Qualität.

Schließlich werden die Blätter getrocknet (Abb. 11.4). Bei den Orienttabaken bevorzugte man früher die Sonnentrocknung, im feuchteren Deutschland wurden die Tabakblätter in speziellen, hohen Scheunen mit ausreichend

Abb. 11.4 **a** Traditionelle Trocknung von Tabakblättern auf den Straßen von Prilep/Mazedonien (WIKIMEDIA COMMONS: Nenad Bumbić); **b** geschnittener Tabak als Mischung von Virginia und Burley-Tabaken zum Selbstdrehen (WIKIMEDIA COMMONS: Svartkell); **c** traditionelle Herstellung von Zigarren in Havanna/Kuba (WIKIMEDIA COMMONS: Anagoria)

Luftschlitzen für zwei bis drei Monate aufgehängt. Dazu werden sie von Hand durchbohrt und auf Schnüre gezogen. Eine andere Methode ist das Anzünden von Schwelfeuern, deren Rauch den Tabak zusätzlich aromatisiert. Virginia-Tabak wird durch ein Röhrensystem mithilfe von Heißluft getrocknet. Dies dauert nur noch eine Woche und ermöglicht die Umwandlung von Stärke in Zucker. Danach werden die Blätter durch Erhöhung der Temperatur abgetötet, zerkleinert und fermentiert. Bei extrem guten Qualitäten werden die Stammreste und Blattrippen von Hand entfernt, geschnitten und in Partien minderer Qualitäten eingemischt.

Die Fermentation ist ein Gärungsprozess, der spontan bei Lagerung des Blatts beginnt. Dabei laufen komplexe chemische und enzymatische Prozesse ab, die den Tabak erst zum Tabak machen. Es werden unerwünschte Eiweiße und Pflanzenschutzmittelreste abgebaut, die Farbe verändert sich und der Gehalt an Nikotin und Rauchkondensat verringert sich, die Aromabildung wird insgesamt gefördert. Früher erfolgte die Fermentation in großen Stapeln mit strenger Temperaturkontrolle. Heute kann das auch in Klimakammern geschehen oder maschinell in einem Schnellverfahren.

Zigarettentabake sind Mischungen (Abb. 11.4), wonach jede Marke danach strebt, über die Jahre einheitliche Qualitäten zu erzielen, die den Markencharakter repräsentiert. Denn Raucher sind extrem markentreu, was nicht nur an den Werbefiguren liegt, sondern wohl auch an unterschiedlichen Geschmäckern. Dem Zigarettentabak werden zur Stabilisierung des Feuchtigkeitsgehalts und zur Aromatisierung zahlreiche Substanzen zugesetzt. Dazu gehören Kakao-, Vanillearomen oder auch Zucker, Lakritze, Honig. Selbst ohne Deklaration werden oft kleine Mengen Menthol hinzugefügt, das den Nikotinabbau im Blut verlangsamt. Die EU erwägt deshalb das völlige Verbot von Menthol.

Die eigentlich subtropische Pflanze Tabak hat eine große ökologische Anpassungsfähigkeit und wird deshalb bis in die gemäßigten Zonen angebaut. In Deutschland gibt es noch etwas Tabakanbau in der Südpfalz, in Baden, Franken und der Uckermark. Weltweit spielt dies aber keine Rolle. Die wichtigsten Produktionsländer sind heute China, Brasilien und Indien (Abb. 11.5). Es liegen fast 90 % der Anbauflächen in südlichen Ländern, wo die Arbeitskräfte billig sind, denn der Arbeitsaufwand für den Tabakanbau ist trotz Mechanisierung noch überdurchschnittlich hoch. Während man bei Getreide heute in Deutschland einen Arbeitsaufwand von 9–12 h/ha rechnet, sind es bei Tabak rund 1000 h/ha. Dies begünstigt Anbaugebiete in Afrika. So verdoppelte

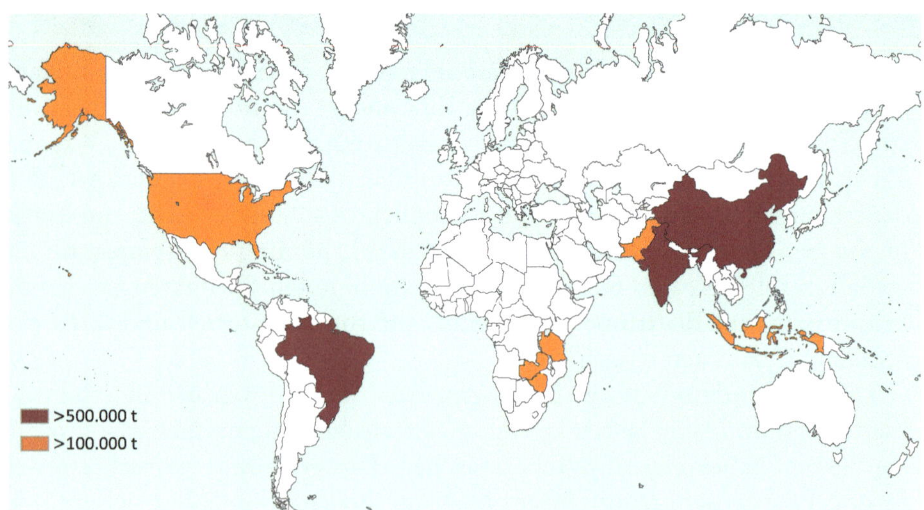

Abb. 11.5 Die wichtigsten tabakproduzierenden Länder 2016 (Produktionsmenge/Jahr in Tonnen. Datenquelle: FAOSTAT 2017; Kartengrundlage: http://www.maproom.org/outline/world/mn.php)

sich in Malawi die Anbaufläche, in Tansania versechsfachte sie sich sogar in den letzten 40 Jahren. Der Tabakanbau führt dabei allerdings häufig zu einer verstärkten Abholzung von Wäldern, um Anbaufläche zu gewinnen, zu einem unkontrollierten Humusabbau des Bodens und einer großen Abhängigkeit der Bauern von den Tabakaufkäufern der großen Firmen.

11.6 Teufelskraut und Geldbringer

Als Teufelskraut wurde Tabak, v. a. in kirchlichen Kreisen, schon im 18. Jahrhundert bezeichnet. Aber das hatte weniger gesundheitliche als ideologische Gründe. Auch die frühen Tabakverbote durch einzelne Könige, Sultane und Zaren dienten mehr der Bevormundung der Untertanen und der Angst, dass zu viel Geld ins Ausland fließt. Sie waren trotz drakonischer Strafen auch wenig wirksam und die Einführung einer Tabaksteuer bereits im 18. Jahrhundert war sicher der klügere Weg. Trotzdem gab es schon früh warnende Stimmen die Gesundheit betreffend und im 17. Jahrhundert wurde bereits gegen den stinkenden Tabakrauch argumentiert, was wir heute Passivrauchen nennen. Zu dieser Zeit fand die Umwertung des Tabaks vom Heil- zum Genussmittel statt und er eroberte bis zum beginnenden 18. Jahrhundert zunehmend alle Bevölkerungsschichten. Im Umfeld der Revolution von 1848 galten jetzt Rauchverbote als Ausdruck von Fürstenwillkür und das Recht auf Rauchen in der Öffentlichkeit als bürgerliche Errungenschaft. Als Rauchen endgültig zum Genuss wurde, dem sich mehr oder weniger alle gesellschaftlichen Schichten hingaben, waren Rauchverbote unsinnig. Schließlich rauchte oder schnupfte gerade auch die regierende Oberschicht und die dicke Zigarre wurde zum Statussymbol reicher Fabrikbesitzer, Politiker und Meinungsbildner.

Damals deutete man das Rauchen auch positiv und brachte es v. a. mit geistiger Tätigkeit in Verbindung. Der holländische Arzt B. von Palma schrieb etwa Anfang des 18. Jahrhunderts: „Einer, der studiert, muss notwendig viel Tabak rauchen, damit die Geister nicht verloren gehen [. . .]“ (Schivelbusch 2005). Offensichtlich förderte Rauchen das Nachdenken und während Kaffee und Tee den Geist wachhielten, sollte das Nikotin den Körper entspannen. Und tatsächlich haben viele Autoren und Künstler hingebungsvoll geraucht. Johann Sebastian Bach schrieb ein „Lob der Tabakspfeife“, für Moliére war Rauchen ein Menschenrecht („wer ohne Tabak lebt, ist nicht würdig zu leben“), Lord Byron verfasste eine Ode auf die Zigarre und Baudelaire ein Sonett über die Pfeife. Auch der ansonsten als unsinnlich bekannte Thomas Mann war Raucher und für Bert Brecht waren Zigarren sein „wichtigstes Produktionsmittel“. Sigmund Freud, Heinrich Böll und Paul Sartre waren weitere bekennende Raucher. Und Richard Wagner soll gesagt haben: „Die Götterdämmerung verdanke ich einer Kiste Havannas" (alle Zitate nach Wippersberg 2010).

Als es in Deutschland nach dem Zweiten Weltkrieg wieder bergauf ging, rauchten die meisten Männer und ein Fünftel der Frauen. Geraucht wurde in den 1960er-Jahren in einer heute unvorstellbaren Weise eigentlich überall: In der Straßenbahn, im Restaurant, im Büro, selbst im Flugzeug und bei Versammlungen, zu Hause im Wohnzimmer sowieso. Und in der Bahn gab es nur einige wenige Nichtraucherabteile. Ein Artikel in der *Bunten* von 1957 war überschrieben: „Keine Angst vor blauem Dunst". Die Werbung sprach vom „Duft der großen, weiten Welt"; Rauchen wurde zum Inbegriff weltmännischer Lebensart und zu einem sexy Attribut unabhängiger Frauen. Andere Zigarettenmarken betonten die Botschaft von Entspannung, Jugendlichkeit und Erfolg, der Marlboro-Cowboy versprach den „Geschmack von Freiheit und Abenteuer". Und andere gingen „meilenweit für Camel-Filter". Diese Marke fand es auch nicht merkwürdig, in den USA mit dem Slogan zu werben: „Ärzte rauchen mehr Camel als jede andere Zigarette". Dies war bereits Teil einer großangelegten Kampagne, die die Verbraucher beruhigen und zu weiterem Konsum anhalten sollte, nach dem Motto: „Wenn schon Ärzte rauchen [...]". Und noch in den 1980er-Jahren machte man sich deutlich weniger Gedanken über Gesundheitsfragen, sondern verbreitete ungeniert die Botschaft von Jugendlichkeit, Abenteuer, Erfolg und Freiheit, obwohl der Spiegel schon 1981 auf seinem Titelblatt den „Aufstand der Nichtraucher" ausrief. Aber spätestens als die Werbefigur des Marlboro-Manns im wirklichen Leben an Lungenkrebs starb, setzte ein allgemeines Umdenken ein.

Rauchen gilt heute als häufigste vermeidbare Todesursache in den Industrieländern. Und die Auswirkungen des Rauchens betreffen den ganzen Körper, auch wenn natürlich die Atemwege die hauptsächlich betroffenen Organe sind (Abb. 11.6). Als Folge von großen Gesundheitskampagnen, Rauchverboten an praktisch allen öffentlichen Orten und Arbeitsstätten, Werbeverboten, medizinischer Aufklärung und auch Verteufelungsaktionen rauchen heute so wenige Menschen wie noch nie zuvor. In Deutschland sind es noch rund 30 % der Männer und 20 % der Frauen, bei Jugendlichen sind es gerade noch 10 % (Anonym 2017). Und von allen Genussmitteln ist der gesundheitsschädliche Aspekt des Rauchens am deutlichsten wissenschaftlich bewiesen: 121.000 Menschen in Deutschland starben 2013 (nach Angaben der Deutschen Krebsgesellschaft 2015) an den Folgen des Rauchens. Damit waren 13,5 % aller Todesfälle durch das Rauchen bedingt. Diese Zahlen beinhalten v. a. Tote durch Lungenkrebs und Herz-Kreislauf-Erkrankungen, neuerdings aber auch Todesfälle durch Darm- und Leberkrebs, Typ-2-Diabetes und Tu-

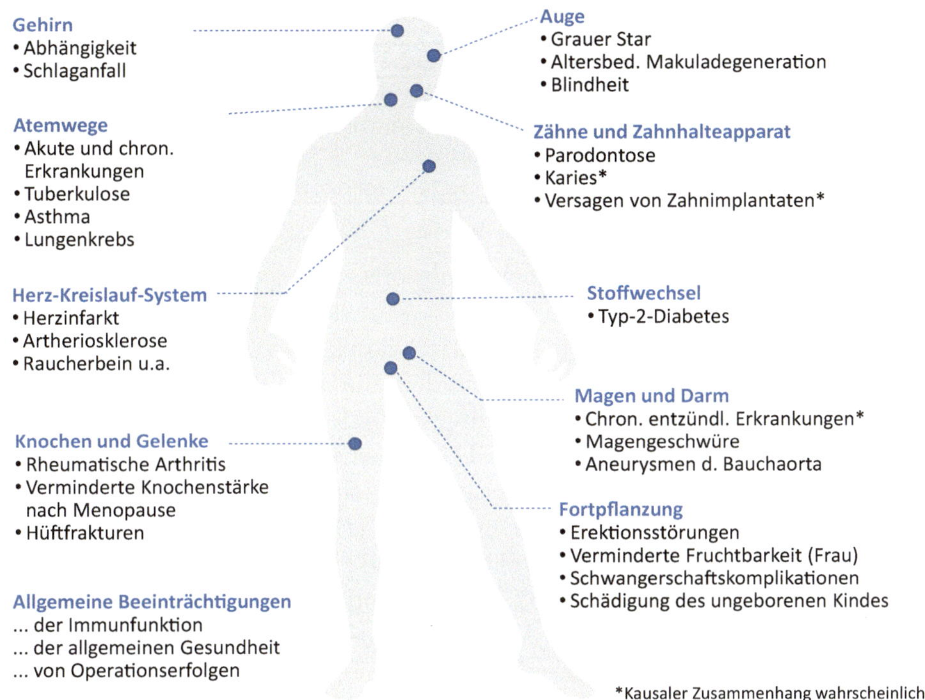

Abb. 11.6 Gesundheitliche Folgen des Rauchens. (Anonym 2017, Umriss: pixabay)

berkulose. Vier von fünf Lungenkrebstodesfällen sind auf das Rauchen zurückzuführen. Bei Männern ist Lungenkrebs seit den 1960er-Jahren die häufigste Krebstodesursache. Frauen sind jedoch dabei aufzuholen, bei ihnen ist die Sterblichkeit durch Lungenkrebs in den letzten Jahren deutlich angestiegen. Nach neueren Schätzungen wird in den nächsten Jahren Lungenkrebs bei Frauen den Brustkrebs als häufigste Todesursache ablösen. Außerdem erhöht das Rauchen die Wahrscheinlichkeit, an anderen Krebsarten zu erkranken, v. a. im Bereich der Atmungsorgane, sowie der Bauchspeicheldrüse, Blase, dem Gebärmutterhals. Rauchen Mütter während ihrer Schwangerschaft, kann das ungeborene Kind geschädigt werden und das Risiko für eine Fehlgeburt steigt. Hinzukommen (geschätzte) 3300 Todesfälle durch Passivrauchen.

Und Rauchen gilt längst nicht mehr als fortschrittlich und weltläufig; heute sind es v. a. die unteren Gesellschaftsschichten, die rauchen: Bauhilfsarbeiter, Straßenbauer, Transportarbeiter, Dachdecker, Gastwirte und Berufskraftfahrer gehören zu den Berufsgruppen mit der höchsten Raucherquote von bis zu 52 %, wie eine repräsentative Bevölkerungsumfrage des Statistischen Bundesamts vom April 1999 ergab (Anonym 2000). Am wenigsten rauchen Land-

Tab. 11.1 Die Hauptbestandteile des Tabakrauchs. (Klingler 2012)

Substanz	Gesundheitliche Auswirkungen
Nikotin	Suchterzeugend
Reizgase (>4000)	Chronische Bronchitis; krebsauslösend
Teerstoffe (>40)	Krebsauslösend
Kohlenmonoxid (CO)	Verminderter Sauerstofftransport

wirte, Lehrer aller Schularten, Hochschulprofessoren, gleich ob männlich oder weiblich (18 %).

Interessanterweise ist es gar nicht das Nikotin, das langfristig die schweren Gesundheitsschäden verursacht, sondern die beim Rauchen entstehenden Begleitstoffe (Tab. 11.1). Deshalb bringt auch der Umstieg auf eine nikotinärmere Zigarette keinerlei Vorteile. Das Rauchen einer Zigarette setzt eine chemische Kettenreaktion ohne Beispiel in Gang. In den fermentierten Tabakblättern wurden nach Streller und Roth (2013) bisher über 3800 Verbindungen gefunden, im Zigarettenrauch sogar 4800 Verbindungen, wovon aber rund 2800 Stoffe erst beim Rauchen entstanden sind, weil sie sich in der Tabakpflanze nicht finden. Viele davon gelten als gesundheitsschädlich, über 60 als krebsauslösend (karzinogen; s. Box). Tabakrauch ist letztlich ein Aerosol aus gasförmigen, flüssigen und festen Stoffen. Nikotin wirkt v. a. allem auf Gefäße und Herzkranzgefäße, was Krankheiten vom Raucherbein bis zum Herzinfarkt hervorruft. Teer hat Auswirkungen auf Lunge und Atemwege (Raucherhusten, Bronchitis), Kohlenmonoxid wirkt auf das Hämoglobin (Leistungsabfall).

Von den Tausenden von Inhaltsstoffen des Tabakrauchs bereitet nur das Nikotin Genuss, alle anderen Stoffe, auch die gesundheitsgefährlichen und sogar krebserregenden Substanzen (s. Box), müssen dafür in Kauf genommen werden.

Die wichtigsten krebsauslösenden Substanzen in der Zigarette

Teer ist ein flüssiges, schwarzbraunes Kohlenwasserstoffgemisch. Es verklebt die Flimmerhärchen in den Atemwegen und der Lunge. Dadurch kann Staub nicht mehr ausgehustet werden.

Schwermetalle, z. B. Quecksilber, sind alle sehr ungesund.

Nitrosamine sind giftige Stickstoffoxidgemische und gehören zu den am stärksten krebserregenden Stoffen.

Nickel (Ni) dient in reiner Form u. a. als Katalysator und beschleunigt chemische Prozesse.

Hydrazin ($H_2N{-}NH_2$) ist ein Reduktions- und Lösungsmittel.

Vinylchlorid ($CH_2{=}CHCl$) ist in polymerisierter Form ein Kunststoff, der als Lederaustauschstoff, Säureschutzbekleidung, Verpackungsfolie etc. dient.

Benzol (C_6H_6; Benzolring) ist der einfachste aromatische Kohlenwasserstoff und ein wichtiges Lösungsmittel.

Benzpyren ist ein pentazyklischer aromatischer Kohlenwasserstoff. Es ist einer der Bestandteile des Steinkohleteers in den Zigaretten. In verqualmten Räumen finden sich bis zu 15 mg/m^3 Benzpyren. Der mittlere Wert liegt bei 0,28–0,48 mg/m^3.

Polonium 210 (^{210}Po) entsteht beim Zerfall von Radon; es lagert sich zusammen mit Plutonium besonders gut an etwa 0,3 µm große Staubpartikel in der Luft an, die von den Blatthaaren des Tabaks herausgefiltert werden (nach Streller und Roth 2013; Klingler 2012).

Das Verhalten des Staats zum Tabak ist zwiegespalten und es dauerte lange, bis die heute geltenden gesetzlichen Maßnahmen ergriffen wurden. Vor allem das Argument des Passivrauchens überzeugte letztendlich, nachdem die meisten Leute unfreiwillig mit Tabak in Berührung kamen und dabei aber ähnliche gesundheitliche Gefahren zu ertragen hatten wie die Raucher selbst, etwa was das Benzpyren angeht (s. Box). Das staatliche Zögern ergab sich auch aus den enormen Einnahmen der Tabaksteuer. Nach der Energiesteuer (früher Benzinsteuer) ist sie die ergiebigste Verbrauchssteuer und spülte 2016 in Deutschland 14,2 Mrd. Euro in die Kassen des Finanzministers. Das ist etwa genauso viel wie im selben Jahr im Bundeshaushalt für Gesundheit eingeplant war.

Rauchen ist heute mit einem Stigma belastet und der Zusammenhang mit gesundheitlichen Beeinträchtigungen, zumindest mit Lungenkrebs, ist nicht wegzudiskutieren. Auf der anderen Seite sind Raucher mündige Menschen, die genau wissen, welches Risiko sie mit ihrem Genuss eingehen. Und solange sie andere nicht schädigen, sondern brav auf den Balkon, die Straße oder vor das Restaurant gehen, sollten wir uns hüten, sie zu verteufeln. Immerhin kostet der Alkohol in Deutschland pro Jahr auch rund 70.000 Tote und niemand würde auf die Idee kommen, den Alkoholkonsum dermaßen einzuschränken wie das Rauchen.

Eine neue Idee ist es, das Nikotin nicht mehr über das Zigarettenrauchen zu sich zu nehmen, sondern durch eine elektrische Zigarette (E-Zigarette). Dabei findet kein Verbrennungsprozess statt, sondern es wird eine nikotinhaltige Flüssigkeit, das Liquid, häufig versetzt mit Aromastoffen mit einer elektrischen Heizspirale verdampft (Derks 2017). Es entstehen dadurch keine Asche und kein Rauchgeruch. Den Nikotingehalt kann jeder „Raucher" selbst festlegen, meist sind es 12 mg/ml. Gesund sind E-Zigaretten immer noch nicht, aber deutlich weniger gesundheitsbelastend, da außer Nikotin alle in Tab. 11.1 aufgezählten Stoffe wegfallen. Nach einer Studie der britischen *Cancer Research UK* vom Februar 2017 sind die toxischen Werte im Körper deutlich geringer als bei Rauchern. Die schädlichen Stoffe wie Teer, Kohlenmonoxid (Tab. 11.1) fallen weg, aber das prinzipielle Ritual des Rauchens bleibt erhalten. Denn es ist nicht nur das Nikotin, das süchtig macht, sondern auch der Vorgang des Rauchens selbst, der immer noch Selbstbewusstsein und Eigenständigkeit verströmt, es leichter macht zu anderen (Rauchern) Kontakt zu knüpfen und kleine Pausen zu füllen, Stress abzubauen und auf andere Gedanken zu kommen.

Literatur

Anonym (2000) Umfrage: Bauarbeiter rauchen am häufigsten – Fast jeder dritte Deutsche greift zur Zigarette. Der Tagesspiegel. http://www.tagesspiegel.de/weltspiegel/umfrage-bauarbeiter-rauchen-am-haeufigsten-fast-jeder-dritte-deutsche-greift-zur-zigarette/156060.html. Zugegriffen: 28. April 2018

Anonym (2017) Drogen- und Suchtbericht der Drogenbeauftragten der Bundesregierung. http://www.drogenbeauftragte.de/fileadmin/dateien-dba/Drogenbeauftragte/4_Presse/1_Pressemitteilungen/2017/2017_III_Quartal/Drogen-_und_Suchtbericht_2017_V2.pdf. Zugegriffen: 28. April 2018

Beck C (2005) Wie Pflanzen ihre Schädlinge austricksen. BIOMAX 17/2005. https://www.max-wissen.de/Fachwissen/show/4297?print=yes&seite=2. Zugegriffen: 28. April 2018

Beyer, J.-O. (2001) Die Kulturgeschichte des Tabaks – Eine Übersicht. Semesterarbeit, TU Berlin

Derks K-O (2017) Dampfen statt rauchen: Was man über E-Zigaretten wirklich wissen sollte. Abendzeitung München vom 01.06.2017. http://www.abendzeitung-muenchen.de/inhalt.dampfen-statt-rauchen-was-man-ueber-e-zigaretten-wirklich-wissen-sollte.4fb72c12-ec67-4ce4-aca3-e68c1b2d0283.html. Zugegriffen: 28. April 2018

Deutsche Krebsgesellschaft (2015) Basis-Information Krebs: Rauchen – Zahlen und Fakten. https://www.krebsgesellschaft.de/onko-internetportal/basis-informationen-krebs/bewusst-leben/rauchen-zahlen-und-fakten.html. Zugegriffen: 28. April 2018

FAOSTAT (2017) Production. Crops. Tobacco. http://www.fao.org/faostat/en/#data/QC. Zugegriffen: 28. April 2018

Heimler A (2001) Kaffee und Tabak aus kultur- und sozialgeschichtlicher Sicht – Gesellschaftliche Integration dieser Drogen im 17./18. Jahrhundert. Diplomarbeit, Bad Blankenburg; überarbeitet 2006. http://www.drogenkult.net/?file=text012&view=5. Zugegriffen: 28. April 2018

Hirst, K.K. (o. J.) Tobacco History – Origins and Domestication of Nicotiana. http://archaeology.about.com/od/tterms/qt/Tobacco-History.htm. Zugegriffen: 28. April 2018

Klingler K (2012) Inhaltsstoffe der Zigarette. RauchStoppZentrum Zürich. http://rauchstoppzentrum.ch/0189fc92f11229701/0189fc93040dae802/index.html. Zugegriffen: 28. April 2018

Lapp K-I (2000) Starker Tobak – Eine Kulturgeschichte des Rauchens. St. Galler Tagblatt vom 25.07.2000. http://www.hanfarchiv.ch/cgi-bin/a_text.cgi?16. Zugegriffen: 28. April 2018

Miedaner T (2017) Pflanzenkrankheiten, die die Welt beweg(t)en. Springer, Heidelberg

Schivelbusch W (2005) Das Paradies, der Geschmack und die Vernunft. Eine Geschichte der Genussmittel, 6. Aufl. S. Fischer, Frankfurt/Main

Springer R (1850) Berlins Straßen, Kneipen und Clubs im Jahre 1848. Unikum-Verlag, Barsinghausen (Nachdruck 2012)

Streller S, Roth K (2013) Starker Tobak – Unsere Lust und Last mit der Zigarette. Chem Unserer Zeit 47:248–268

WIKIPEDIA (2017) Stichworte: Nikotin, Schnupftabak, Tabak, Tabakanbau in Deutschland. Geschichte des Tabakkonsums. https://de.wikipedia.org/wiki/Wikipedia:Hauptseite. Zugegriffen: 28. April 2018

Wippersberg W (2010) Der Krieg gegen die Raucher: Kleine Kulturgeschichte der Rauchverbote. Promedia, Wien

Weiterführende Literatur

Brunold, R. (o. J.) Geschichte des Tabaks im Europa der Frühen Neuzeit und Moderne. http://www.geschichte-lernen.net/geschichte-des-tabaks-und-rauchens/. Zugegriffen: 28. April 2018

Hengartner T (1999) Tabak. In: Hengartner T, Merki CM (Hrsg) Genussmittel – Ein kulturgeschichtliches Handbuch. Campus, Frankfurt am Main, S 169–193

12

Exotische Gewürze – das Geheimnis des Lebkuchens

In den kleinen Säcken sind die guten Gewürze.
Sprichwort

Auch heute noch verbinden viele Menschen Weihnachten mit dem Geruch von Zimt, Anis und Kardamom. Warum das so ist und was das Ganze mit Weihnachten zu tun hat, ist eine spannende Geschichte. Gewürze waren der wichtigste Antrieb der Europäer im 15. Jahrhundert, sich mit relativ kleinen Segelschiffen in unbekannte Weltregionen aufzumachen. „Nur, wenn ich irgendwo viel Gold und Gewürze fände, würde ich mich aufhalten, um eine möglichst große Menge aufzuladen", soll Kolumbus 1492 gesagt haben. Exotische Gewürze waren in Europa spätestens seit den Kreuzzügen bekannt, aber sie waren sündhaft teuer, da sie meist arabische Händler über den Indischen Ozean heranschafften. Die Seestädte Venedig und Genua wurden als europäische Außenposten mit dem Gewürzhandel sagenhaft reich. Und genau deshalb verbinden wir heute noch exotische Gewürze mit Weihnachten. Wegen ihres hohen Preises konnten sie früher, wenn überhaupt, nur an den höchsten Feiertagen genossen werden. Und so entstanden Lebkuchen, Pfeffernüsse, Zimtsterne, Früchtebrot, die in ihrer besten Form ganz ohne Mehl hergestellt werden, nur mit Nüssen und exotischen Gewürzen – ein Schwelgen in teuersten Spezereien, wie Gewürze seit dem 14. Jahrhundert genannt werden (Abb. 12.1).

T. Miedaner, *Genusspflanzen*, https://doi.org/10.1007/978-3-662-56602-2_12

Abb. 12.1 **a** Die Vielfalt der Gewürze, von denen in diesem Kapitel nur die wichtigsten vorgestellt werden, **b** das Geheimnis des Lebkuchens: Zimt, Pfeffer, Muskatnuss, Piment, Kardamom, Sternanis und Nelken (von *links* nach *rechts*); **c** Gewürzstand in einem arabischen Basar. (WIKIMEDIA COMMONS-LordPeppersBest)

12.1 Herkunft, Botanik und Inhaltsstoffe

Gewürze sind heute v. a. dazu da, um den Geschmack von Gerichten zu verbessern oder raffinierter zu gestalten. Jedes Gericht hat eine ihm charakteristische Gewürzmischung, die sich freilich von Land zu Land unterscheidet. Die Fremdartigkeit der arabischen oder indischen Küche für uns beruht weniger auf anderen Grundlebensmitteln als auf den völlig unterschiedlichen Gewürzmischungen. Früher waren Gewürze auch wichtig, um Lebensmittel haltbar zu machen oder verdorbene Lebensmittel wieder genießbar. Damals unterschied man auch nicht zwischen Nahrungs- und Heilpflanzen; viele Apotheker machten aus den wertvollsten exotischen Gewürzen Arzneimittel und das mit Recht: Denn viele ihrer Inhaltsstoffe sind antibiotisch wirksam (Chili), andere verdauungsfördernd (Pfeffer, Kardamom), wieder andere verhindern Blähungen (Anis, Fenchel). Praktisch alle Gewürze sind appetitanregend. Und dazu verströmen sie meist noch einen betörenden Geruch.

Botanisch sind die Gewürzpflanzen nicht miteinander verwandt, sie stammen oft von völlig verschiedenen Arten und Gattungen ab und stellen ganz verschiedene Pflanzenteile dar (Tab. 12.1).

Anis (*Pimpinella anisum*) ist eines der wenigen europäischen Gewürze in dieser Aufzählung, wahrscheinlich stammt er von den Inseln der Ägäis. Allerdings wird er schon so lange kultiviert, dass keine Wildform mehr bekannt ist. Aus Griechenland kommen auch Samenfunde aus dem zweiten Jahrtausend vor Christus. Die Griechen nutzten ihn zum Brotbacken, mit den Römern wurde der Anis erstmals in der Feinbäckerei verwendet und so kommt er an Weihnachten in Süddeutschland heute noch vor, als Anisplätzchen und Springerle. Seine verdauungsfördernde Wirkung nutzt man auch als Ouzo in Griechenland, Pastis in Frankreich oder Raki in der Türkei. Sein wichtigster Inhaltsstoff ist das Anethol, ein wohlriechendes ätherisches Öl, das in besonders hoher Konzentration in den halbmondförmigen Teilfrüchten vorhanden ist.

Ingwer (*Zingiber officinale*; Abb. 12.2) ist eine uralte tropische Kulturpflanze, seine älteste Erwähnung stammt aus dem China des zweiten Jahrtausends vor Christus und den indischen Veden. Die Römer bezogen ihn aus Somalia und nutzten ihn zum Würzen von Fleisch; nach Mitteleuropa kam er durch die Kreuzzüge. Araber verbrauchen noch heute ein Vielfaches an Ingwer, verglichen mit uns, und in der fernöstlichen Küche ist er fester Bestandteil von Fleisch und Gemüse. In England und Skandinavien ist er ein beliebtes Weihnachtsgewürz („ginger bread") und wird im Winter auch als Ingwerbier, -limonade, -marmelade und -suppe genossen.

Tab. 12.1 Weihnachtliche Gewürze von A wie Anis bis Z wie Zimt

Gewürz	Pflanzenteil	Gattung	Herkunft
Anis	Samen	Doldenblütengewächs	Östliches Mittelmeer
Ingwer	Wurzel	Ingwergewächs	Südostasien
Kardamom	Samen	Ingwergewächs	Südasien
Koriander	Samen	Doldenblütengewächs	Östliches Mittelmeer
Muskat	Samen	Muskatgewächse	Molukken
Nelken	Blütenknospen	Myrtengewächs	Molukken
Pfeffer	Samen	Pfefferstrauch	Südwestindien
Piment	Samen	Myrtengewächs	Jamaika
Zimt	Rinde	Lorbeergewächs	Ceylon (Sri Lanka)

Abb. 12.2 **a** Muskatbaum (WIKIMEDIA COMMONS: Köhlers Medizinal-Pflanzen, 1883); **b** Pfefferpflanze im Gewächshaus; **c** Borke des Zimtbaums (WIKIMEDIA COMMONS: Marion Schneider & Christoph Aistleitner); **d** Ingwerpflanze (WIKIMEDIA COMMONS: Köhlers Medizinal-Pflanzen, 1883); **e** Ingwer wächst als unterirdischer Sproß (Rhizom); **f** unreife Knospen und Blüten des Gewürznelkenbaums (WIKIMEDIA COMMONS: tinofrey)

Abb. 12.2 (Fortsetzung)

Kardamom (*Elettaria cardamomum*) ist ebenfalls ein Ingwergewächs. In den Cardamom Hills, die sich im indischen Bundesstaat Kerala parallel zur Malabarküste hinziehen, wachsen die besten Früchte der Unterart *minuscula* (Malabar-Kardamom). Eine zweite Unterart *major* stammt aus Sri Lanka (Ceylon-Kardamom) und gilt als weniger wertvoll. Im Zweistromland war Kardamom schon um 3000 v. Chr. bekannt, kurz darauf in China. Er galt als Heilpflanze und wurde von den Römern zur Verdauungsförderung verwendet; heute ist medizinisch belegt, dass er die Bildung von Magensaft anregt. Die Araber setzen ihn dem Kaffee oder Tee zu, weil er auch aphrodisisch wirken soll. In modernen Fertigpräparaten aus der Apotheke wird er gegen Verdauungsbeschwerden, Blähungen und zur Anregung des Appetits eingesetzt. In Schweden und Deutschland ist er Bestandteil des Lebkuchens.

Koriander (*Coriandrum sativum*) ist eine einjährige, etwa 50 cm hohe Pflanze, deren Blätter dem Kümmel ähneln. Die Samen haben Ölstriemen auf der Oberfläche, die die Pflanze zum Gewürz machen. In Rom war es eines der wichtigsten Gewürze, das bis nach Germanien und Britannien exportiert wurde. Im frühen Mittelalter nur als Heilmittel eingesetzt, kam er im späten Mittelalter wieder in Mode und wurde zur Pflanze der Bauerngärten. Die Körner müssen rasch geerntet werden, da sie leicht abfallen. Im Mittleren Osten und Asien wird das ganze Kraut als Gewürz verwendet.

Muskatnuss und Muskatblüte sind zwei Gewürze des Muskatbaums (*Myristica fragrans*; Abb. 12.2), der etwa 10 m hoch wird. Beides ist botanisch nicht korrekt. Die sog. Muskatnuss ist botanisch der Teil des Samens einer Beere und die so genannte Muskatblüte (Mazis) ist der Samenmantel. Aus den weiblichen Blüten entwickeln sich nach einem Dreivierteljahr Früchte, die zur Reifezeit aufspringen. Muskat enthält ätherische Öle, die in höherer Konzentration berauschend wirken. Dafür verantwortlich sind v. a. Myristicin, Safrol und Elemicin, die als Halluzinogene bekannt sind und einen Zustand ähnlich eines Deliriums hervorrufen. Der Name stammt aus dem Französischen („noix muscat“) und bedeutet nach Moschus duftend. Die Portugiesen waren die ersten, die ab 1512 Muskatnüsse von den Banda-Inseln im heutigen Indonesien nach Europa einführten.

Nelken sind die Blütenknospen des Gewürznelkenbaums (*Syzygium aromaticum*; Abb. 12.2), die das ätherische Nelkenöl in Konzentrationen von bis zu 20 % enthalten. Sie sind bei der Ernte rötlich, werden aber zur Haltbarmachung einige Tage im Rauch getrocknet und dadurch schwarz. Der Nelkenbaum stammt aus derselben Gegend wie der Muskatbaum. Nelken kamen erstmalig mit den Römern nach Europa, die sie über Alexandria erhielten. Sie wurden das ganze Mittelalter hindurch wie eine Kostbarkeit gehandelt und sind unverzichtbarer Bestandteil von Glühwein und Lebkuchen. Wichtigste Anbaugebiete sind heute Sansibar, das zu Tansania gehört, und die südostasiatische Insel Ambon. Durch jahrtausendelange Kultivierung gibt es heute Sorten, die einen viel höheren Gehalt an Eugenol, dem Nelkenöl, enthalten (Tab. 12.2). Dazu kommen Eugenolacetat und β-Caryophyllen. Eugenol wirkt betäubend, deshalb kann man Gewürznelken gegen Zahnschmerzen kauen, sie beseitigen auch Mundgeruch.

Pfeffer war über Jahrhunderte das wichtigste und teuerste Gewürz. Es sind die Samen des Pfefferstrauchs (*Piper nigrum*; Abb. 12.2), der bis zu 15 m hoch wird und sich im tropischen Indien, v. a. an der südwestindischen Malabarküste wild an Bäumen emporrankt. Hier ist die Kultivierung schon vor der Zeitenwende bezeugt. Die Farbvarianten stellen nur unterschiedliche Reifegrade und Behandlungen dar. Grüner Pfeffer wird unreif geerntet und schmeckt fruchtig; trocknet man ihn, wird er schwarz. Dies ist die schärfste Variante. Reifen die Körner völlig aus, werden sie rot. Nach Fermentierung wird die Fruchtschale abgezogen und es entsteht weißer Pfeffer. Dies ist die mildeste Variante, weil die scharf schmeckende Substanz Piperin v. a. direkt unter der Fruchtschale gespeichert ist. Das Heer Alexanders des Großen brachte Pfeffer erstmals nach Europa und seitdem riss der damals äußerst lukrative Pfefferhandel nicht mehr ab. Bei Hippokrates ist Pfeffer Heilmittel und Aphrodisiakum zugleich.

Piment oder Nelkenpfeffer (*Pimenta dioica*) ist das einzige hier vorgestellte Gewürz, das aus der Neuen Welt stammt, v. a. aus Jamaika. Es ist ein breitkroniger, bis zu 20 m hoher Baum mit weißen Blüten, die in Rispen zusammenstehen. Die im Frühjahr entstehenden Blüten werden zu bräunlich-rötlichen Früchten, die als Gewürzkörner verkauft werden. Da sich das ätherische, stark würzige Pimentöl zur Reife verflüchtigt, müssen die Samen unreif geerntet und in Darröfen rasch getrocknet werden. Piment war schon den Azteken zur Würze ihres Schokoladengetränks bekannt und wird seit 1601 nach Europa

Tab. 12.2 Die wichtigsten Verbindungen einiger Gewürze und ihre Geruchsschwelle. (Roth 2010)

Verbindung	Geruch	Gewürz	Geruchsschwelle (µg/l Wasser)
α-Terpineol	Fliederartig	Kardamom	300
β-Caryophyllen	Nelken-, terpentinartig	Nelken, Piment (Mexiko)	70
Limonen	Zitrusartig	Kardamom, Nelken, Muskat	10
Linalool	Blumig, Maiglöckchen	Kardamom	6
Eugenol	Stark würzig, nelkenartig	Nelken, Zimt	1

exportiert. Der Geschmack ist eine merkwürdige Mischung von Pfeffer, Muskat, Nelken und Zimt und deshalb heute wichtiger Lebkuchenbestandteil.

Zimt ist die Rinde des Echten oder Ceylon-Zimtbaums (*Cinnamomum verum*; Abb. 12.2), der früher praktisch nur auf dieser Insel in großen Plantagen wuchs. Es gibt noch den Chinesischen Zimtbaum oder Kassia (*C. aromaticum*), dessen Rinde auch nach Zimt riecht, die jedoch heute als minderwertig gilt, weil sie eine größere Menge des gesundheitsschädlichen Kumarins enthält. Beim Ceylon-Zimt handelt es sich um die getrockneten und eingerollten inneren Partien der Rinde von Zweigen. Hier ist der charakteristische Zimtaldehyd enthalten, dessen Duft für uns heute untrennbar mit Weihnachten verbunden ist. Ein weiterer wichtiger Aromastoff ist besonders beim Ceylon-Zimt das auch in Gewürznelken vorkommende Eugenol (Tab. 12.2). Schon im 16. Jahrhundert vermischte man Zimt mit Zucker und kreierte die weihnachtlichen Zimtsterne, Zimtwaffeln und Zimtbrote.

Die Inhaltsstoffe der Gewürzpflanzen sind sekundäre Inhaltsstoffe, d. h. sie sind nicht unmittelbar lebensnotwendig für den pflanzlichen Stoffwechsel, sondern dienen meist als Abwehrstoffe gegen Fressfeinde und Mikroben oder Lockmittel für Insekten. Sie werden in Hohlräumen (Vakuolen) in der Zelle gespeichert, deren Membranschicht fast gasdicht sind, sodass sie nicht unnötig verdunsten können. Die Vakuolen können unter günstigen Umweltbedingungen so groß werden, dass sie nahezu die gesamte Zelle ausmachen. Deshalb können Pflanzen auch nicht beliebig hohe Mengen dieser Stoffe speichern. Eine Zimtstange riecht kaum, weil die Duftstoffe noch in den intakten Vakuolen eingeschlossen sind, erst beim Mahlen werden die Membranen zerstört und durch die große Oberfläche dampft der typische Zimtgeruch aus. Das Besondere an den Gewürzen ist, dass sie nicht nur charakteristisch schmecken, sondern auch intensiv riechen (Tab. 12.2).

Wir riechen Duftstoffe in der Riechschleimhaut der Nase. Dort befinden sich etwa 1000 Rezeptortypen, die jeweils unterschiedliche Düfte wahrnehmen. Durch diese vielen Rezeptoren können wir über 10.000 verschiedene Gerüche erkennen (Roth 2010). Damit Substanzen als Düfte wahrgenommen werden, müssen sie einen ausreichend hohen Dampfdruck besitzen. Dies ist immer dann der Fall, wenn sich der Duftstoff nicht im Wasser löst und ein niedriges Molekulargewicht hat. Die Düfte haben dabei eine sehr unterschiedliche Geruchsschwelle; das ist der Mindestgehalt, der in der Luft sein muss, um als Duft wahrgenommen zu werden. So braucht es ziemlich viel Kardamom, um den fliederartigen Duft zu riechen. Bei Eugenol dagegen genügen schon geringste Mengen (Tab. 12.2). Der Duft eines Gewürzes wird aber nicht von einer Einzelsubstanz, sondern immer von einem sehr komplexen Gemisch von Verbindungen erzeugt. Deshalb sind synthetische Düfte, die meist nur eine Hauptsubstanz enthalten, von Fachleuten deutlich von natürlichen Düften zu unterscheiden.

12.2 Lebkuchen sind exotische Gewürzmischungen

Diese teuren exotischen Gewürze wurden als Zeichen des Überflusses, den man sich nur zu Weihnachten gönnen konnte, zu Lebkuchen vermengt, möglichst mit wenig oder ganz ohne Mehl, denn Getreidebrei und Brot aß man ja schon das ganze Jahr über. Einen ersten Vorläufer des Lebkuchens kannten schon die alten Ägypter, das war ein mit Honig gesüßter Kuchen, auch in Rom war er zu allen Jahreszeiten beliebt.

Die Herstellung von Lebkuchen wurde zuerst in den Klöstern kultiviert, weil er als gesund, heilend, verdauungsfördernd und appetitanregend galt und deshalb auch in der Fastenzeit genossen werden durfte (Racz 2014). Damals wurde er noch nicht mit Zuckerguss oder Schokolade überzogen. Seine Rolle als Heilmittel illustriert eine Geschichte von einem Nürnberger Lebküchner, der seine schwerkranke Tochter Elisabeth durch Lebkuchen geheilt haben soll, die kein Mehl enthielten, sondern nur Honig und exotische Gewürze. Von ihrem Namen sollen die noch heute hergestellten Elisenlebkuchen abgeleitet sein, die höchstens 10 % Mehl enthalten (Abb. 12.1).

In Ulm ist der Begriff Lebzeltner, d. h. Lebkuchenbäcker, zum ersten Mal 1296 als der Name einer Patrizierfamilie urkundlich erwähnt. In einem Rechnungsbuch von 1395 taucht der erste Lebkuchner als Beruf in Nürnberg auf. Damals hatten schon die großen Handelsstädte die Lebkuchenherstellung übernommen, deren Bürger ihren Reichtum zeigen wollten, und die gleichzeitig Schnittpunkt des Gewürzhandels waren, der damals v. a. über Venedig und Genua abgewickelt wurde. Neben Nürnberg gehörten dazu Augsburg, Ulm, Köln und Basel.

Als Pfefferkuchen wird eine Art des Lebkuchens bereits ebenfalls 1296 in Ulm erwähnt. Pfeffer war damals der Sammelbegriff für alle Gewürze, die in dem Heilkundesystem der Mönche als magenfreundlich eingeordnet waren. Später würzten sie ihr „panis piperatus" (Pfefferbrot) mit allem, was sie über Venedig beziehen konnten: Kardamom und Muskat, Zimt und Ingwer, Anis und Koriander, Nelken und natürlich schwarzem Pfeffer. Lebkuchen war nicht nur wegen seines exotischen Geschmacks, sondern auch wegen seiner langen Haltbarkeit beliebt. Er konnte Monate gelagert werden und wurde dann in schlechten Zeiten an die Armen verteilt. In München wird 1370 im Steuerverzeichnis ein Lebzelter aufgeführt. Seit 1441 gab es in Nürnberg sogar eine Gewürzschau, die für die Qualität der angelieferten Gewürze zuständig war. Auch damals gab es schon Betrüger, die gemahlene Gewürze beispielsweise mit Schießpulver mischten, um sie schwerer zu machen oder sie mit Blättern von Allerweltskräutern streckten.

Tipps für perfekte Gewürze

- Gewürze sollten vor der Verwendung immer frisch gemahlen werden, dann schmecken und riechen sie viel intensiver. Vorsicht ist beim Zerreiben frischer Nelken geboten, da diese sehr intensiv duften.
- Die Inhaltsstoffe sind chemisch sehr reaktiv und empfindlich gegen Wärme, Licht und Sauerstoff. Deshalb müssen Gewürze in lichtgeschützten, luftdicht verschlossenen Gefäßen kühl aufbewahrt werden.
- Selbst bei guter Lagerung haben auch unzerkleinerte Gewürze eine begrenzte Haltbarkeit von vier bis fünf Jahren.

Am Anfang gaben die Lebküchner ihren Teig zum Bäcker, um ihn dort backen zu lassen. Dieses wurde aber 1629 in der Nürnberger Lebkuchenverordnung verboten; es heißt darin: „Jeder Lebküchner soll seinen eigenen Rauch haben", d. h. seinen eigenen Ofen und seine eigene Backstube. In vielen Urkunden wurde die Tätigkeit und der Umfang der seit 1643 zu einer Zunft zusammengeschlossenen Lebküchner genau festgelegt. Später wurden sie zum gesperrten Gewerbe: Nur Nürnberger Bürger durften das Handwerk ausüben, das Auswandern war den Meistern verboten, um das Geheimnis innerhalb der Stadtmauern zu halten, die Gesellen durften nicht auf die sonst übliche Wanderschaft gehen.

Heute gehört der Lebkuchen zu Weihnachten wie Nikolaus und Christkind. Das weiche Gebäck, das mit der Zunge zerdrückt werden kann, der würzig-süße Geruch und der spezielle, aromatische Geschmack sind unvergleichlich und bleiben als Kindheitserinnerung für das ganze Leben. Das intensive Aroma entsteht durch das Zusammenspiel der vielen Gewürze, die einen Hauch von Exotik in unsere Küche bringen: Zimt, Kardamom, Piment, Ingwer, Nelken, Anis, Muskat, Koriander und Fenchel – ein Genuss im wahrsten Sinne des Wortes.

12.3 Schon die Römer würzten kräftig

Auch wenn der eigentliche Lebkuchen erst im Mittelalter erfunden wurde, kannten schon die Römer exotische Gewürze. Sie bezogen sie seit der Mitte des 2. Jahrhunderts v. Chr. durch den zunehmenden Seehandel aus der Levante, der Küste des heutigen Israels, Palästinas und Syriens. Als 31 n. Chr. Ägypten in die Hand der Römer fiel, hatten sie direkten Zugang zum Roten Meer und intensivierten den Gewürzhandel der frühen Araber. Hier sahen die Römer die Heimat aller morgenländischen Gewürze und Gerüche, nannten das Land deshalb *Arabia felix*, glückliches Arabien und hielten es für unermesslich reich. In Wahrheit waren die Araber aber nur Zwischenhändler, die wohlweislich jahrhundertelang die wahre Herkunft der Gewürze aus dem heutigen Indien verschwiegen und stattdessen allerhand Märchen erzählten, um ihr Monopol nicht zu gefährden. Durch die Ausdehnung des Reichs bis nach Südägypten und zum Persischen Golf kannte man in der römischen Kaiserzeit (27 v. Chr. bis 284 n. Chr.) aber sehr wohl die Herkunft der tropischen Gewürze Zimt, Kassia, Nelken, Galgant, Ingwer, Muskat und Pfeffer aus Indien, obwohl einige auch aus Südostasien stammten. Sie gelangten mit Karawanen über die Seiden- oder Weihrauchstraße (s. Kap. 13) und v. a. auf dem Seeweg über das Rote Meer in den Mittelmeerraum (Abb. 12.3). Durch den Handel mit indischem Pfeffer sind Memphis, Theben und Alexandria reich geworden. Und der Historiker Strabo berichtet von großen Flotten, die damals vom Roten Meer aus nach Ostafrika und Indien unterwegs waren. Trotzdem blieben die Araber mit ihren kleinen wendigen Schiffen, mit denen sie den Indischen Ozean kreuzten, Weltmarktführer, denn sie brauchten im Gefolge des Monsuns seit dem 1. Jahrhundert n. Chr. nur die halbe Zeit verglichen mit den schwerfälligen römischen Galeeren, die die Küsten entlangfahren mussten. Später drangen arabische Kaufleute bis Kalkutta, Malakka und China vor und konnten so die Preise diktieren. Auch bei den Römern waren exotische Gewürze hochbesteuerte Luxuswaren. Trotzdem werden in dem Kochbuch des Apicius, das zwischen 350 und 450 n. Chr. zusammengestellt wurde, mindes-

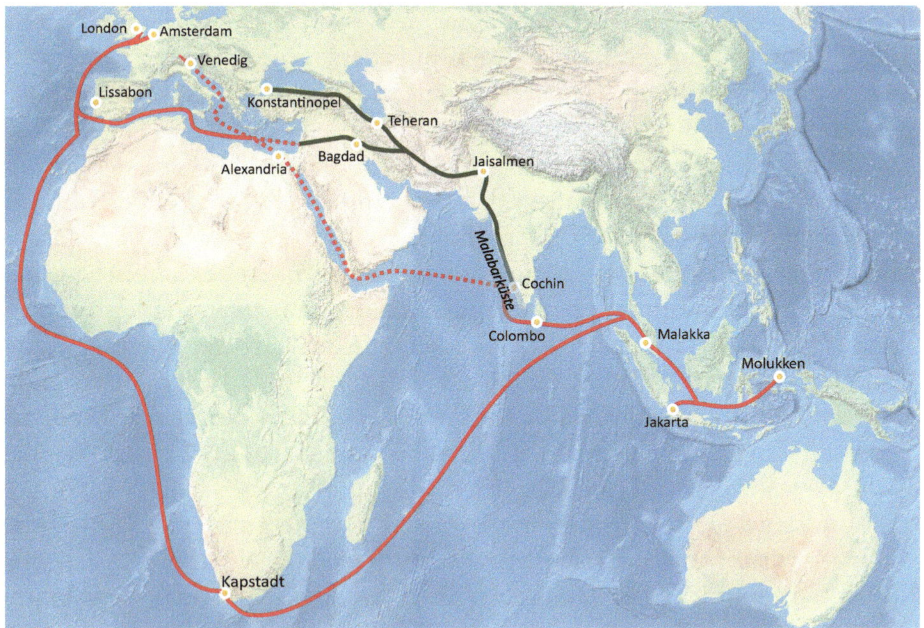

Abb. 12.3 Die wichtigsten Routen des Gewürzhandels zur See (*rot*) und zu Land (*grün*) von der Römerzeit bis zum Mittelalter (*gestrichelt*) und in der Neuzeit (*durchgezogen*). (Nach Spahni und Bruggmann 1991)

tens 80 Gewürze erwähnt, wobei der Pfeffer, der 482-mal gebraucht wird, an erster Stelle steht. Die Römer liebten es also kräftig.

12.4 Eine gewürzverrückte Zeit

Es ist heute unglaublich, in welchen Mengen im späten Mittelalter Gewürze verwendet wurden. Für ein Essen mit 40 Teilnehmern wurden Zimt, Gewürznelken, Pfeffer, Muskat und andere in Pfund angegeben, Safran immerhin noch in Unzen. Als der König von Schottland 1194 dem König von England die Aufwartung machte, erhielt er zwei Pfund Pfeffer und vier Pfund Zimt – täglich! Das sind Mengen, die nicht mit vernünftigem Würzen zu erklären sind und nicht einmal mehr von einem ganzen Hofstaat verzehrt werden können. Offensichtlich spielten Gewürze hier die Rolle von Prestigeobjekten, man wollte zeigen, wie unendlich reich man war. Denn teuer waren die Gewürze allemal, so teuer, dass sie sich in diesen Mengen nur Könige und Päpste leisten konnten und selbst für geringere Mengen musste man schon sehr reich sein. Sicher spielten bei den alten Überlieferungen auch gezielte Übertreibung und

Desinformation eine Rolle. Die „Tollheit der Gewürze" nennt der französische Sozialhistoriker Fernand Braudel das völlig überzogene Verhalten des europäischen Adels und Klerus, Gewürze betreffend.

Das Verlangen nach Gewürzen begann mit den Kreuzzügen im 11. Jahrhundert. Eigentlich wollte man nur die alten Stätten des Christentums im heutigen Israel und Palästina von den Arabern befreien, aber in der Jahrhunderte währenden Odyssee von Kreuzfahrern nach Osten bleibt es nicht aus, dass vieles von der damaligen kulturellen Überlegenheit der arabischen Welt nach Europa schwappte: die arabischen Zahlen, Buchhaltung, Astronomie und Mathematik, aber auch Luxusartikel, wie Seide, Samt, Damast, Baldachin und Teppiche. In erster Linie sind es die Gewürze, die die Europäer des Mittelalters faszinierten. Und sie nahmen sie in einer Weise an, die heute nur noch mit dem Sammeln von Luxusuhren zu vergleichen ist. Gewürze wurden säckeweise gehortet, gesammelt, verschenkt und gegessen. Die Speisen verschwanden geradezu unter Gewürzen und an besonders reichen Tafeln wurden sie sogar pur herumgegeben, wie heute eine Käseplatte. Und schließlich wurde auch noch der Wein mit Muskat, Zimt, Kardamom gewürzt. Nelken und Zimt waren zeitweise so wertvoll, dass sie mit Gold aufgewogen wurden.

Die große Bedeutung des Pfeffers ...

findet sich noch heute in zahlreichen Sprüchen und Redensarten wieder. Die Exotik des Pfeffers war wegen seiner unklaren Herkunft, seiner starken Wirkung und seinem hohen Preis sprichwörtlich. Deshalb gibt es Wendungen wie „eine gepfefferte Rechnung" oder „Pfeffersäcke" als Schimpfwort für reiche Kaufleute. Da der Pfeffer von weit her kam, pflegt man heute noch unliebsame Zeitgenossen „dahin zu wünschen, wo der Pfeffer wächst". Diese Redensart wurde schon von Thomas Murner in der *Narrenbeschwörung* 1512 verwendet. Auf die Schärfe des Gewürzes spielen die Sprüche „Pfeffer im Hintern haben" bzw. „jemandem Pfeffer in den Hintern blasen" an. Dies geht vielleicht auf Praktiken betrügerischer Pferdehändler zurück, die alten Mähren Pfeffer in den After rieben, um sie lebhafter und feuriger erscheinen zu lassen. Auch ein „gepfefferter Witz" oder „etwas in die Ecke pfeffern" gehören in diese feurige Kategorie. Auf seine vermeintliche Rolle als Aphrodisiakum spielt das umgangssprachliche „Pfeffer stoßen" im Sinn von Geschlechtsverkehr an oder das bewundernde „scharf wie Pfeffer", wenn es um eine Bettgefährtin geht. Und bei Vigil Raber wünscht sich 1510 eine einsame Frau einen jungen (Mann), „der mir die lange weile vertreibt/und mir zu der nacht den pfeffer ein reibt".

Die arabische und indische Küche ist heute noch reich an Gewürzen, auf den orientalischen Märkten werden sie in Säcken angeboten und zu Pyramiden gehäuft zur Schau gestellt. Dies hängt mit dem Fernhandel des frühen Mittelalters zusammen (Abb. 12.3). Die meisten Gewürze stammen aus Indien oder Südasien; die Molukken, eine Inselgruppe, die heute zu Indonesien gehört, galten als Inbegriff der Gewürzinseln. Von dort brachten chinesische und malaiische Boote die kostbaren Genussmittel zu den großen Umschlaghäfen Jakarta und Malakka. Größere Schiffe fuhren die Gewürze bis nach Colombo auf der Insel Ceylon und dann nach Cochin an der indischen Malabarküste. Von dort gelangten die exotischen Genüsse über den Golf von Aden auf die arabische Halbinsel und über das Rote Meer zur Landbrücke von Suez. Von dort wurden Pfeffer & Co. nach Osten Richtung Syrien und nach Westen nach Alexandria transportiert, von venezianischen Händlern aufgekauft und übers Mittelmeer verschifft.

Diese Gewürzstraße war damals eine der bedeutendsten Handelsstraßen der Welt, um deren Kontrolle sich die Anrainer immer wieder blutige Kämpfe und Kriege lieferten. Die Zolleinnahmen und die Versorgung der Kaufleute mit Nahrung und Unterkunft waren einfach zu lukrativ. Über 2000 Jahre hinweg verband die Gewürzstraße den Fernen Osten mit dem Westen. Der Gewürzhandel machte Venedig und später auch Genua unermesslich reich und damals entstanden die prächtigen Palazzi, die wir heute noch bewundern. Die Blütezeit der Stadtrepubliken fällt in die Zeit des höchsten Gewürzverbrauchs, vom 12. bis zum 16. Jahrhundert. Von Venedig erfolgte dann entweder der mühsame Transport über die Alpen, deren Pässe damals oft über ein halbes Jahr schneebedeckt waren, bis zu den mitteleuropäischen Märkten. Deshalb verlegten sich die Venezianer schon früh auf den Seehandel mit Gewürzen, fuhren gen Westen und belieferten die ganze Mittelmeerküste. Sie segelten durch die Straße von Gibraltar bis nach London und Amsterdam, die wichtigsten Umschlagsplätze für das nördliche Europa.

Der Landweg startete von Cochin aus (Abb. 12.3). Lange Karawanen, die monatelang unterwegs waren, zogen die indische Küste entlang bis Jaisalmen, dann über das Industal aufwärts über den 1070 m hohen Khaiberpass nach Kandahar in Afghanistan. Hier teilten sich die Routen nach Norden Richtung Russland und nach Westen entweder über Teheran bis nach Konstantinopel (heute Istanbul) oder über Bagdad an die syrische Küste. Dort übernahmen wiederum venezianische Händler die wertvolle Ware. Die raffinierten und stets auf ihren Vorteil bedachten Venezianer hatten schon im 11. Jahrhundert mit Byzanz einen Beistandspakt abgeschlossen und entsandten ihre Vertreter nach Aleppo, Damaskus, Tyros und Sidon im heutigen Syrien bzw. Libanon. Natürlich handelten die Venezianer nicht nur mit Gewürzen, sondern auch mit orientalischen Duftstoffen, wie Weihrauch oder Benzoe (s. Kap. 13), mit Seidenstoffen und Edelsteinen.

Die aus Asien eingeführten Gewürze wurden schon unterwegs mit hohen Steuern belegt und der Handel streng kontrolliert. Jede islamische Stadt, die mit Gewürzen handelte, verfügte über ein Viertel, den „Fonduk", das den Fremden vorbehalten war. Sie mussten aber hohe Zölle für die erworbenen Waren entrichten.

Im Mittelalter verbanden die Menschen mit den tropischen Gewürzen eine damals eigentlich unvorstellbare Exotik, die nur noch mit den Bildern des biblischen Paradieses in Einklang gebracht werden konnten. Die poetisch beschriebenen Gärten waren nach ihrer Vorstellung erfüllt mit betäubenden Düften von Zimt, Muskat, Ingwer und Nelken, Gewürze, die kaum ein normaler Mensch damals zu Gesicht bekam.

Doch Gewürze waren auch ganz profan Handelsgüter, die damals wertvollsten der Welt. Die Gewinnspannen, die erzielt wurden, würden heute noch Investoren die Freudentränen in die Augen treiben. Von Asien bis nach Deutschland verteuerte sich beispielsweise der Pfeffer zeitweise um das 30fache. Der Großkaufmann Anton Fugger soll angeblich 1530 vor Kaiser Karl V. dessen Schuldscheine in einem Feuer aus Zimtstangen verbrannt haben, um seine Großzügigkeit und ganz nebenbei auch seinen Reichtum zu demonstrieren. Das Wort von den Pfeffersäcken entstand damals als Synonym für reiche, meist wohlbeleibte Kaufleute, die mit dem Pfeffer- und Gewürzhandel ihr Vermögen machten.

Im 15. Jahrhundert wird es schließlich kritisch, was die Versorgung Europas mit Gewürzen angeht. Die Nachfrage nach Gewürzen erreicht nie gekannte Ausmaße. Auch das reich gewordene Bürgertum in den Städten eifert jetzt dem Adel nach, die Pfeffersauce wird Bestandteil der bürgerlichen Küche. Dadurch kommt der Handel mit dem endlos langen Transportweg über 10.000 km, der viele Monate in Anspruch nimmt, unter Druck, es können nicht mehr genügend Gewürze herangeschafft werden. Außerdem erheben die Mamelucken in Ägypten und die in Konstantinopel (später Byzanz) zu neuen Herrschern aufgestiegenen Osmanen enorme Zölle auf die Luxuswaren. Die europäischen Seefahrernationen sinnen auf Abhilfe und der Seeweg nach Indien wird zu einer fixen Idee.

12.5 Die ganze Welt erobern ... wegen Gewürzen

Die Geschichte der Gewürze ist reich an Geschichten und Geschichte, aber auch an Intrigen, Kriegen und Verbrechen. Vom ersten Zeitpunkt an als die Europäer begannen, mit Segelschiffen die alten Routen im Mittelmeer und Nordatlantik zu verlassen, ging es nur um den Besitz von Gewürzen, die Gier nach Gold kam erst später dazu. Als am 3. August 1492 Kolumbus mit drei Schiffen unter spanischer Flagge ins Unbekannte fuhr, wollte er einen neuen

Seeweg nach Indien finden und Seide, Pfeffer, Zimt und Nelken in Hülle und Fülle mit nach Hause bringen.

Die Portugiesen segelten in die Gegenrichtung, umrundeten dabei Afrika und fuhren dann nordostwärts bis Indien. Vasco da Gama kam 1498 so nach zehnmonatiger Fahrt tatsächlich an die Malabarküste, dem heutigen Kappad Beach und Eldorado der Gewürze (Abb. 12.3). Seine Heimreise sollte aufgrund widriger Verhältnisse fast eineinhalb Jahre dauern. Die Gewürze, die er in Indien für wenig Geld erworben hatte, verkauften Händler mit riesigem Gewinn. Ab jetzt segelten portugiesische Schiffe regelmäßig über diese neue Route nach Indien und erwarben durch rücksichtsloses Kriegstreiben und die aggressive Bekämpfung der arabischen Konkurrenz das Monopol auf europäische Gewürze. Portugal wurde für rund ein Jahrhundert zu einer der mächtigsten Handelsnationen, während sich der Erzrivale Spanien auf Amerika konzentrierte und von dort v. a. Gold mitbrachte. Venedig verlor als Handelsstadt immer mehr an Bedeutung. Den Plan von Kolumbus durch eine Fahrt nach Westen Indien zu erreichen, verwirklichte dann rund 30 Jahre später der zur spanischen Krone übergelaufene portugiesische Abenteurer Fernando Magellan. Er segelte um Kap Hoorn und erreichte schließlich nach gut eineinhalb Jahren die sagenhaften Gewürzinseln (Molukken) im Südpazifik. Er wurde im Kampf mit Eingeborenen getötet; seine Schiffe brachten aber 600 Zentner Gewürze mit zurück. Doch diese Route war zu lang und zu gefährlich und die Portugiesen fuhren weiter sehr erfolgreich um Südafrika herum. Im Jahr 1511 entrissen sie den Arabern die Stadt Malakka im heutigen Malaysia, die eine entscheidende Zwischenstation an der Gewürzstraße war und einen sicheren Hafen bot (Abb. 12.3). Um die Preise für die Gewürze hoch zu halten, beschränkten sie den Anbau, indem sie regelmäßig die Jungtriebe abschneiden ließen und die Ernte streng überwachten. Doch es half nichts, die Kolonien der Portugiesen waren zu ausgedehnt, um sie letztlich dauerhaft beherrschen zu können. So besiegten die Engländer mit Unterstützung des Schahs von Persien 1622 die Portugiesen in der Schlacht von Hormuz und sie mussten den blühenden Handelsplatz aufgeben. Damit wurde ihnen die Ostasienroute praktisch verschlossen und den Engländern stand der Weg zum Paradies der Gewürze offen.

Zwischen dem 16. und 19. Jahrhundert kämpften die Portugiesen, Niederländer und Engländer erbittert um die Vorherrschaft im Gewürzhandel, lieferten sich Gefechte um jede einzelne Insel. Die Niederlande profitierten zunächst indirekt vom portugiesischen Boom: Sie trieben Handel zwischen Lissabon, Antwerpen und Amsterdam. Doch als sie 1602 mit der Vereinigten Ostindischen Companie (VOC) die erste Aktiengesellschaft der Welt schufen, und mit ihren hochgerüsteten Schiffen aufbrachen, wurden sie zur Gefahr. So hatten sie schon ein paar Jahre später den ganzen Molukkenarchipel besetzt. Bis zum Ende des 18. Jahrhunderts konnten die Niederlande das Monopol auf Zimt aus Ceylon, Muskatnuss und Gewürznelken der Molukken halten. Die als Gewürz verwendeten Samen machten sie bei der Ausfuhr durch Kalk und Seewasser unfruchtbar. Die VOC stieg zur reichsten Firma der damaligen Welt auf und zahlte nach Roth (2010) ihren Aktionären fast 200 Jahre lang 18 % jährliche Rendite, auf Kosten der Einheimischen.

Doch zwischen 1770 und 1772 gelang es den Franzosen, Muskat- und Nelkenbäume in ihre eigenen Kolonien zu schmuggeln und dort heimisch zu machen. Sie sandten den Botaniker Pierre Poivre, was sinnigerweise übersetzt Peter Pfeffer heißt, der chinesisch und malaiisch sprach und von den Einheimischen Setzlinge und Samen beschaffen konnte. Zwei Schiffe landeten am 24. Juni 1770 mit 400 Muskatbäumen, 10.000 Muskatnüssen und 70 Gewürznelkenbäumen auf Mauritius und die Franzosen brachten auch Pflanzen in ihre anderen Kolonien, bis nach Französisch-Guyana in Südamerika. In Kambodscha und Französisch-Indochina, dem heutigen Vietnam, legten sie Pfefferplantagen an. Das war der Anfang vom Ende des holländischen Gewürzmonopols. Währenddessen vertrieben die Engländer 1796 ohne große Mühe die Portugiesen von Ceylon und bauten die wilden Zimtbäume in Plantagen an. Als diese neuen Plantagen erstmals größere Erträge lieferten, begannen die Preise auf den europäischen Märkten Anfang des 19. Jahrhunderts dramatisch zu sinken.

Die Briten nutzten ihre Vormachtstellung, um die wertvollsten Gewürze auch an anderen Orten anzubauen, so die Muskatnuss auf der Insel Penang/Malaysia und in Singapur, das sie 1819 eroberten und zum Tor des Ostens machten. Sie besetzten 1842 Hongkong und verleibten es sich ihrer Krone ein; es entwickelte sich zu einem wirtschaftlichen Zentrum und Freihafen. Im Jahr 1890 wurde die Insel Sansibar vor der ostafrikanischen Küste britisches Protektorat. Weil ein arabischer Diener dem einheimischen Sultan Gewürznelkensetzlinge aus der französischen Kolonie Mauritius und La Réunion schenkte, begann man auch auf Sansibar mit dem Anbau. Die Engländer begrüßten das freudig, unterstützten die Pflanzer durch Prämien und nach kurzer Zeit stieg Sansibar zu einem der führenden Produzenten von Nelken auf. Ähnlich erfolgreich war die Einführung der Pfeffersträucher von der indischen Malabarküste nach Singapur und Sumatra.

Nicht immer gelangen solche botanischen Bravourstücke. Man hatte damals einfach viel zu wenig Wissen über die speziellen Bedingungen der exotischen Gewürzpflanzen. So wurde die Einführung der Muskatnuss in das heutige Malaysia durch die Engländer zur Katastrophe, weil 1860 eine Pilzkrankheit die Plantagen völlig zerstörte. Ähnlich desaströs endete die erste Einführung von Muskatnuss- und Gewürznelkenbäumen auf die Insel La Réunion, weil 1806 ein heftiger Wirbelsturm sämtliche Kulturen vernichtete. Manchmal gelang die Einführung, aber die Qualität der Gewürze stimmte nicht. So erging es den Franzosen mit ihren in Kambodscha und dem heutigen Vietnam angelegten Pfefferplantagen. Die Pflanzen wuchsen zwar sehr gut, sie erreichten aber nie die Qualität der englischen Pfeffersträucher. Ähnlich ging es den Holländern mit ihren auf Java angelegten Zimtplantagen; sie mussten ihn zu unschlagbar niedrigen Preisen anbieten, weil er in Geruch und Geschmack nicht mit dem Zimt aus Ceylon konkurrieren konnte, obwohl es sich um denselben Baum handelte. So war die Gier nach Gewürzen der Beginn einer Globalisierung, wenn auch unter der Vorherrschaft der Kolonialherren, die die Einzigen waren, die daraus ihren Gewinn zogen, und zulasten der einheimischen Bevölkerung.

Allmählich verloren im 19. Jahrhundert die Gewürze ihre Bedeutung als Kolonialwaren. Früher der Grund blutiger Kriege zwischen den Staaten, gab es jetzt ein Überangebot, da sie in allen tropischen Regionen angebaut wurden. Der Handel mit den Gewürzen war nicht mehr so einträglich, die Gewinnspannen wurden immer niedriger und Gewürze in Europa auch für Arbeiterhaushalte erschwinglich. Dass heute in fast jedem Haushalt eine Pfeffermühle steht und Nelken, Zimt und Kardamom bester Qualität für ein paar Euro zu haben sind, ist auch eine Auswirkung der Globalisierung, die wiederum auf die Kosten der Erzeuger geht.

12.6 Die Samen des Paradieses ... und ihre traditionelle Gewinnung

Bereits im europäischen Mittelalter wurden die teuren, exotischen Gewürze mit dem Paradies in Verbindung gebracht. Die Venezianer nannten schwarzen Pfeffer Samen des Paradieses und für die Araber symbolisierten alle Gewürze den Duft des Paradieses. Die Kurzvorstellung der Gewürze im ersten Abschnitt lässt bei Weitem nicht die botanische Vielfalt und das Know-how erkennen, das man braucht, um Gewürzpflanzen anzubauen, ihre Produkte zu gewinnen und traditionell zu verarbeiten. Deshalb sollen hier einige Gewürze noch etwas näher beleuchtet werden: Pfeffer, Muskatnuss, Zimt und Kardamom (Abb. 12.4).

Pfeffer braucht zum Gedeihen feuchtheißes Klima mit 2000–3000 mm Niederschlag im Jahr. Er schätzt als Kletterpflanze den kühlen Halbschatten locker stehender Bäume. Die Vermehrung erfolgt durch Stecklinge oder durch Aussaat. Bei der Stecklingsvermehrung entstehen schon nach drei Jah-

Abb. 12.4 Die drei Formen des Pfeffers

ren erntereife Pflanzen, bei der Samenvermehrung dauert es sechs bis sieben Jahre. Die Jungpflanzen werden nach einigen Monaten in die Plantage verpflanzt und mit einer Stütze versehen, an der sich der junge Pfefferstrauch hochrankt. Die Triebe der Sträucher köpft man in etwa zwei Meter Höhe, damit sie sich leichter ernten lassen. Vier Monate nach der Blüte sind die Früchte erntereif und häufig kann zweimal im Jahr geerntet werden. Jeder erwachsene Pfefferstrauch liefert zwei bis drei Kilogramm getrocknete Samen. Anbaugebiete sind heute Indien, Sri Lanka, Sumatra, Java, Borneo, Malaysia und das südostasiatische Festland. Die besten Qualitäten stammen immer noch von der indischen Malabarküste, wo schon Marco Polo den Pfeffer in Plantagen wachsen sah. Die Beeren wachsen in langen Trauben. Jede Beere enthält ein Pfefferkorn. Zum Ernten benutzen die Pflücker Leitern. Die geernteten grünen Pfefferbeeren werden traditionellerweise in Strohschalen zum Trocknen ausgelegt und verfärben sich dabei schwarz.

Zimt wächst als Rinde an dem Ceylon-Zimtbaum, der äußerlich dem Lorbeer ähnelt. Er kommt heute in einer weiten Region von Südindien über Südostasien und Indonesien bis nach China vor, selbst in der Karibik und Brasilien wird er angebaut. Die besten Qualitäten kommen jedoch immer noch aus Sri Lanka (früher Ceylon), wo er bis in eine Höhe von 1000 m wächst. Er benötigt tropische Temperaturen von 25–30 °C, Niederschläge von mindestens 2000 mm je Jahr und einen sandigen Boden. Vermehrt wird der Zimtbaum durch Aussaat, Stecklinge oder Ableger. Dabei wird die Rinde eines Seitentriebs eingeschnitten und mit der Schnittstelle in den Boden gegraben. Dort bewurzelt sich die verwundete Stelle und es entsteht eine neue Pflanze.

Die Plantagen benötigen keine besondere Pflege, sie sind als dichte Baumschulen angelegt, die gelegentlich gehackt, gejätet und gedüngt werden. Die Bäume werden regelmäßig geschnitten, sodass sie Seitentriebe bilden, von denen dann die Rinde abgenommen wird. Geerntet wird während des Monsuns, weil sich bei Nässe die Rinde der etwa zweijährigen Triebe leichter ablöst. Von den abgelösten Streifen schabt man vorsichtig die oberste Rindenschicht ab und schneidet sie in etwa 30 Zentimeter lange Stücke, die im Schatten, in Matten eingeschlagen, fermentieren und langsam trocknen. Dabei rollen sich die Streifen zu Röllchen ein. Beste Qualitäten entstehen nicht aus der äußeren Rinde, sondern dem direkt darunterliegenden Bast, der saftführenden Schicht des Baums, der den höchsten Gehalt an ätherischen Ölen enthält.

Muskatnuss war zu allen Zeiten ein besonders wertvolles Gewürz. Und noch dazu ein besonders kompliziertes. Die Frucht ähnelt einer Aprikose mit bis zu 5 cm Durchmesser. Reife Früchte springen von allein auf und geben den großen Samen frei, der in einer rötlichbraunen, harten Schale steckt (Abb. 12.2). Diese ist von einem durchbrochenen, violett-roten Samenmantel bedeckt, der als Mazis oder Muskatblüte in den Handel kommt und mehr ätherische Öle enthält als die Nuss selbst. Der Mazis wurde früher von Hand mit einem Messer abgelöst und getrocknet. An die in den Handel kommende Nuss kommt man nur heran, wenn die ganzen Samen getrocknet und dann die harten Schalen geknackt werden, traditionell von Hand mit einem Holzhammer. Die geschälten Muskatnüsse taucht man nach der Sortierung in eine Kalklösung, um sie vor Schädlingsbefall zu schützen. Die Nuss sollte vor der Verwendung als Gewürz immer frisch gemahlen werden, da Geruch und Geschmack leicht verfliegen.

Die immergrünen Muskatbäume wachsen heute noch auf den Molukken, v. a. auf den Banda-Inseln, aber auch auf anderen Inseln. Dies ist ihr vermutetes Herkunftsgebiet. Heute werden sie auch in Indonesien, Neuguinea, Malaysia, Singapur, Bengalen sowie in Südamerika auf den Antillen und in Brasilien angebaut. Auf den Molukken kann aufgrund des günstigen Klimas zweimal im Jahr geerntet werden, im Juni und Oktober. Die Bäume sind zweihäusig, d. h. es gibt männliche und weibliche Bäume. Auf den Plantagen werden v. a. die weiblichen Bäume kultiviert mit ein paar Männchen zur Bestäubung dazwischen. Der einzelne Baum trägt das ganze Jahr über ständig Blüten und Früchte unterschiedlicher Entwicklungsstadien. Die übliche Vermehrung erfolgt aus den Samen, also den Nüssen mit der harten Samenschale. Die Nüsse bleiben nur acht bis zehn Tage keimfähig, wenn sie beim Schütteln klappern, sind sie bereits eingetrocknet. Sie werden nur teilweise in die Erde gesetzt, ins Dunkle gestellt und mit Plastikfolie abgedeckt. Nach vier bis acht Wochen erfolgt die Keimung. Der Muskatnussbaum bevorzugt Temperaturen zwischen 20 und 30 °C und braucht als Jungpflanze Schatten. Die erste Ernte gibt es mit 8 Jahren, mit etwa 15 Jahren erreicht der Baum den maximalen Ertrag.

Kardamom ist eine mehrjährige krautige Pflanze, die rund 2,5 m hoch wird. Die grünlich schimmernden Samenkapseln werden als Gewürz verwendet, sie enthalten rund ein Dutzend Samen. Die Kapseln müssen kurz vor der Reife abgenommen werden, da sie sonst aufspringen und die Samen freilassen. Deshalb werden sie einzeln abgeschnitten, um noch unreife Kapseln und die neuen Blüten nicht zu beschädigen. Pro Hektar bringt ein Kardamomfeld rund 2000 kg Früchte, die beim Trocknen zwei Drittel des Gewichts verlieren. Sie werden in geschlossenen Räumen gedörrt. Die aufwendige Ernte per Handarbeit ist der Grund dafür, dass Kardamom bis heute nach Vanille und Safran als teuerstes Gewürz der Welt gilt. Trotzdem hat Kardamom als wichtige Würzzutat besonders in Asien und im Orient große Bedeutung. Man verwendet dort die Samen aus der Kardamomkapsel, die man kurz vor der Verwendung herauslöst und zu Pulver zerstößt oder ungemahlen mitgart. In Indien ist Kardamom neben Kurkuma, Pfeffer, Paprika, Koriander auch ein Grundbestandteil des Currys, dessen genaue Zusammensetzung je nach Landesteil, Kaste und Gericht variiert.

12.7 Gewürze – der Inbegriff der Globalisierung

Gewürze und Globalisierung beginnen nicht nur mit demselben Buchstaben, sie haben auch viel miteinander zu tun. Schon in der Römerzeit ist ein (fast) globaler Handel mit Gewürzen überliefert, der sich im Mittelalter noch ausweitete. Exotische Gewürze waren der stärkste Antrieb der Europäer ab dem 15. Jahrhundert neue Welten zu entdecken.

Und doch gibt es natürlich Unterschiede zwischen dem Gewürzhandel früherer Jahrhunderte und der heutigen Globalisierung, der manche einen Turbo voranstellen. Transporte sind billiger als je zuvor, die Logistik wird dank Computertechnik bis zum Letzten ausgereizt, die Kommunikationsmöglichkeiten sind viel größer und vor allem schneller. In Bruchteilen von Sekunden umkreisen Anfragen und Nachrichten die ganze Welt; Schiffe können im letzten Winkel der Ozeane geortet und umgeleitet werden, wenn es nötig ist.

Und tatsächlich sind viele wohlhabender geworden, allen voran die Industrieländer und ihre Wirtschaftsmagnaten. Auch die normale Bevölkerung profitiert hier von den billigen Preisen für importierte Waren. Allerdings profitieren nicht alle. Und das sieht man auch an den Genusspflanzen und v. a. an den Gewürzen. Denn heute sind ihre kleinbäuerlichen Erzeuger oder die Menschen, die sie verarbeiten, noch genauso arm wie vor Jahrhunderten. Denn durch die Globalisierung stehen sie unter einem enormen Preisdruck: Irgendwo auf der Welt geht es immer noch billiger. Der Wettbewerb findet auf dem Rücken der kleinen Kaffeebauern in Mittelamerika, der Teepflückerinnen in Asien und der Plantagenarbeiter auf den Molukken statt. Heute wächst indischer Kardamom auch in Guatemala, indonesische Muskatnuss auf der Antilleninsel Grenada und indischer Pfeffer in Brasilien. Gehandelt werden sie an Börsen wie New York, London, Hamburg, Kuala Lumpur und Mumbai im Tonnenmaßstab.

Auch die Verarbeitung der Gewürze hat sich grundlegend geändert. Die traditionellen Techniken, die im vorigen Abschnitt geschildert wurden, finden heute nur noch im Luxussegment und für Kleinstabnehmer statt, die ein Tütchen ganzer Pfefferkörner, Zimtrinde am Stück oder Muskatnüsse zum Selberreiben kaufen. Der Massenmarkt wird von Gewürzextrakten beherrscht. Die angelieferten Gewürze werden in riesigen Mühlen gequetscht und mit Lösungsmitteln, wie Alkohol oder Aceton, extrahiert. Je nach Gewürz kann das Stunden oder auch Tage dauern. Dann werden die giftigen Lösungsmittel herausgewaschen und die Feststoffe entfernt. Übrig bleibt ein hochkonzentrierter, dickflüssiger Extrakt, der, in Plastikeimer verpackt, in die ganze Welt geschickt wird. Heute wird ein Viertel der indischen Gewürzexporte so hergestellt und die Lebensmittelindustrie liebt diese Produkte. Sie überstehen Hitze und Kälte ohne sich zu verändern, lassen sich lange lagern und beliebig transportieren. Ihre Zusammensetzung ist standardisiert und es entsteht, je nach Verdünnung, immer dieselbe Schärfe. So sind die auf Bäumen, Sträuchern und einjährigen Pflanzen in den Tropen gewachsenen Samen, Schoten und Beeren heute so standardisiert wie Schrauben und Automotoren (Fischermann 2007).

Längst stammen die Gewürze nicht mehr aus der Region des Verarbeiters, sondern werden weltweit dort eingekauft, wo sie am billigsten angeboten werden. Und nicht einmal die Qualität spielt noch eine große Rolle. Durch die Lösungsmittelextraktion können selbst aus zerbrochenen Muskatnüssen, wurmstichigem Kardamom und modrigem Zimt noch anständige Gewürzextrakte hergestellt werden. Sie haben international als BWP („broken, wormy, punky") sogar eine eigene Qualitätsbezeichnung, weil sie so schön billig sind. Und Pfeffer stammt längst nicht mehr von der Malabarküste, sondern von Gebieten, wo er zwar schlechter wächst und nur kleine, deformierte Körner liefert, dafür aber billig ist. Selbst afrikanische Länder wie Nigeria liefern heute Gewürze nach Malabar, dem einstigen Gewürzparadies, die dort dann nur noch weiterverarbeitet werden. Der Zauber aber, den sie nach ihrer ereignisreichen Geschichte verbreiten, ganz besonders zur Weihnachtszeit, ist uns bis heute erhalten geblieben.

Literatur

Fischermann T (2007) Die Welt ist ein Markt. DIE ZEIT, 08.11.2007, Nr. 46. http://www.zeit.de/2007/46/OdE3-Globalisierung. Zugegriffen: 28. April 2018

Racz A (2014) Nürnberger Lebkuchen – Kleine Kulturgeschichte. http://kunstnuernberg.de/kleine-kulturgeschichte-des-nuernberger-lebkuchen/. Zugegriffen: 28. April 2018

Roth K (2010) Das Geheimnis des Weihnachtsdufts – Von Anisplätzchen bis Zimtstern. Chem Unserer Zeit 44:414–433

Spahni J-C, Bruggmann M (1991) Die Gewürzstrasse. Silva-Verlag, Zürich

WIKIPEDIA (2017) Gewürz und jeweilige Gewürze als Stichwort. https://de.wikipedia.org/wiki/Gewürz. Zugegriffen: 28. April 2018

Weiterführende Literatur

Küster H (2003) Kleine Kulturgeschichte der Gewürze – ein Lexikon von Anis bis Zimt. Beck, München

Lebkuchen Schmidt GmbH (o. J.) Lebkuchen Historie. https://www.lebkuchen-schmidt.com/Lebkuchen-Historie/. Zugegriffen: 28. April 2018

13 Duftpflanzen – der Wohlgeruch des Gottes

Einwirkungen süß duftender Wurzeln und wohlriechender, Blütenstaub tragender Blüten, aromatischer Balsame und dunkler, stark riechender Hölzer, des Baldrians, der zum Erbrechen reizt, der Hovenia, die die Menschen toll macht, und der Aloe, von der es heißt, sie könne die Melancholie aus der Seele jagen.
Oscar Wilde, Das Bildnis des Dorian Grey

Oscar Wilde beschreibt hier die Faszination der Düfte, soweit dies mit Worten überhaupt möglich ist, und ihre Wirkung auf die Psyche des Menschen. Und tatsächlich waren Duftstoffe in allen Kulturen und zu allen Zeiten hochgeschätzt. Gerade bei den Europäern mit ihrer mangelhaft entwickelten Hygiene und der fehlenden Abfallbeseitigung bis hinein ins 19. Jahrhundert war das auch dringend nötig. Dabei gelten manche Duftpflanzen gleichzeitig auch als Heilmittel und Gewürz, z. B. Zimt, Weihrauch und Myrrhe.

13.1 Herkunft und Botanik

Es gibt unzählige Pflanzen, die Düfte aussenden, auch heimische. Dazu gehören Anis, Fenchel, Salbei und wilder Majoran. Sie riechen aber alle krautig-würzig und viele andere Duftnoten finden sich nur von Pflanzen aus weit entfernten Gebieten. So haben die Pflanzen des Mittelmeerraums, Arabiens, Afrikas und Asiens nicht nur wesentlich stärkere Düfte, die uns exotisch anmuten, sondern auch ganz andere Duftnoten. Und dabei kann, je nach Pflanze, jedes Teil duften: Holz und Rinde genauso wie Harz, Blätter und natürlich die Blüten (Tab. 13.1).

T. Miedaner, *Genusspflanzen*, https://doi.org/10.1007/978-3-662-56602-2_13

Tab. 13.1 Einige der wertvollsten Duftpflanzen der Welt; die fett gedruckten Pflanzen werden ausführlicher behandelt (siehe Text)

Art	Pflanze	Lat. Name	Herkunft
Holz	**Zeder**	***Cedrus libani u. a.***	Libanon, Syrien, Türkei
	Sandelbaum	***Santalum album***	Indonesien
Harz	**Weihrauch**	***Boswellia sacra u. a.***	Ostafrika, Arabien, Indien
	Myrrhe	***Commiphora myrrha***	Kenia, Äthiopien, Somalia, Oman, Jemen
	Benzoe	*Styrax*-Arten	Sumatra
Früchte	Bergamotte	*Citrus bergamia*	Kalabrien/Italien
Blätter	Zypresse	*Cupressus sempervirens*	Mittelmeer-Gebiet
Blüten	**Rose**	***Rosa x damascena u. a.***	Kaukasus bis Hindukusch
	Jasmin	***Jasminium officinale***	Südhänge des Himalaya
	Ylang-Ylang	***Unona odoratissima***	Philippinen, Indonesien
	Narde	***Nardostachys grandiflora***	Himalaya, Nepal, China

Von den acht Grundgerüchen, die Fachleute benutzen, um Geruchsnoten zu beschreiben, stammen sechs aus dem Pflanzenreich (Abb. 13.1). Dabei beruft man sich auf natürlich vorkommende Geruchsquellen und klassifiziert mit ihnen auch die synthetisch hergestellten Düfte. Zur Beschreibung kommen dann noch Adjektive hinzu, wie angenehm, weich, stechend, stinkend. Da jeder natürliche Duftstoff mehrere Sinneseindrücke gleichzeitig vermittelt, spricht man heute von Geruchsprofil. So duftet die Rose nicht nur blumig, sondern hat auch blätter- und zitronenartige Untertöne, die von fruchtigen Noten begleitet werden. Häufig finden sich in solchen komplexen Pflanzendüften mehrere hundert Stoffe, von denen die meisten nur in winzigen Spuren vorkommen.

Es gibt sehr unterschiedliche Pflanzendüfte, die von den Menschen auch unterschiedlich bewertet werden. Zitronige Düfte, die bei uns etwa Zitronenthymian, Zitronenverbene oder Zitronenmelisse verströmen, oder die fruchtigen Düfte des Ananassalbeis werden meist positiv wahrgenommen. Indolgerüche, die typisch für Verwesungsgerüche sind und von Blumen ausgeströmt werden, die Schmeißfliegen zur Bestäubung anziehen, wie Aronstab oder Osterluzei, gelten eindeutig als unangenehm. Dasselbe trifft auf Amine zu, das sind Zersetzungsgerüche, wie sie manche Doldenblütler verströmen. Schwierig wird es bei schweren Düften wie Lilie, Tuberose und Jasmin, deren Wirkung stark von der Konzentration des Duftstoffs abhängig ist. Unverdünnt

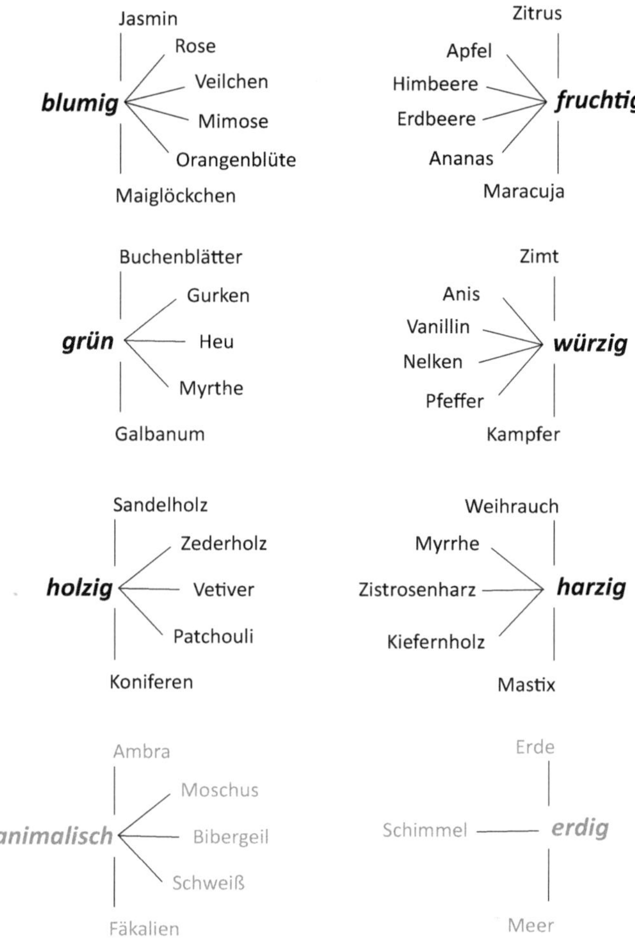

Abb. 13.1 Klassifizierung von Gerüchen nach den acht Grundgerüchen mit Beispielen. *Grau* nicht-pflanzliche Gerüche. (Ohloff 1992)

können diese Gerüche tatsächlich unangenehm sein, in starker Verdünnung dagegen schwärmt jeder von ihrem betörenden Duft.

Pflanzen produzieren Düfte aus verschiedenen Gründen, meistens sollen sie bestäubende Insekten anlocken, Fressfeinde abschrecken oder sie haben desinfizierende Wirkung. Dies ist von den Baumharzen bekannt, die dem Wundverschluss dienen und gleichzeitig die Besiedlung der Wunde durch Bakterien oder Pilze verhindern. Deshalb haben Duftpflanzen in der indischen ayurvedischen Medizin einen hohen Stellenwert und sind Genuss- und Heilmittel zugleich. Sie wurden benutzt, um die Mundhöhle auszuspülen, den Körper einzusalben, Babys zu pudern, Mädchen vor ihrer Hochzeit zu schmücken oder die Toten einzureiben. Die Ägypter nutzten sie sogar zur Mumifizierung. So standen sie am Anfang und Ende des Lebens.

13.2 Die Anbetung der Götter

Die Wahrnehmung von Duft ist so alt wie die Natur selbst, schließlich haben Tiere eine umfassende Duftsprache, die ihre sozialen Verhältnisse genauso wie ihre Fortpflanzung bestimmen. Eine neue Qualität kam beim frühen Menschen mit der Erfindung des Feuermachens hinzu, wo durch das Verbrennen von Pflanzen eine verwirrende Vielfalt von Düften entsteht, die als Rauch gen Himmel zieht. Deshalb waren Rauchopfer auch die älteste Methode, Gottesdienst zu feiern; noch in der Bibel kommen sie häufig vor und der Weihrauch der festlichen katholischen Messe ist ein letztes Relikt. Wohlgerüche wurden häufig mit Leben und Tod, Gesundheit und Krankheit in Verbindung gebracht, sie sollten selbst den Kontakt zu den Ahnen ermöglichen. So bezeichneten die alten Ägypter das Harz des Weihrauchs als Schweiß der Götter.

Hinzu kam die Überdeckung von unangenehmen Gerüchen, die überall entstanden, wo früher Menschen ohne ausreichende Hygiene auf engstem Raum zusammenlebten. Da diente der Rauch von duftenden Pflanzen zur Reinigung. Seit uralten Zeiten gehörten solche Reinigungsrituale auch zur kultischen Handlung. Vor der Gottheit sollte man nur sauber erscheinen und ihre Tempel sollten rein sein und angenehm riechen. Daher verwendete man häufig Räuchermittel, wie duftende Harze und aromatische Hölzer. Die Chinesen entwickelten die Räucherstäbchen der Inder zur Vollkommenheit. So kommt auch das Wort Parfüm von lateinisch „fumare" und bedeutet eigentlich durchräuchern. Dabei spielten sicher auch die aseptischen Wirkungen einiger Duftpflanzen eine Rolle. Die Araber etwa nutzten Weihrauch nur in der Medizin, eine kultische Verwendung gibt es im Islam dafür nicht. Andere Harze und Duftstoffe sind in vielen indischen Ritualen heute noch gang und gäbe und in den großen buddhistischen und hinduistischen Tempeln brennen immer Räucherstäbchen, die von den Gläubigen geopfert werden. Da man auch bei uns bis ins 19. Jahrhundert hinein glaubte, dass Krankheiten durch giftige Ausdünstungen im Boden entstünden, die durch die Luft fortgetragen würden (Miasmenlehre), machte das ausgiebige Räuchern für die Menschen damals durchaus Sinn.

Schon im Gilgamesch-Epos der Sumerer, der ältesten uns heute bekannten Dichtung der Menschheit, wird ausführlich den Göttern geopfert, wie Günther Ohloff (1992) berichtet. Von „sieben und abermals sieben Räuchergefäßen“ ist die Rede, gefüllt mit Süßrohr, Zedernholz und Myrte. Der Palast der Ischtar war mit duftendem Zedernholz ausgestattet, andere Tempel mit Zypressenholz. Wohlriechende Salben zur Besänftigung der Götter und Prozessionen mit Räucheropfern sind überliefert. Spätere Kulturen behielten diesen Brauch bei. Nach Berichten aus dem 18. Jahrhundert v. Chr. gehörten Zederndufft, Weihrauch und Zyperngras zu den Opferzeremonien. Bald wurden nicht nur die Götter, sondern auch deren Priester, die Herrscher und ihre Frauen mit Wohlgerüchen verwöhnt. Bei den Ägyptern mussten den Götterbildern dreimal täglich Opfer gebracht werden, häufig durch Räucherwerk, Salben oder Schminken. So fordert der Gott Amun von Königin Hatschepsut:

> Himmel und Erden sollen mit Weihrauch überfließen,
> der Duft soll im Fürstenhaus sein.
> Du sollst sie mir sehr rein und makellos darbringen,
> damit Salbe für die göttlichen Glieder ausgepresst wird (Ohloff 1992).

Auch die Juden brachten ihrem Gott Jahwe Räucheropfer dar. Die Bibel ist voller Vergleiche mit Duftpflanzen. Jesu Leichnam wurde nach der Kreuzabnahme mit Myrrhe- und Aloeölen eingebunden. Und christliche Könige werden heute noch gesalbt und beweihräuchert. Doch bald wurden die Duftpflanzen nicht mehr nur den Göttern und Königen dargebracht, sondern dienten auch der Liebe. Das sog. Hohelied des Alten Testaments fließt über vor Vergleichen der Duftpflanzen mit der Geliebten:

> Du bist gewachsen wie ein Lustgarten von Granatäpfeln mit edlen Früchten, Zyperblumen und Narde, Narde und Safran, Kalmus und Zimt, mit allerlei Weihrauchsträuchern, Myrrhe und Aloe, mit allen feinen Gewürzen.

Zur religiösen Bedeutung der Duftpflanzen passt, dass ihre Düfte nicht nur unsere Sinneszellen in der Nase aktivieren, sondern direkten Einfluss auf das limbische System im Gehirn haben, in dem sich das Riechzentrum befindet. Dieser Teil unseres Gehirns gehört zu den ältesten Strukturen und beinhaltet auch die physische Grundlage unseres Gedächtnisses. Deshalb ist es kein Zufall, dass Düfte Emotionen hervorrufen und Lust und Ekel steuern. Manche erinnern sich ihr Leben lang an den Duft in Omas Küche und jeder hat den Gestank von Hundekot in Erinnerung, wenn er mal hineingetreten ist. Die Kurtisanen Arabiens, Indiens und Chinas bedufteten nicht nur ihren Körper, sondern auch ihre Kleider und Laken, um beim Freier Ekstase auszulösen. Dieselbe Funktion haben auch die schweren orientalischen Parfüms, denen häufig noch animalische Düfte (Moschus, Ambra, Zibet) zugemischt werden. Die Macht der Düfte wird auch in Patrick Süskinds 1985 erschienenen Roman

Das Parfüm beschworen. Hier versucht der besessene Parfümeur Grenouille aus dem Körpergeruch von 25 Jungfrauen, die er eigenhändig erschlug, ein unwiderstehliches Superparfüm zu extrahieren. Als er zum Schafott geführt wird, nimmt er einen einzigen Tropfen davon hinters Ohr, wodurch die geifernde Zuschauermenge besänftigt und ergriffen wird und sich schließlich im allgemeinen Tumult unbändige sexuelle Lust ausbreitet. „Ein Parfüm ist der Atem des Himmels", dichtete noch Victor Hugo im 19. Jahrhundert.

13.3 Die Wohlgerüche Arabiens

Die Zedern des Libanon sind durch die Bibel sprichwörtlich geworden, das Holz war aber schon viel früher bekannt (Abb. 13.2). Den Phöniziern galt sie als Königin des Pflanzenreichs, die alten Ägypter nutzten sie zum Bau von Schiffen und wertvollen Möbeln. König Salomo ließ den Jerusalemer Tempel, das größte Heiligtum der Juden, aus Zedernholz bauen. Die Libanon-Zeder ist ein immergrüner Nadelbaum, der 30–50 m hoch und über 1000 Jahre alt werden kann. Frisch geschnittenes Kernholz duftet sehr aromatisch. Das daraus gewonnene Öl wird als Zedernöl verkauft. Durch die starke Übernutzung seit fast 5000 Jahren sind heute nur noch Restbestände in den Ursprungsländern vorhanden. Im Libanon, dessen Wahrzeichen die Zeder ist, gibt es noch rund 2000 Hektar (ha), in Syrien vor dem Krieg rund 1000 ha und noch ein kleines Vorkommen am Schwarzen Meer. Die größten Bestände wachsen entlang der Mittelmeerküste Süd- und Südwestanatoliens. Die Gesamtfläche der Zedernwälder in der Türkei beträgt rund 600.000 ha.

Weihrauch und Myrrhe brachten die Heiligen Drei Könige im Neuen Testament dem Jesuskind neben Gold als Geschenk. Daraus kann man ermessen, wie wertvoll diese pflanzlichen Geruchsstoffe um die Zeitenwende in Palästina waren. Und Weihrauch, früher auch Olibanum genannt, wird heute noch an hohen Feiertagen in katholischen und orthodoxen Kirchen großzügig verräuchert.

Weihrauch ist ein komplizierter, knorriger Baum oder Strauch, der bis heute nicht kultiviert werden konnte. Er wächst wild in wüstenartigen, oft steinigen und abgelegenen Gegenden und bleibt ziemlich klein (Abb. 13.2). Die Rinde blättert papierartig ab. Weihrauch gehört zur Familie der Balsambaumgewächse (*Burseraceae*) und hier zur Gattung *Boswellia*, von denen man 25 Arten kennt. Davon werden nur einige zur Weihrauchgewinnung genutzt (Ertelt o. J.):

- *B. sacra* (syn. *B. carterii*), Arabischer oder Somalischer Weihrauch
- *B. frereana*, Elemi-Weihrauch aus Somalia

Abb. 13.2 **a** Die Libanonzeder; **b** Zweig der Libanonzeder; **c** die Blüten des Weihrauchstrauchs (*Boswellia sacra*) in einem Botanischen Garten (WIKIMEDIA COMMONS-Scott Zora; USA); **d** verschiedene Qualitäten des Weihrauch-Harzes: erste Ernte (minderwertig, *links*); erste Ernte gemischt mit Anis und Styrax (Kirchenqualität, *Mitte*); letzte Ernte mit großen, weißen Stücken, besonders intensiv im Geruch und sehr teuer (*rechts*; WIKIMEDIA COMMONS: GeoTrinity)

- *B. papyrifera*, Äthiopischer Weihrauch
- *B. serrata*, Indischer Weihrauch

Es dauert 16 Jahre bis bei einem jungen Baum das erste Mal Harz gesammelt werden kann. Die Ernte ist seit Jahrtausenden eine Tätigkeit der umherziehenden Nomaden. Wie bei anderen Harzen wird die Rinde an 10–

30 Stellen eingeschnitten, aus der ein milchiger Saft austritt, der sich erhärtet. Die Bäume werden dafür mit einem speziellen Schabemesser angeritzt. Man darf jedoch nicht zu tief ritzen, sonst wird die Harzmenge geringer und das Baumwachstum beeinträchtigt. Der erste Schnitt wird nicht beerntet, da die Qualität nicht gut genug ist (Abb. 13.2). Nach zwei bis drei Wochen erfolgt der nächste Schnitt und erst ab dem dritten Schnitt erhält man wirklich gute Qualitäten. In schwer vorhersagbaren Episoden wechselt der Baum zwischen Ernte- und Ruhejahren. Routinemäßig sollte ein Baum nur drei Jahre hintereinander beerntet werden, dann sollte man ihm Ruhe gönnen. Ein Baum kann bis zu 10 kg Harz pro Jahr liefern, das nach dem Trocknen bernsteinfarbige, gummiartige Stückchen bildet. Mindere Qualitäten werden oft mit anderen Duftpflanzen vermischt, wie Sandelholz, Anis und Myrrhe. Der bekannteste Inhaltsstoff sind die Boswelliasäuren, die sich ausschließlich im Weihrauchharz finden. Die verschiedenen Herkünfte des Weihrauchs stellen oft unterschiedliche Arten dar. Aber auch innerhalb derselben Art schwankt der Geruch, wie bei allen natürlichen Inhaltsstoffen, nach Jahr, Standort und Jahreszeit. Die traditionelle Medizin des Orients und Indiens verwendete Weihrauch v. a. wegen seiner entzündungshemmenden, schmerzlindernden und psychoaktiven Wirkung.

Der Weihrauchbaum ist nicht mehr sehr häufig, 350.000 Exemplare soll es noch im Jemen geben, etliche tausend im Oman. Über die Anzahl an Bäumen in Äthiopien gibt es keine verlässlichen Angaben. Die Ursachen für den Rückgang sind zahlreich: Vernachlässigung, Erosion, Überalterung und Überforderung. Seit vor einigen Jahren die Kosmetikindustrie die Wirkstoffe des Harzes für sich entdeckte, hat es mancher übertrieben mit dem Kerben. Zudem ist der Baum nur mit großer Sorgfalt aufzuziehen. Die Hauptursache für das Aussterben der Bäume aber sei Feuer, schreibt die ZEIT-Autorin Andrea Jeska (2013) nach einer Reise nach Äthiopien. Es wird von Menschen gelegt oder entwickelt sich als Flächenbrand in Dürrezeiten.

In der Bibel wird die Myrrhe (*Commiphora myrrhe*) besonders oft erwähnt. *Commiphora* setzt sich wahrscheinlich aus den griechischen Wörtern „kommi" für Klebstoff (zur Leichenbalsamierung) und „phoros" tragend zusammen. Der somalische Name „molmol" bedeutet sehr bitter und auch das deutsch-lateinische Wort Myrrhe stammt wohl vom arabischen „murr" für bitter. Die Myrrhe ist ein knorriger, etwa 3 m hoher Baum aus den Trockengebieten Afrikas und Arabiens. Es gibt neben der klassischen Myrrhe noch mehrere andere Arten, die das charakteristische Gummiharz ausscheiden und es ist nicht immer nachvollziehbar, aus welcher Strauchart die Myrrhe tatsächlich gewonnen wird. Wie auch beim Weihrauch dient das Harz v. a. dem Wundverschluss; es tritt nach einer Verletzung des Baums als Milchsaft aus und hat auch Abwehreigenschaften gegen Schädlinge. Beim Trocknen entsteht das grau- oder gelblich braune Harz. Es riecht aromatisch und schmeckt tatsächlich würzig bis stark bitter.

Die Myrrhe gehört seit rund 3000 Jahren zu den medizinisch und kultisch verwendeten Pflanzen. Ihr wichtigster Einsatzbereich war bis in das vierte und fünfte vorchristliche Jahrhundert als Räucheropfer bei religiösen Zeremonien. Die Ägypter etwa opferten damit dem Sonnengott Ra. Sie balsamierten, ebenso wie die Juden, ihre Verstorbenen mit einem Stoffgemisch ein, das auch Myrrhe enthielt. Die desinfizierende Wirkung der Myrrhe wurde über Jahrtausende zur Behandlung von Wunden, Geschwüren und Eiterungen benutzt. Orientalische Frauen rieben sich die rasierten Achselhöhlen mit dem Harz ein, da es wie ein Deo wirkt. Nach indischer Lehre soll Myrrhe gegen rheumatische Beschwerden und erhöhten Cholesterinspiegel helfen. Im Mittelalter war sie als Mittel bei Entzündungen des Mund-Rachen-Raums beliebt. Heute hat sie ihre Bedeutung weitgehend verloren. Das Öl der Myrrhe hat einen angenehmen Duft, der auch als Aphrodisiakum eingesetzt wurde. Myrrhe fixiert andere Düfte und ist deshalb ein häufiger Zusatz in modernen Parfümmischungen.

13.4 Duftpflanzen bearbeiten – Düfte bannen

Die Düfte aus Pflanzen zu extrahieren und haltbar zu machen ist eine Wissenschaft. Jeder Duft und jeder Pflanzenteil hat eine ihm eigene optimale Methode (Weihser 2012). Schon die Inder kannten vor rund 5000 Jahren primitive Destillationsmethoden und 200 n. Chr. wurde dieselbe Technik noch in Alexandria praktiziert, doch systematisch forschten erst die arabischen Alchimisten an der Kunst, den Duft zu bannen. Sie waren damals sehr praktisch begabt, erfanden das wissenschaftliche Experiment und entwickelten die Sublimation als neue Destillationstechnik.

Die Inder erfanden auch die Filtration und stellten als erste feuerfeste Glaswaren her, die Voraussetzung für die Entwicklung von effektiven Trennmethoden sind. Die bedeutendste Erfindung war jedoch die Wasserdampfdestillation, die zu einer besonders schonenden Gewinnung ätherischer Öle führt. Die zerkleinerten Pflanzenteile werden in einen Kessel gegeben, durch den heißer Wasserdampf geleitet wird. Er löst die flüchtigen Anteile des Pflanzenextrakts, v. a. die ätherischen Öle, heraus. Diese strömen gasförmig zum Kühler und kondensieren dort. Danach wird das Öl in einem Auffangbehälter aus dem Wasser-Öl-Gemisch isoliert. Rosenöl und Rosenwasser wurden zum Exportschlager Arabiens, bis nach China gehandelt und werden heute noch nach diesem Prinzip gewonnen.

In Indien lieferte eine einfache Wasserdampfdestillation parfümierte Wässer aus Sandelholz, Vetiver, Kampfer, Safran und Moschus. Zur vollständigen Entwässerung und Gewinnung der reinen Öle bewahrte man sie längere Zeit in Lederflaschen auf. Dabei wandert das Wasser nach dem Osmoseprinzip durch die Membranen und es bleibt nur das Öl in der Flasche zurück. Der gleiche Prozess kann auch mit einem Gemisch aus Blüten und aromatischen Pflanzen durchgeführt werden und ist heute noch in Indien in Gebrauch.

Es gibt aber auch Düfte, die nicht als Öl extrahiert werden können, zu ihnen gehört Jasmin. Man muss die Duftstoffe der Blüten durch Enfleurage gewinnen, einem sehr aufwendigen und kostspieligen Verfahren. Frische Blüten werden dabei auf Glasplatten gestreut, die mit Schweine- oder Rinderschmalz, bei manchen Herstellern auch mit Olivenöl bestrichen sind. Nach einigen Tagen werden die extrahierten Blüten durch frische Blüten ersetzt. Und das geht etwa drei Monate lang so, bis das Fett mit dem ätherischen Öl der Blüten gesättigt ist, man nennt das Produkt dann Pomade. Die Qualität ist umso höher, je öfter die Blüten erneuert werden, dies geschieht bis zu 33-mal. Schließlich wird das sehr teure Duftöl („essence absolue d'enfleurage") vom Fett getrennt, indem die Glasplatten mit Alkohol ausgewaschen werden.

Ganz ähnlich verläuft die Mazeration, auch warme Enfleurage genannt. Dabei werden Fett und Blüten zusammen gemengt und auf etwa 60 °C erhitzt. Danach werden die Blüten ausgetauscht. Auch hier wird am Ende der Prozedur das Öl durch Alkohol vom Fett getrennt. Durch die Wärme geht es schneller, doch das überstehen nicht alle Düfte unbeschadet.

Bei der Extraktion werden geeignete Lösungsmittel, z. B. Ethanol, verwendet, um die organischen Duft- und Aromastoffe aus den Zellen des Pflanzenmaterials zu lösen. Nach Filtrieren und Abdampfen des Lösungsmittels bleiben die gewünschten Stoffe zurück. Zitrusdüfte schließlich werden durch Kaltpressung gewonnen. Dazu presst man die Öle aus der Schale heraus und trennt in einer Zentrifuge Öl und Flüssigkeit.

13.5 Die Wege der Händler

Die Weihrauchstraße war vom 10. Jahrhundert v. Chr. bis ins 5. Jahrhundert n. Chr. eine der wichtigsten Handelswege des Orients. Von Oman über den Jemen bis zum Mittelmeerhafen von Gaza und nach Damaskus führte die Route der Dromedarkarawanen, die das wertvolle Harz des Weihrauchbaums (Olibanum) trugen. Das äthiopische Harz wurde aus Tigray bis an die Häfen des

Roten Meeres gebracht und dort verkauft. Über die Weihrauchstraße wurden neben dem namensgebenden Harz auch Gewürze und Edelsteine aus Indien, Südostasien und Arabien ans Mittelmeer transportiert. Der besonders herausragende Weihrauch des Jemens gelangte auch ostwärts bis nach Indien. Im alten Rom wurde Weihrauch in Gold aufgewogen, und der Staatsmann Plinius der Jüngere jammerte einst über die zehn Millionen Sesterzen, die die Sucht nach dem wohlriechenden Stoff kostete. Um die Zeitenwende soll das Römische Reich rund die Hälfte der Weltproduktion von Weihrauch verbraucht haben.

Für die Benutzung der Weihrauchstraße und die Versorgung der Händler mit Nahrungsmitteln und Wasser wurden hohe Wegezölle erhoben. Plinius der Ältere beschrieb, dass bei jeder größeren Stadt, die die Karawane passierte, Zoll verlangt wurde, teils von den ansässigen Priestern, teils von den Königen. Vom Hauptweg abzuweichen, war ein Kapitalverbrechen. Der beschwerliche Transport über Tausende von Kilometern tat ein Übriges, um das Produkt in Europa extrem teuer zu machen und bei den Händlern, Potentaten und Anwohnern der Weihrauchstraße immensen Reichtum zu hinterlassen. Davon zeugen heute noch die Weltkulturerbestädte Schabwa und Sanaa im Jemen, Medina in Saudi-Arabien und Petra in Jordanien. Die südarabischen Königreiche Saba, Qataban, Hadramaut und Ma'in standen spätestens seit dem 5. Jahrhundert v. Chr. in voller Blüte, dank Weihrauch und der anderen Duftstoffe aus Arabien. Anbau und Produktion von Weihrauch und Myrrhe waren Staatsgeheimnisse, die zu einem lukrativen Monopol führten. Durch diesen weitreichenden Handel und die daraus abgeschöpften Gewinne entstand der märchenhafte Reichtum von „Arabia felix", dem glücklichen Arabien.

Die Königin von Saba und Salomo

In der Bibel wird die legendäre Begegnung der Königin von Saba mit König Salomo (961–922 v. Chr.) geschildert. Sie beeindruckte den König mit einer pompösen Ankunft und verschwenderischen Gastgeschenken, darunter 120 Zentner Gold, große Mengen Gewürze und Edelsteine, dazu sehr viel Sandelholz. Die Königin war angeblich Herrin über die Sabäer, die auf dem Gebiet des heutigen Jemens mit ihrem Duftstoffmonopol sagenhaft reich geworden waren. Sie gewannen und handelten mit Myrrhe, Weihrauch, Narde, Zimt. Salomo war trotz seiner 700 Ehefrauen entzückt von seinem Gast. In dem legendären *Hohelied* dichtete er: „Deine Liebe ist lieblicher als Wein, und der Geruch deiner Salben übertrifft alle Gewürze [. . .]". Angeblich soll Salomo mit der Königin von Saba einen Sohn gezeugt haben, der später zum Gründungsvater der äthiopischen Könige wurde.

Der Niedergang der Weihrauchstraße ging mit dem Niedergang vieler der angrenzenden Reiche und Dynastien einher. Die ptolemäischen Herrscher Ägyptens hatten im 1. Jahrhundert v. Chr. den Seeweg über das Rote Meer erschlossen. Als es dann im 5. Jahrhundert endgültig vorbei war mit dem Weihrauchhype, war das koptische Christentum in Äthiopien groß genug, um den Handel im Land mit eigenem Weihrauch aufrechtzuerhalten.

Auch auf der Seidenstraße wurde nicht nur Seide gehandelt, von der sie ihren Namen hat, sondern auch Gewürze, Edelsteine und kostbare Duftstoffe Indiens und Chinas. Ihre größte Bedeutung erreichte sie zwischen 115 v. Chr. und dem 13. Jahrhundert n. Chr. Von Konstantinopel, Antiochia oder Kairo aus ging die Hauptroute der Seidenstraße damals nach Persien, im Norden über den Pamir nach Osten, die Wüste Taklamakan nord- oder südwärts umgehend bis über die Pässe der östlichen Himalayaausläufer nach China. Für die Europäer blieb sie das ganze Mittelalter über die wichtigste Handelsroute für die begehrten Waren des Ostens. Die arabischen Kaufleute hatten dagegen durch genaue Kenntnis der Monsunwinde längst den Seeweg nach Indien und China erschlossen und verkauften ihre Luxuswaren monopolartig über das Mittelmeer bis nach Europa.

13.6 Pestgestank und Rosenduft – Die Rolle der Duftpflanzen in Europa

Europa war früher ein besonderer Hort des Gestanks. In den dicht bebauten Städten stank es vor Einführung der Kanalisation und der Müllabfuhr erbärmlich. Die Nachttöpfe wurden einfach auf die Straße geleert, dort floss auch ein kleiner Bach, in den man Haus- und Schlachtabfälle, Exkremente, Abwässer und den Inhalt der Latrinen kippte. Dazu kam dann auch noch der Gestank der frei herumlaufenden Schweine, Hunde und Katzen. Im Buch *Das Parfüm* von Patrick Süskind heißt es:

> Es stanken die Straßen nach Mist, es stanken die Hinterhöfe nach Urin, es stanken die Treppenhäuser nach fauligem Holz und nach Rattendreck, die Küchen nach verdorbenem Kohl und Hammelfett, die ungelüfteten Stuben stanken nach muffigem Staub, die Schlafzimmer nach fettigen Laken, nach feuchten Federbetten und nach dem stechend süßen Duft der Nachttöpfe.

Und so geht es noch fast eine Seite lang weiter. Da musste natürlich jeder Blumen- oder Harzduft wie ein Wunder wirken und die Vornehmen hielten im Rokoko parfümbeduftete Tüchlein vor die Nase, sobald sie ihr Haus verließen. Denn Düfte waren schwierig herzustellen und somit teuer.

Im Mittelalter verwendete man reichlich Räuchermittel und wohlriechende Düfte, da man glaubte, die Pest und andere Krankheiten würden durch üble Gerüche in der Luft (Miasma) übertragen; Malaria heißt denn auch wörtlich übersetzt schlechte Luft. Bei Pestepidemien war es üblich, die Luft durch große Rauchfeuer auf Plätzen und Straßen und durch den Rauch aus speziellen Gefäßen im Haus zu reinigen und so den Pesthauch fernzuhalten. Denselben Zweck sollten Riechkapseln erfüllen, die man um den Hals trug, und die seltsamen Vogelmasken der Ärzte, deren schnabelähnlicher Fortsatz mit Gewürznelken, Zimt oder einfach nur Essigschwämmen gefüllt war.

Die Rose wurde zu allen Zeiten und von allen eurasischen Völkern verehrt, wie Ingo Busch (o. J.) beschreibt. Die griechische Dichterin Sappho bezeichnete sie bereits vor über 2500 Jahren als Königin der Blumen (Abb. 13.3). Aristoteles (384–322 v. Chr.) brachte den unterschiedlichen Duft der Rosenblüten mit Standortbedingungen in Verbindung. Die Rose war auch für die Griechen Symbol für Schönheit, Glück, Leidenschaft und Liebe, Eigenschaften, die sie der Aphrodite zuschrieben.

Die Rose kam auf den verschiedensten Handelswegen nach Europa und in den Mittelmeerraum. Früheste Berichte reichen zurück bis in das Ägypten vor 1200 v. Chr. und die Zeit Ramses II, wo sie v. a. im Totenkult benutzt wurde. Von hier kam die Rose nach Griechenland und ins Römische Reich. Dort wurde sie zu einem begehrten Luxusartikel, reiche Römer schwelgten förmlich in Rosen („auf Rosen gebettet"). Sie rieben sich bei ihren Festmahlen mit Rosenöl ein und bestreuten die Wege zu den reich gedeckten Tafeln mit einem Teppich aus Rosen.

Es wurden zunächst europäische Wildrosen (*Rosa canina*, *R. gallica*, *R. alba*) zur Parfümherstellung und als Heilpflanze kultiviert (Abb. 13.3). Kleopatra, die ägyptische Königin, begrüßte den römischen Feldherrn Marcus Antonius, den sie beeindrucken und verführen wollte, in einem Zimmer, dessen Fußboden so hoch mit Rosenblütenblättern bedeckt war, dass er angeblich knietief darin versank.

Auch in Asien wurde die Rose hochverehrt, sie wird bereits in der indischen Sanskritliteratur gepriesen und es soll schon 3000 v. Chr. Rosenpflanzungen im Industal gegeben haben. In China wurden um 2700 v. Chr. Rosen als Zierpflanzen in Gärten gezogen. Hier gibt es mehrere duftende wilde Rosenarten, die für die europäische Züchtung später eine große Rolle spielen sollten. So wird die Moschusrose (*R. moschata*) mit ihren wohlriechenden Blüten seit alters her verwendet. Sie ist auch ein Elternteil der Noisetterose, einer öfterblühenden Kletterrose. Auch die vielblütige Rose (*R. multiflora*), von der die Polyantharose abstammt, ist eine chinesische Wildrose und die Banks-Rose (*R. banksiae* var. *banksiae*) wurde bereits in China kultiviert und 1807 nach

Abb. 13.3 Die ganze Schönheit der Rosen. **a** Kartoffelrose (*Rosa rugosa*), eine dekorative Wildrose aus Ostasien, die heute an Deutschlands Küsten weitverbreitet ist; **b** Einzelpflanze einer blühenden Rose; **c** die Damaszenerrose ‚Rose de Resht', eine intensiv duftende Rose; **d** ein Rosenbouquet zeigt die Vielfalt der Edelrosen-Züchtung

England gebracht. *Rosa bifera* ist selbst eine Kreuzung mit der Moschusrose und war lange vor der Damaszenerrose als Duftrose bekannt. Aus ihr wurden die Remontantrosen in der zweiten Hälfte des 19. Jahrhunderts gezüchtet, die Gartenrosen unserer Urgroß- und Großmütter (Mail-Brandt o. J.).

In Mitteleuropa ordnete Karl der Große 794 in seiner Schrift *Capitulare de villis* auch den Anbau der wilden Rose (*R. canina*) als Heilpflanze an. Die weiße Rose wurde zum Symbol der Reinheit der Jungfrau Maria. Um 1570 brachten Kreuzritter die Damaszenerrose (*Rosa* × *damascena*) nach Westeuropa. Von allen Blütendüften Arabiens galt diese Rose als die wertvollste. Die Dichter sangen von ihrem Duft, verglichen den Mund der Geliebten mit einer Rosenknospe und schrieben von rosenfarbigen Wangen. Die berühmten Rosengärten von Schiras und Isfahan im heutigen Iran inspirierten Dichter und Dufthändler. In Holland züchtete man bereits im 16. Jahrhundert die Zentifolien aus verschiedenen Wildformen der Damaszenerrose. Heute können Rosenliebhaber aus mehr als 30.000 Rosensorten wählen, von denen aber nur die wenigsten noch duften.

Die Damaszenerrosen spielen bis heute in der Duftindustrie eine besondere Rolle. Die Erfindung der Destillation von Rosen und Rosenöl wird den Persern zugeschrieben. So erhielt Bagdad 810 aus der Provinz Faristan 30.000 Flaschen Rosenwasser als Tributzahlung. Diese Kenntnisse erreichten Europa um 1000 n. Chr. Im 17. Jahrhundert verbreitete sich der Anbau von Duftrosen von Persien aus bis nach Indien, Nordafrika und in die Türkei. Im Jahr 1710 begann der kommerzielle Rosenanbau in Bulgarien, das damals eine Provinz des Osmanischen Reichs war. Hier werden im Tal der Rosen, 200 km östlich von Sofia, heute noch die weißen, rosa und roten Rosen auf kilometerlangen Feldern in einem windgeschützten Tal zwischen zwei Gebirgszügen angebaut. Dabei wird v. a. die Sorte „Trigintipetala“ kultiviert, ein Synonym für sie lautet „Kazanlak“ nach der gleichnamigen Stadt. Sie wurde bereits 1689 erwähnt und besitzt in Spuren spezielle Inhaltsstoffe (Damascenon, Rosenoxid), die sich nur in dieser Sorte finden und ihren charakteristischen Duft ausmachen. β-Damascenon ist trotz seiner sehr geringen Konzentration ein wesentlicher Bestandteil des Rosendufts und ein wichtiger chemischer Duftstoff der Parfümindustrie. Auch Rosenoxid kann inzwischen künstlich hergestellt werden.

Die halbgefüllten Blüten der bulgarischen Ölrose, die bis zu 2 m hoch wird, sind rosa und duften betörend. Die Blüten sind übrigens essbar, die Römer gaben sie gern in ihren Wein und man kann Rosenzucker daraus herstellen. Die Damaszenerrose stammt aus einer wahrscheinlich spontanen Kreuzung der Essigrose (*R. gallica*) und der stark duftenden Moschusrose (*R. moschata*) aus dem Himalayagebiet. Neuere molekulare Untersuchungen einer bulgarischen Arbeitsgruppe um K. Rusanov (2005) zeigten, dass auch *R. fedtschenkoana*, die 1878 in Turkestan entdeckt wurde, bei der Abstammung der Damaszenerrose mitmischte.

Bulgarien ist auch heute noch der weltgrößte Erzeuger von Rosenöl, es liefert rund 1,5 t je Jahr, das sind 70 % der Weltproduktion. Die Blüten werden vorzugsweise sehr früh morgens geerntet, da dann ihr Ölgehalt am höchsten ist. In den angeschlossenen Betrieben wird das Öl durch Wasserdampfdestillation gewonnen. Dafür werden im Tal der Rosen während der Saison rund 35.000 zusätzliche Arbeitskräfte eingesetzt. Anfang des 20. Jahrhunderts gab es laut Wikipedia in Bulgarien noch ungefähr 2800 Kleindestillierbetriebe für Rosenöl. Aus 3 t Blüten wird etwa 1 l Rosenöl destilliert. Das entspricht einer Ausbeute von lediglich 0,02–0,05 %, was den hohen Preis erklärt.

Ebenfalls zu den Damaszenerrosen gehört die Sorte „Rose de Resht“, die im Nordiran lange Zeit zur Rosenölgewinnung verwendet wurde. Sie wurde 1940 von Nora Lindsy aus dem Iran nach England importiert, wo sie sich auch heute noch in Gärten findet (Abb. 13.3). „Rose de Resht“ ist eine öfterblühende Alte Rose, d. h. es gab sie schon vor 1867, als ein Franzose die ersten Kreuzungen machte und damit die Rosenzucht begründete. Sie hat purpurrote, stark gefüllte und fast betörend duftende Blüten. In Südfrankreich nutzt man v. a. die Centifolia (*Rosa × centifolia*) mit ihrem kräftigen und lieblichen Duft zur Ölgewinnung, die Ende des 16. Jahrhunderts in Holland durch Züchtung entstanden ist. Sie enthält als Vorfahren u. a. die Moschus- und Damaszenerrosen, was ihren Duft erklärt.

13.7 Die exotischen Duftstoffe Indiens und Chinas – kostbar und edel

Von den Duftrosen Chinas war schon die Rede. Aber auch Indien hat eine Vielzahl an Duftpflanzen. Wer schon einmal einen indischen Markt besucht hat, dem wird die unglaubliche Vielfalt an Düften und Gerüchen auffallen, die besonders von den Gewürzständen ausgehen. Aber auch in den Gärten und Wäldern spielt die Sensorik der Düfte eine besondere Rolle. Hier gibt es duftende Bäume, betörend riechende Blüten und eine unermessliche Fülle von natürlichen Duftstoffen in Kräutern und Harzen. Schon in der *Rigveda,* dem ältesten bekannten Zeugnis der Sanskritliteratur, wird von duftenden Rauchopfern für die Götter gesprochen. Später werden Düfte v. a. zur Unterstützung sinnlicher Reize und zur Beschreibung der Geliebten genutzt.

> Das Gesicht der Schönen einer Lotosblüte gleich, ist imprägniert mit dem Saft duftender Blüten [. . .], ihr Schlafgemach von lieblichem Rauch von Aloe [. . .], ihre Brüste gepudert mit Sandelstaub vermischt mit Moschus (Ohloff 1992).

Einer der wertvollsten Duftpflanzen war von alters her der Sandelholzbaum (*Santalum album*; Abb. 13.4). Sein Duft gehört seit über 3000 Jahren zu den beliebtesten Gerüchen Indiens. Er wird nach Ohloff (1992) schon in der ältesten Sanskritliteratur als königlicher Baum gepriesen und bereits 1700 v. Chr. nach Ägypten exportiert, wobei südarabische Händler das Monopol innehatten. Der Staub des Holzes wurde mit Fett versetzt zu einer Paste verarbeitet und als Kosmetikum, aber auch als Brandsalbe benutzt. Ihre bakterizide Wirkung kann heute mit modernen Methoden nachgewiesen werden. Das Holz des Sandelbaums wurde zur Herstellung von wohlriechenden Skulpturen von Buddha oder hinduistischen Göttern verwendet. Es ist auch ein wichtiger Inhaltsstoff von Räucherstäbchen, oft gemischt mit Weihrauch.

Der Sandelholzbaum wächst als immergrüner Baum, er wird in Indien üblicherweise 10–12 m hoch, in Ausnahmefällen auch bis zu 20 m. Sein Stamm

Abb. 13.4 **a** Jasminblüten am Strauch; **b** Indische Narde. (WIKIMEDIA COMMONS: Curtis's botanical magazine vol. 107 ser. 3 nr. 37 tabl. 6564, 1881)

kann einen Umfang von über 1,5 m erreichen. In manchen Gegenden wächst er als Strauch, der dann nur bis zu 4 m hoch wird und stark verzweigt ist. Sein Herkunftsgebiet ist umstritten, eventuell ist es Indonesien. In Indien und auf den Pazifikinseln wuchs er früher in riesigen Mengen.

Es gibt 16 *Santalum*-Arten, die wegen ihres Dufts geschätzt werden. Ihr natürliches Verbreitungsgebiet umfasst den ganzen Südpazifik und reicht von Indien über China und den Philippinen bis zu den Juan-Fernandez-Inseln vor der chilenischen Küste. Allein auf Hawaii gibt es drei verschiedene Arten. Hier hießen sie in der Sprache der Ureinwohner „Laau aala", duftendes Holz. Allerdings duftet jede Art ein wenig anders und nur das ostindische Sandelholz enthält die typischen Santalole, die einen weichen, runden, cremigen Duft erzeugen.

Der Ostindische Sandelholzbaum gedeiht weit verstreut in laubabwerfenden Trockenwäldern. Er blüht drei bis vier Jahre nach dem Pflanzen erstmals. Die Samen sind von einer fleischigen Schale umgeben und werden gerne von Vögeln gefressen. Da die Samen unverdaut wieder ausgeschieden werden, verbreitet sich der Sandelholzbaum auf diese Weise. Er will keine direkte Sonne und ist erst nach 60–80 Jahren ausgewachsen. Interessanterweise ist der Sandelholzbaum ein Schmarotzer, der über spezielle Saugorgane im Boden mit seiner Wirtspflanze in Kontakt tritt und ihr Phosphor- und Stickstoffverbindungen entnimmt. In Indien gedeiht der (ostindische) Sandelholzbaum am besten in Höhenlagen zwischen 600 und 1000–1500 m. Leider ist er hier durch Schwarzhandel, Korruption und Raubbau fast ausgerottet. Von 1993 bis 2010 sank die Produktion an Sandelholzöl dramatisch. Seine Nutzung unterliegt seit 2010 strengen Gesetzen. Allerdings befindet sich mehr Sandelholzöl auf dem Markt als eigentlich von den Restbeständen erzeugt werden dürfte.

Der Sandelholzbaum bildet ab etwa einem Alter von 15 Jahren rund ein Kilogramm Kernholz je Jahr, das optimale Alter der Nutzung beträgt 30–40 Jahre. Bei der Rodung muss der ganze Sandelholzbaum samt Wurzeln herausgezogen werden, da diese besonders reich an wohlriechendem Kernholz sind. Dabei führen schlechtere Wachstumsbedingungen zu einem höheren Ölanteil.

Aus dem Kernholz wird das ätherische Öl destilliert. Dazu wird es in mehreren Schritten zu Spänen zerkleinert, diese werden in Wasser gequollen und danach mit Wasserdampf destilliert. Die Ausbeute beträgt etwa 1,5 %. Man erhält eine etwa dreifach höhere Ausbeute durch das modernere Verfahren der Extraktion mithilfe von Lösungsmitteln (Anonym 2016). Das entstehende Sandelholzöl ist gelblich weiß, sehr dickflüssig und schwerer als Wasser. Sein starker Geruch ist holzig-balsamisch, sehr lang anhaltend, riecht aber nur in großer Verdünnung angenehm. Herrendüfte haben häufig Sandelholz als Grundnote. Als Fixativ dünstet Sandelholz länger aus als viele andere Öle und erhält sowohl Herz- als auch Kopfnoten.

Kopf-, Herz- und Basisnoten – die Sprache der Parfümeure

Ein Parfüm ist hierarchisch aufgebaut, es gibt drei Duftnoten, die fließend ineinander übergehen. Als erstes werden die Kopfnoten, meist Zitrusdüfte oder Blütenaromen, wahrgenommen und sie verfliegen auch am schnellsten. Danach riecht man die länger anhaltende Herznote. Sie macht den größten Teil des Parfüms aus und besteht aus frischen Kräuter- und leichten Holzdüften, aber auch Rosen, Nelken oder Jasmin. Die Basisnote geht eine lange Verbindung mit der Haut ein und enthält langhaftende, schwere Düfte. Häufig dienen dazu dunkle Holz- oder Moschusaromen, beispielsweise Weihrauch, Zedern-, Sandelholz, Myrrhe, Ylang-Ylang, Vanille.

Der indische Staat Mysore liefert heute nur noch wenige Tonnen seiner hochgepriesenen Qualität des Ostindischen Sandelholzöls; noch kleinere Mengen kommen aus Osttimor, das heute den eigenständigen Staat Timor-Leste bildet. Früher war der Sandelholzbaum auch in Neukaledonien wie auf vielen Pazifikinseln weitverbreitet, aber allein im 19. Jahrhundert wurden hier in 30 Jahren rund 10.000 t nach China exportiert, sodass durch diesen hemmungslosen Raubbau der wertvolle und langsam wachsende Baum 1865 fast ausgerottet war (Anonym 2016). Seit einigen Jahren versucht man in Neukaledonien auf der kleinen Insel Maré die natürlichen Bestände des Kaledonischen Sandelholzes (*S. austro-caledonicum*) nachhaltig zu bewirtschaften, in dem man für jeden gefällten Baum Dutzende von Setzlingen, die im Gewächshaus vorgezogen wurden, in die lichten Wälder auspflanzt. Doch bis sich die Bestände vollständig erholt haben, wird es noch rund 50 Jahre dauern.

Hauptbestandteile des Ostindischen Sandelholzöls sind die beiden Santalol genannten Sequiterpenalkohole, die etwa 90 % des Öls ausmachen und von 60 Spurenstoffen verstärkt und verändert werden. Bis heute ist es nicht gelungen, Santalol synthetisch günstiger herzustellen als das Naturprodukt. Es gibt aber andere, geruchsverwandte Verbindungen, die intensiver riechen und aufgrund des Mangels an natürlichem Sandelholzöl vielfach eingesetzt werden. Rund 80 % aller Düfte enthalten diese Geruchsnote.

Jeder, der einmal Jasmin gerochen hat, wird diesen schweren, blumigen Duft nicht mehr vergessen (Abb. 13.4). Jasmin (*Jasminum sambac*), ein Ölbaumgewächs mit weißen, stark duftenden Blüten, stammt aus den Tieflagen des indischen Himalaya, wächst aber auch in Kaschmir und Südwestchina in Höhen von 1800–4000 m. In Persien erhielt er seinen Namen „yasmin“, das heißt duftendes Öl. Die Mauren brachten die kletternde Pflanze nach Spanien und von dort breitete sie sich als Zierstrauch über die Mittelmeerküste aus (Europäischer Jasmin, *J. officinale*). Seine groß angelegte Kultivierung begann aber erst 1860 in der südfranzösischen Parfümerie-Stadt Grasse.

Der Jasminduft muss mühsam über Enfleurage extrahiert werden. Die Blüten werden, noch bevor die Sonne aufgeht, sorgfältig von Hand gepflückt, um die höchste Konzentration an ätherischem Öl zu erhalten. Aus einer Tonne Blüten, das sind nach Ohloff (1992) rund acht Millionen Stück, gewinnt man 2,3 kg Jasminpomade, der nach Extraktion mit Alkohol 1 kg absolutes Öl liefert. Dann genügt aber auch ein Tropfen auf 30 ml, um den betörenden Jasminduft zu erzeugen. Die Jahresproduktion wird auf weltweit 5–6 t geschätzt.

Der Duft des Jasmin ist ein voller blumiger Duft, der durch seine Süße und Intensität auch leicht aufdringlich wirken kann und in Kompositionen eingesetzt werden muss. Da ist es ein glückliches Zusammentreffen, dass Jasmin praktisch mit allen Blütenölen und Gewürzen gut harmoniert. Aufgrund seiner aufwendigen Gewinnung ist natürliches Jasmin einer der kostbarsten

Düfte, er wird in Naturform nur für teuerste Parfüms verwendet. Der Duft von Jasmin besänftigt, verbessert die Laune, weckt ein optimistisches, fast schon euphorisches Gefühl und gilt als stark aphrodisisch.

Jasmin enthält rund 100 verschiedene Duftstoffe. Erst 1962 gelang die Entdeckung der wichtigsten Verbindung, dem Methyljasmonat, das aber nur zu 1 % im Öl vorkommt. Ebenfalls wichtig sind Jasmon (3 %) und Indol (2,5 %). Indol ist ein Stickstoffderivat und stinkt widerlich nach menschlichen Exkrementen. In sehr hoher Verdünnung hat es jedoch eine kräftig-blumige Komponente. Methyljasmonat wurde inzwischen auch in anderen Blüten entdeckt, etwa Tuberose und Gardenie; selbst die weibliche orientalische Fruchtfliege nutzt es als Komponente in ihrem Lockstoffgemisch. Inzwischen kann man diese wichtigen Jasminkomponenten in industriellem Maß herstellen, sodass eine relativ gute Kopie des Naturstoffs billig produziert werden kann. Ein künstlich hergestelltes Derivat des Methyljasmonats zählt heute zu den wichtigsten Riechstoffen.

Zur Duftgewinnung wird der Indische Jasmin (*J. sambac*) und, mit etwas geringerer Duftintensität, der Spanische oder Europäische Jasmin (*J. officinalis*) verwendet. Beide Pflanzen wachsen in Mitteleuropa nicht. Aber es gibt ähnliche, wenn auch deutlich weniger intensiv duftende Pflanzen. An erster Stelle steht der sog. Bauernjasmin (*Philadelphus erectus*), auch Europäischer Pfeifenstrauch, Sommerjasmin oder Falscher Jasmin genannt. Es ist ein völlig unverwandter sommergrüner Strauch aus Südosteuropa und Italien mit schneeweißen Einzelblüten. Ein zweiter Jasmindoppelgänger aus dem Mittelmeerraum ist der Sternjasmin (*Trachelospermum jasminoides*). Die bei uns frostempfindliche Kübelpflanze klettert und duftet zwar wie echter Jasmin, ist aber nicht mit ihm verwandt.

Legendär und kostbar ist auch der Duft der Indischen Narde (*Nardostachys grandiflora*; Abb. 13.4), deren Name von dem Sanskritischen „nálada" für die Wohlriechende kommt. Die Pflanze gehört zu den Baldriangewächsen und stammt aus dem Himalaya. Sie wächst dort bis auf 5500 m Meereshöhe und kommt auch in China, Bhutan, Indien und Nepal vor. Inzwischen ist sie durch unkontrollierte Sammlungen vom Aussterben bedroht; Nepal hat ein Ausfuhrverbot erlassen. Narde wurde schon in der Antike bis nach Ägypten, später auch nach Griechenland und Rom, gehandelt und zur Herstellung von Ölen und Salben eingesetzt. Sie war Bestandteil von Räuchermischungen in den Tempeln des Alten Ägyptens und wird mehrfach in der Bibel erwähnt. Maria Magdalena salbte Jesus Christus die Füße mit Nardenöl; es wurde auch als Beigabe im Grab des Tutanchamun gefunden. Narde duftet erdig, exotisch und sinnlich, harzig, süß, warm, holzig; das Öl wirkt pilztötend und antiseptisch.

Eine ganz besondere Duftkomponente aus dem tropischen Ostasien bieten die auffallend gelben Blüten des bis zu 25 m hohen Ylang-Ylang-Baums. Er kommt ursprünglich von den Philippinen und Indonesien, wird heute aber auch auf Madagaskar und Haiti angebaut. Seine Blüten strömen einen extrem sinnlichen, intensiv süßlichen, blumigen Duft aus. Das nutzte schon das klassische Parfüm Chanel No. 5. In Indonesien gilt der Brauch, das Bett in der Hochzeitsnacht mit Ylang-Ylang-Blüten zu bestreuen. Ihren stark betörenden Duft verströmen die Blüten besonders nachts. Die großen Blüten werden einmal jährlich vor Sonnenaufgang geerntet und sofort verarbeitet. Dabei ergeben 40–60 kg Blüten unter Wasserdampfdestillation einen Liter Öl. Aus einer Unterart des Baums wird das nicht ganz so wertvolle Canangaöl gewonnen. Die Parfümerie stieß auf den sehr weiblichen Duft des Ylang-Ylang erst 1878 bei der Pariser Weltausstellung. In Parfums dringt der sinnliche Duft bis zum Unterbewusstsein durch und appelliert an die Sexualität. Das nützt die moderne Parfümerie heute ausgiebig. Allein die USA führen jährlich rund 100 Tonnen des Öls ein. Die Inhaltsstoffe dieses Öls können heute künstlich nachgebaut werden. Dementsprechend häufig wird es in Parfüms genutzt.

13.8 Duftpflanzen heute

Obwohl wir noch nie von so viel angenehmen Düften umgeben waren wie heute, stammt kaum noch etwas davon von den besprochenen Duftpflanzen. Die natürlichen ätherischen Öle aus Pflanzen sind inzwischen so teuer, dass sie selbst in Designerparfüms kaum noch verwendet werden und höchstens im Fachhandel für Aromatherapie bezogen werden können. Für die Herstellung eines Liters reinen Rosenöls benötigt man beispielsweise drei Tonnen Rosenblüten, für einen Liter reines Jasminöl acht Millionen Blüten, die in 800 Stunden gepflückt werden. Deshalb kostet ein Liter Öl je nach Pflanze und Herkunftsland mehrere Tausend Euro, ein Kilogramm Irisbutter wird mit bis zu 100.000 € gehandelt. Vor allem deshalb stammt heute höchstens noch ein Zehntel der verwendeten Duftstoffe aus Pflanzen.

Seit Mitte des 19. Jahrhunderts werden synthetische Riechstoffe entwickelt, von einigen war schon die Rede. Das sind häufig einzelne, chemisch nachgebaute Substanzen, die auch in natürlichen Duftstoffen enthalten sind. Es können aber auch völlig neue Düfte sein, die es in der pflanzlichen Natur so nicht gibt. Es werden heute 2500–3000 Substanzen produziert, 30 davon in großem Umfang (mehr als 1000 t pro Jahr). Dazu zählen Lavendel, Geraniol, Orangenöl und andere Zitrusduftnoten, Menthol und Vanillin. Und diese finden sich neben Parfüms in Waschmitteln und Weichspülern, Haushalts- und

Geschirrreinigern, Kosmetika, Luftverbesserern, in Duftkerzen und in Saunadüften. Selbst Modegeschäfte, Kinos, Konzertsäle, Toilettenanlagen oder einzelne Abteilungen von Kaufhäusern werden heute beduftet. Auch Produkte wie Putzmittel, Haarfärbemittel und Pflanzendünger, die unangenehm riechen, werden mit synthetischen Duftstoffe attraktiver gemacht. Selbst für neu produzierte Autos gilt das. Dabei gibt es laut einer EU-Verordnung 26 Duftstoffe, die als vermehrt allergieauslösend gelten.

Als ein besonders eindrucksvolles Beispiel für die synthetische Duftstoffgewinnung nennt Logemann (2014) das Maiglöckchen. Als Hauptwirkstoff seines Dufts wurde der aromatische Aldehyd Bourgeonal (3-[4-tert-Butylphenyl]-propanal) identifiziert. Ein synthetischer Duftstoff, der dem Duft des Maiglöckchens nahekommt, wird unter der Kurzbezeichnung Lyral® in vielen Shampoos, Cremes, Seifen, Rasierwässern und Deodorants eingesetzt. Es ist heute einer der am meisten verwendeten Riechstoffe, der aber bei vielen Menschen eine Hautallergie auslöst.

Neben ihrer preiswerten Herstellung ist ein ganz wesentlicher Vorteil der synthetischen Düfte ihre lange Haltbarkeit in der Flasche. Und sie bleiben länger am Körper haften. Der Verbraucher riecht meist keinen Unterschied zwischen der Verwendung natürlicher und synthetischer Parfümöle (John o. J.). Letztere können ebenso fruchtig und blumig riechen wie ein Produkt, bei dem nur natürliche Duftstoffe zum Einsatz kamen. Auch in Bezug auf die Duftintensität unterscheiden sich die Parfüms kaum voneinander. Lediglich beim Preis wird der Unterschied deutlich.

Ein weiterer Grund für die Verwendung von synthetischen Essenzen ist das zunehmende Verschwinden der pflanzlichen Rohstoffe, das beim Sandelholz aus Mysore oder der Indischen Narde ganz offensichtlich ist. Aus Naturschutzgründen darf die Parfümindustrie das Ostindische Sandelholz nur noch als synthetischen Ersatzstoff verwenden oder als Sandelholz anderer Herkunft. Mit vielen der kostbarsten natürlichen Rohstoffe wird es in Zukunft ganz ähnlich geschehen.

Oft wird übersehen, dass sich synthetische Duftstoffe auch nachteilig auf den Körper auswirken können. Je nach der Empfindlichkeit des Einzelnen können Migräne oder Allergien durch synthetische Duftstoffe entstehen. Zu den allergenen Stoffen gehören auch einige der beliebtesten Düfte, wie Geraniol, Citral und Citronellol, Zimtaldehyd und Zimtalkohol. Sie reichern sich zudem in der Umwelt an, da sie nur langsam abgebaut werden.

Die moderne Welt kommt ohne Duftstoffe, von denen die meisten ursprünglich einmal aus Pflanzen stammten, nicht mehr aus. Nach Studien der US-Marktforschungsgesellschaft Freedonia bzw. der IAL Consultants lag das Gesamtvolumen 2012 bei rund 23 Mrd. US-Dollar mit einem Wachstum von 2–3 % (qwertz11 2013). Die vier größten Unternehmen teilen sich rund 60 % des Markts. Ohne Düfte geht es offensichtlich wirklich nicht mehr, aber Duftpflanzen werden dazu höchstens noch als Ideengeber benötigt und der göttliche Funke ist längst verloren.

Literatur

Anonym (2016) Die Welt der Düfte – Sandelholz aus Neukaledonien. ARTE Sendung am 06.12.2016, 19:30 Uhr

Busch I (o. J.) Geschichte der Rose – Entwicklung in den letzten fast 5000 Jahren. https://www.rosen-pflanze.de/rosen-geschichte.html. Zugegriffen: 29. April 2018

Ertelt J (o. J.) Die Weihrauch-Pflanze. AureliaSan GmbH. https://www.aureliasan.de/boswellia-die-weihrauchpflanze. Zugegriffen: 29. April 2018

Jeska A (2013) Äthiopien: Frommer Duft. ZEIT online. 19. Dez. 2013

John D (o. J.) Ratgeber: Der Unterschied zwischen natürlichen und synthetischen Parfumölen. https://www.onlinestore-john.de/ratgeber/der-unterschied-zwischen-natuerlichen-und-synthetischen-parfumoelen. Zugegriffen: 29. April 2018

Logemann E (2014) Duftende Impressionen: Die Welt der Riech- und Duftstoffe. Toxichem Krimchem 81:84–91. http://www.gtfch.org/cms/images/stories/media/tk/tk81_2/Logemann.pdf. Zugegriffen: 29. April 2018

Mail-Brandt M (o. J.) Welt der Rosen. Rosengeschichte – Rosenzüchtung – Geschichte von der Antike bis heute – Wissenswertes über Rosenmehrung – Rosenselektion, Rosenkreuzung. http://www.welt-der-rosen.de/zuechter/rosengeschichte.html. Zugegriffen: 29. April 2018

Ohloff G (1992) Irdische Düfte – Himmlische Lust: Eine Kulturgeschichte der Duftstoffe. Springer, Basel

qwertz11 (2013) Aromen, Duftstoffe sind Zukunftsmärkte. Trendlink. http://www.trendlink.com/aktienanalysen/aktien/Chemie/27-Aromen_Duftstoffe_sind_Zukunftsmaerkte. Zugegriffen: 29. April 2018

Rusanov K, Kovacheva N, Vosman B, Zhang L, Rajapakse S, Atanassov A, Atanasso I (2005) Microsatellite analysis of *Rosa damascena* Mill. accessions reveals genetic similarity between genotypes used for rose oil production and old Damask rose varieties. Theor Appl Genet 111(4):804–809

Süskind P (1985) Das Parfüm. Die Geschichte eines Mörders. Diogenes, Zürich

Weihser R (2012) Parfumproduktion – Wie kommt die Pflanze in den Flakon? DIE ZEIT-Serie Duftnoten. http://www.zeit.de/lebensart/2012-11/parfum-produktion-monique-remy-iff. Zugegriffen: 29. April 2018

WIKIPEDIA (2015–2017) Stichworte u. a.: Boswellia, Kasanlik, Myrrhe, Rosenöl, Rosenwasser, Sandelholz, Sandelholzöl, Tal der Rosen, Wasserdampfdestillation, Weihrauch. https://de.wikipedia.org/wiki/Wikipedia:Hauptseite. Zugegriffen: 29. April 2018

Weiterführende Literatur

Baumann P (o. J.) Ätherische Öle – Aromaöle – Aromatherapie. Jasmin. http://www.aetherische-oele.net/aetherische-oele/jasmin.htm. Zugegriffen: 29. April 2018

Helmeke S (2016) Weihrauch und seine kulturelle Wirkung – Der Duft der festlichen Tage. SWR2-Sendereihe Dinge des Lebens, ausgestrahlt am 13.12.2016. https://www.swr.de/swr2/kultur-info/dinge-des-lebens-weihrauch-sandra-helmeke/-/id=9597116/did=18655844/nid=9597116/kf8sq3/index.html. Zugegriffen: 29. April 2018

Kooperation Phytopharmaka GbR (2017) Arzneipflanzenlexikon Myrrhe. http://www.arzneipflanzenlexikon.info/index.php?de_pflanzen=46. Zugegriffen: 29. April 2018

Unique Fragrance GmbH (o. J.) Duftnote Ylang-Ylang. http://www.uniquefragrance.de/ylang-ylang. Zugegriffen: 29. April 2018

WALA Heilmittel GmbH (o. J.) https://www.dr.hauschka.com/de_DE/wissensschatz/heilpflanzenwissen/myrrhe/. Zugegriffen: 29. April 2018

Sachverzeichnis

T. Miedaner, *Genusspflanzen*, https://doi.org/10.1007/978-3-662-56602-2